# LE FACTEUR CLIMAT

Du même auteur :

*Ne tuez pas le yankee,* Stock, 1990.
*La Logique du grain de sable,* Lattès/Trinacra, 2000.

**www.editions-jclattes.fr**

Erik Durschmied

# LE FACTEUR CLIMAT

## Quand les forces de la nature ont changé le cours de l'Histoire

*Traduit de l'anglais par Florence Bellot*

JC Lattès / Trinacra

Titre de l'édition originale
THE WEATHER FACTOR
publiée par Hodder & Stoughton,
une filiale de Hodder Headline, GB.

*Pour William et Alexander*

# Sommaire

Prologue . . . . . . . . . . . . . . . . . . . . . . . . . . . . 11

Ce que nous raconte la Bible . . . . . . . . . . . . . . . . . 13

1. Les légions perdues de Varus : 11 septembre, an 9 . . . . . . . . . . . . . . . . . . . . . . . . . . . . 19
2. Le vent divin : 15 août 1281 . . . . . . . . . . . . . . . . 49
3. La nuit où il a plu sur Paris : 9 Thermidor an II (27 juillet 1794) . . . . . . . . . . . . . . . . . . . . . . 67
4. L'armada prise par les glaces : 23 janvier 1795 . . . 85
5. Un brave nommé Tecumseh : 5 octobre 1813 . . . . . 101
6. Deux ponts à traverser : 25 novembre 1812 . . . . . . 121
7. La grande famine de la pomme de terre : septembre 1845-juillet 1849 . . . . . . . . . . . . . . . 143
8. La mort blanche : 13 décembre 1916 . . . . . . . . . . 163
9. La semaine où les panzers ont gelé : 5 décembre 1941 . . . . . . . . . . . . . . . . . . . . . . . 183
10. De nouveaux développements inattendus : 6 juin 1944 . . . . . . . . . . . . . . . . . . . . . . . . . . 229
11. Péril en mer : 18 décembre 1944 . . . . . . . . . . . . . 231
12. Un déluge de feu : 24 décembre 1944 . . . . . . . . . . 251
13. Le facteur vent : 1945-1970 . . . . . . . . . . . . . . . . 285
14. Diên Biên Phu ne répond plus : 17 mai 1954 . . . . . 291
15. Et bientôt... maîtriser le climat en 2025 . . . . . . . . 337

# *Prologue*

## « ... vents faibles à variables... »

## *Parlez du temps, et tout le monde vous écoutera.*

« Quand il pleut, tout le monde est mouillé. »
Dicton populaire.

« Quel temps fait-il, aujourd'hui ? » vous demande une voix douce quand vous arrêtez la sonnerie du réveil. Vous sortez du lit, tâtonnez jusqu'à la fenêtre, levez le nez vers les nuages gris que vous contemplez d'un air vague, puis baissez la tête vers les flaques sur le sol et grommelez : « Il pleut. » Comme tant d'autres au même moment. Le fermier parce que la pluie torrentielle a couché son blé, le jeune couple sur le point de se marier qui sait que la réception en plein air est fichue, ou le général que l'on vient d'informer que ses tanks sont embourbés. Leur journée est vraiment ratée.

« ... vents faibles à variables... » Le bulletin météo est devenu la principale information matinale de millions de gens. Pêcheurs, ouvriers du bâtiment et coureurs cyclistes, tous subissent les caprices du dieu de la météo. Les soldats aussi. Sans oublier l'agent d'assurance qui tremble à la seule pensée d'une inondation. Dans ses contrats, il définit toute catastrophe naturelle comme « un cas de force majeure ».

Les cas de force majeure et la météo ont profondément influencé l'Histoire. Depuis l'anéantissement des légions de Rome à la première bombe atomique, la liste est infinie. Et le sera éternellement.

Le vieil homme contemplait les nuages qui s'amassaient.

« Il ne reste plus qu'une seule chose à faire.

– Laquelle ? demanda sa femme.

– Prier. »

Puis vint le vent qui détruisit tout ce que l'homme avait inlassablement construit.

# Ce que nous raconte la Bible

## *Le doigt de Dieu*

« Et quant à moi, voici que j'amène le déluge d'eaux sur la Terre pour saccager de dessous les cieux toute chair dans laquelle la force de vie est en action. »

Genèse VI, 17.

« Ce jour-là se fendirent toutes les sources des eaux de l'immense abîme et les écluses des cieux s'ouvrirent. »

Genèse VII, 11.

« Tu dois construire un bateau, dit le chien à son maître, et y mettre dedans tout ce que tu pourras sauvegarder, car une pluie torrentielle arrivera qui submergera la Terre. »

Conte tribal
des Indiens Cherokee d'Amérique[1].

1. Les versions de l'Antiquité sumérienne, akkadienne et grecque rapportent toutes ce même récit de déluge.

L'excitation fut à son comble ce jour-là à Ninive, dans l'ancienne Mésopotamie, quand la pelle d'un archéologue heurta quelque chose de dur et exhuma la première d'un millier de tablettes d'argile recouvertes de caractères cunéiformes. Elles étaient restées enfouies dans le sol, intouchées depuis des millénaires[1]. On leur donna le nom d'épopée de Gilgamesh, en l'honneur d'un roi sumérien mythique qui régna aux alentours de 3 000 av. J.-C. Faisaient-elles partie de la Bible originelle ? Ce que George Smith en traduisit en 1872 se révéla la première description de l'épisode de Noé et du déluge :

> « ... je fis embarquer à bord du vaisseau toute ma famille et mes proches, le bétail, les artisans, je les fis tous embarquer. J'entrai dans le vaisseau et en fermai la porte...
>
> Des fondements du ciel surgit un nuage noir...
>
> Tout ce qui était clair se changea en ténèbres... pendant six jours et six nuits le vent et les flots se déchaînèrent, la tempête conquit la terre. À l'aube du septième jour, la tempête et l'inondation qui avaient combattu comme une armée diminuèrent, et toute l'humanité retourna au limon. »
>
> Charles Berlitz, *The Search for Noah's Ark*

De récentes recherches mentionnent un *déluge biblique* qui aurait eu lieu aux alentours de 5600 avant notre ère, dans la région de la mer Noire. À cette époque, le Bosphore était une solide barrière de pierres naturelle qui séparait de la Méditerranée un lac d'eau douce à l'intérieur des terres. Un brusque changement de température – brusque à l'échelle du temps de notre planète, ce qui signifie plusieurs millénaires – entraîna la fonte de la calotte glaciaire eurasienne. D'où une élévation du niveau des océans et l'effondrement de la barrière du

1. Elles furent probablement écrites vers 700 av. J.-C., mais pourraient être considérablement plus anciennes.

Bosphore il y a quelque 7 600 ans [1]. Rien ne la retenant désormais, l'eau se déversa dans la mer Noire à une vitesse effrayante. Une zone d'environ 155 000 kilomètres carrés fut submergée. Le déluge força des familles de chasseurs-cueilleurs à émigrer très loin vers le sud, en Égypte et à Babylone. Ceci explique que des tribus primitives du nord se retrouvèrent sur la terre biblique des pharaons. Le récit de leur sauvetage miraculeux (dans l'arche de Noé) fut transmis de génération en génération, et finit par être retranscrit dans la *Genèse* et *Gilgamesh*.

De brusques changements des conditions atmosphériques entraîneront cataclysmes, tempêtes, inondations, orages et sécheresses, chaleur torride et froid mordant. La liste des calamités naturelles est infinie. Frappé du sceau de l'inattendu ou de l'imprévisible, l'impact des perturbations météorologiques violentes, combiné aux forces colossales de la nature, conduit au désastre. Le monde dans lequel nous vivons change soudain et l'homme s'agenouille pour implorer l'assistance divine. Il est parfois exaucé, mais le plus souvent, il ne l'est pas.

Depuis des temps immémoriaux, l'Histoire a été influencée par les éléments naturels. La faune géante qui autrefois peuplait le globe s'éteignit sous l'effet de changements climatiques. Une chute violente des températures extermina les prédateurs féroces et les dinosaures. Puis apparut une créature qui réussit à marcher debout, et qui souffrait des grands froids ou des fortes chaleurs à cause de sa nudité. Elle commença par tuer un animal à fourrure pour s'envelopper de la peau de sa victime. Elle déroba ensuite à un arbre frappé par la foudre une branche enflammée, puis l'emporta dans sa caverne pour allumer le premier feu de camp. Après l'âge du feu, l'homme entreprit de bâtir des abris primitifs contre les intempéries.

1. Cette date fut établie en forant la calotte glaciaire du Groenland afin d'en étudier les différentes strates.

La vie et la mort des créatures de notre planète ont toujours tenu à quelques degrés de plus ou de moins. On se représente bien la terreur de l'homme primitif quand les jours raccourcissaient, se refroidissaient et que la nuit s'allongeait. Il devait se demander si le soleil reviendrait jamais. Est-ce dès lors surprenant que l'homme ait considéré le climat comme une chose surnaturelle relevant du domaine d'un dieu ou d'un démon ? Les phénomènes météorologiques ont toujours été associés au diabolique ou au divin. Nos ancêtres interrogeaient les cieux, invoquaient les saints, s'en remettaient aux grenouilles et aux almanachs pour s'enquérir de la pluie et du beau temps. Prosternés devant les icônes de leurs saints patrons, ils les suppliaient de leur accorder l'obole essentielle de l'eau qui donne la vie, ou de l'empêcher de les noyer. Tous les moyens étaient bons pour conjurer les cieux.

Nous en savons beaucoup plus aujourd'hui. Par exemple, que le taux de fertilité augmente pendant une certaine période du cycle lunaire[1]. Un scientifique vous expliquera que cela est lié à la gravitation, à la lumière et aux variations des champs magnétiques terrestres, lesquelles influent en retour sur le comportement sexuel des hommes. Les paysans de mon village ont su cela bien avant l'ère des super-ordinateurs. Est-ce à dire que les météorologues, les yeux rivés sur des images-satellite de l'espace, qui décortiquent les formations nuageuses au-dessus du Groenland, l'anticyclone des Açores et le degré d'humidité de l'air à Bornéo, sont mieux informés que les paysans de mon village ? Nos fermiers écoutent les prévisions météo puis s'en remettent au bon sens de leurs ancêtres. Ils hument l'air, lèvent leur doigt mouillé pour sentir la direction du vent, et observent si le bétail et les mouches sont nerveux. Si tout leur convient, ils planteront alors leurs arbres ou sèmeront le maïs.

1. Le cycle menstruel d'une femme est celui du cycle complet de la lune, soit vingt-huit jours.

Quand les tournesols baissent la tête en juillet, ils ont besoin de pluie. Qu'il pleuve en août et cela couchera les blés, mais il y aura beaucoup de truffes en janvier. Pourquoi ? Même le curé ne peut offrir de réponse à ce mystère.

Tous ceux qui écoutent attentivement les prévisions météo quotidiennes auront une vision globale du temps pour les heures et jours suivants. Mais il y a une chose que ni un scientifique, ni un fermier ne peuvent prédire : un désastre météorologique. Quand il frappe, c'est avec la force des éléments déchaînés : typhons, avalanches, inondations causées par des orages, vagues de froid, feux de forêt gigantesques, invasions de grenouilles, pour en nommer quelques-uns. De tels événements ont exercé une influence profonde sur l'histoire de l'humanité. Des légions furent anéanties dans une tempête, des armadas noyées par un typhon, des tanks embourbés rendus hors d'usage, une armée mourut de froid et une guerre atomique se termina avant même d'avoir commencé.

Ce n'est d'ailleurs pas toujours le mauvais temps qui est porteur de nouvelles fâcheuses. Une bonne visibilité, tout comme une visibilité nulle, est vitale pour ceux qui préparent une opération militaire. Tout changement brusque vers des « conditions atmosphériques favorables » peut transformer un plan bien conçu en cauchemar. Une attaque lancée sous le couvert du brouillard peut virer à l'horreur s'il se lève et que les bombardiers distinguent leurs cibles. Mais pour ceux qui croient en l'apocalypse, les prophéties les plus sinistres de tempêtes dévastatrices véhiculent toujours ce refrain familier : stupéfaction et panique. Pendant des siècles, les intellectuels se sont gaussés de ceux qui étaient terrifiés. Désormais, eux-mêmes se mettent à l'abri dès que le vent tourne.

Dans le passé, les prévisions météo étaient surtout empiriques, et c'étaient Dieu ou la chance qui avaient le dernier mot. Aujourd'hui, le monde entier prête l'oreille aux prévisions du présentateur de la météo. Elles sont désormais un facteur influant à part entière sur l'économie : fermiers, transporteurs, navigateurs, pilotes d'avion et même courtiers en Bourse en tiennent compte.

Le déluge biblique est peut-être le premier événement météorologique à avoir profondément changé le cours de l'Histoire. L'humanité a toujours dû se battre contre les éléments, bien plus qu'entre ses différentes composantes. Mais quand deux forces telles que les phénomènes météorologiques et les conflits humains se conjuguent, cela conduit invariablement au désastre.

*Le doigt de Dieu.*

# 1

# Les légions perdues de Varus

## *11 septembre, an 9*

« Varus, Varus, rends-moi mes légions ! »
Empereur Auguste, an 9 [1].

Nous sommes en l'an 9, une soirée d'automne dans le pays de Cherusci [2]. Au-delà des sapins majestueux, le ciel doré est envahi d'une nuée de charognards, tout près d'une colonne de soldats qui serpente comme un reptile géant à travers la forêt ancestrale. Des heures durant, trois légions romaines ont peiné sur cet étroit chemin, tenant plus du sentier de chèvres que de la voie carrossable. Les unités avancées doivent se frayer un passage à travers des buissons denses et des plantes rampantes, leurs bras et jambes nus sont coupés et griffés, les moustiques s'abattent sur ces blessures qui suppurent. De temps à autre, des tumulus de pierre surmontés de crânes blanchis, autels d'un quelconque dieu païen,

1. Gaius Suetonius Tranquillus, IIe siècle de notre ère.
2. Braunschweig, ou Brunswick.

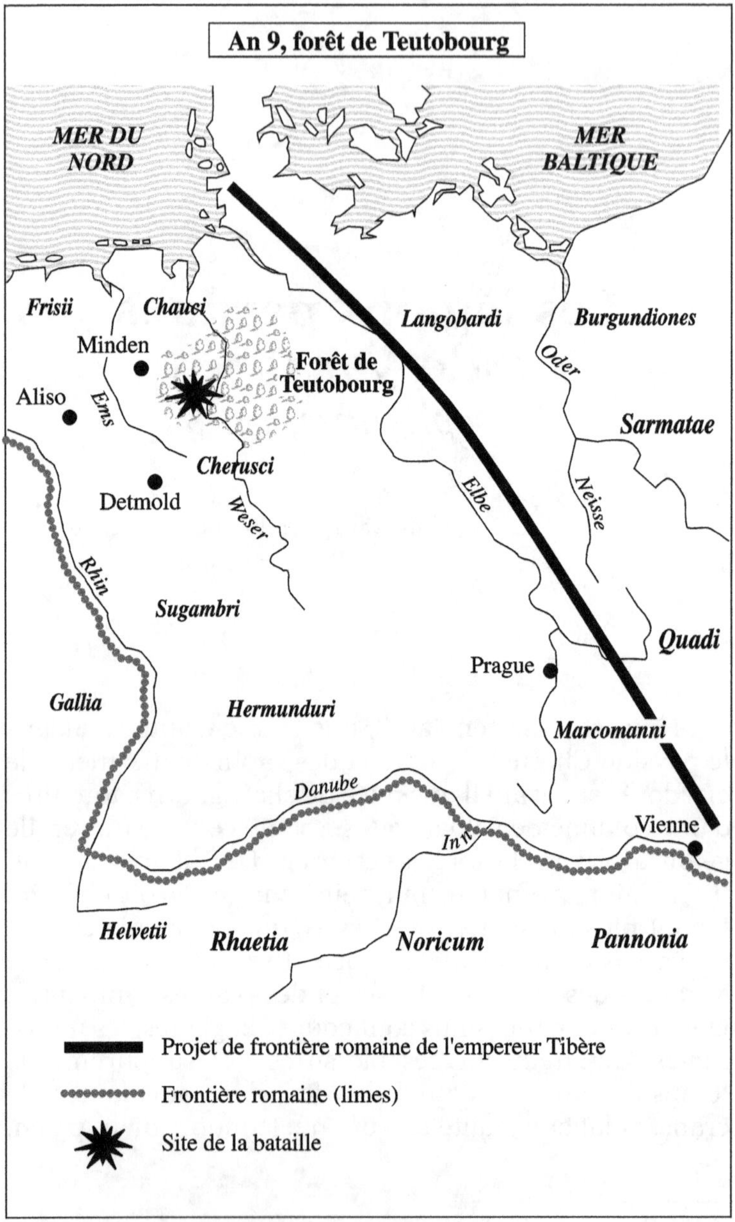
An 9, forêt de Teutobourg
MER DU NORD
MER BALTIQUE
Frisii
Chauci
Minden
Forêt de Teutobourg
Aliso
Ems
Langobardi
Burgundiones
Oder
Sarmatae
Cherusci
Detmold
Weser
Elbe
Neisse
Rhin
Sugambri
Quadi
Prague
Gallia
Hermunduri
Marcomanni
Danube
Vienne
Inn
Helvetii
Rhaetia
Noricum
Pannonia
Projet de frontière romaine de l'empereur Tibère
Frontière romaine (limes)
Site de la bataille

attestent de la présence de tribus autochtones. Mais pour l'avant-garde des légionnaires romains, dont l'horizon se limite à ce qui est juste devant elle, tout est paisible. On ne voit que des écureuils, parfois un lièvre qui déboule dans le sous-bois. Cependant, chacun, depuis le tribun jusqu'au centurion de la légion, se sent mal à l'aise dans cet environnement étranger, oppressé par la voûte des grands arbres. Le chemin, couronné d'un réseau de branches entrelacées créant une pénombre naturelle, ressemble à un tunnel. Le passage qu'il offre entre les arbres est trop exigu pour que les archers puissent faire usage de leurs flèches en cas d'embuscade. Les centurions expérimentés n'osent pas dire à leur tribun splendidement vêtu, proche parent de l'empereur Auguste[1], qu'il est extrêmement imprudent de progresser dans cette nature hostile sans envoyer des patrouilles pour reconnaître l'avant ou protéger leurs flancs. Encore un virage du sentier, le dernier espèrent-ils, et ils se retrouveront en terrain découvert. Mais derrière ce virage il y en a un autre, puis un autre. Le sentier décrit des méandres, telle une rivière coulant de la forêt au marais, puis du marais à la forêt. Les Romains ont l'impression de perdre leur repères, comme s'ils étaient portés par le courant d'un fleuve. Les marécages les encerclent. Un faux pas par inadvertance, et c'est la mort, l'aspiration inexorable dans le bourbier à cause du poids de l'armure. Quand on ne traverse pas un marécage, on est toujours dans cette forêt profonde.

La légion est suivie de sa cohorte hétéroclite de charrettes et d'animaux de bât, de femmes avec des bébés au sein, cuisiniers, usuriers, prostituées et toute la marée humaine greffée aux campements militaires qui peuplent l'empire d'Auguste. Avec force cris d'angoisse et jurons, cette foule exhorte ceux qui sont en tête à ne pas se laisser distancer par la légion. Leurs charrettes sur-

1. En l'an 12, à la mort de Lepidus, Auguste devint *Pontifex Maximus*.

chargées cahotent sur les racines proéminentes avec un grincement de vieux os, s'enfoncent dans les ornières profondes laissées par les carrioles de la légion. Tout le monde prie pour sortir de cette forêt maudite.

Cette dernière annihile tout notion du temps et de l'espace. L'avant-garde, constituée d'autochtones sous le commandement d'Arminius, un noble des Cherusci, progresse dans un virage. Lorsque les premiers éléments des cohortes romaines s'y engagent, les Cherusci se sont déjà évanouis, engloutis par la forêt. Arminius et ses guides locaux étant les seuls à connaître leur chemin, les Romains s'arrêtent en plein désarroi à un croisement. La journée de marche les a épuisés, aussi n'entendent-ils pas le bruit de branches brisées. Soudain, plusieurs créatures terrifiantes vêtues de fourrures jaillissent devant eux, armées de lances et de pieux, le crâne rasé, les yeux brûlant d'une flamme farouche. Les Romains, médusés, ne bougent pas jusqu'à ce que les créatures sauvages s'éloignent vivement. Un détachement de légionnaires les prend en chasse, mais elles ont disparu. Leur apparition est une ruse habile : elle entraîne les formations romaines sur un chemin qui les conduira tout droit dans une embuscade.

« Ils sont ici... tout près », murmurent les légionnaires romains. Mais où ? Ils le découvriront bien vite [1].

En 59 avant notre ère, Jules César – courageux, totalement cynique et d'une froide cruauté – entreprit la pacification de la Gaule, et repoussa ainsi les frontières de Rome jusqu'au Rhin. Son ambition était d'étendre ensuite la frontière de l'empire au-delà du Rhin, jusqu'aux grands fleuves du centre de l'Allemagne, et d'assurer ainsi la protection de son *acropolis italae* (le nord de l'Italie et Rome) et de sa *Provincia transalpina* (la Provence) contre les incursions des tribus alaman-

1. D'après des récits de chroniqueurs romains de l'époque, Tacite, Velleius Paterculus, Dio Cassius.

niques, que la chronique de Dio Cassius décrivait comme « un salmigondis de la pire espèce »[1].

Après avoir mis un terme avec succès à une invasion de deux cent cinquante mille Helvètes en coupant les ponts sur le Rhône à Genève, il se dirigea vers le nord pour anéantir le roi Arioviste et ses hordes de Suèves dans la plaine alsacienne. Puis César conduisit huit légions au-delà du Rhin et pacifia la région autour de *Colonia Agrippina* (Cologne) et *Bonna* (Bonn). À *Augusta Treverorum* (Trèves), deux cent mille Asipètes ne pesèrent pas lourd face à ses cinquante mille légionnaires extrêmement disciplinés. De nombreux petits chefs tribaux prirent la fuite pour échapper à la captivité. César promit la clémence et des présents, organisa une grande fête à laquelle il convia tous les fugitifs. Une fois assis à la table du banquet, ceux-ci eurent la tête tranchée. Ensuite, César fondit sur les tribus privées de leurs chefs et les massacra[2].

La république de Rome s'éteignit avec Cicéron et l'empire naquit avec Jules César, sur la base de l'esprit de conquête. Cet empire devait son unité à la présence permanente de ses soldats aux confins de son immense territoire. Son prestige militaire était le ciment du pouvoir. Ses légions, omniprésentes, frappaient les ennemis sans pitié, flattaient ses alliés et barraient le chemin aux barbares. Rome distribuait guerre et paix à sa guise. *Pax Romana*.

À l'époque de César, de nombreuses tribus germaniques avaient quitté leurs fortifications dans les forêts pour les grandes plaines, puis établi des villages dans les plaines agricoles, en premier lieu le long des fleuves. Cela les conduisit au conflit avec les Romains. En terrain découvert, les barbares ne faisaient pas le poids face à la machine de guerre romaine. Quand César traversa le

1. Cité par Asinius Quadratus. Alamanni, pour *all men* – tous les hommes – un vaste rassemblement de tribus.

2. Dio Cassius, *Histoire romaine*, traduit par E. Gary, 1916.

Rhin près de *Confluentes* (Coblence), il battit les Sugambri, une tribu qu'il décrivit ainsi :

« Ils mènent une vie de chasse et de conquêtes militaires, travaillent dur et sont soumis à des privations. Ils se nourrissent de lait, de fromage et de viande, et ne montrent aucun intérêt pour l'agriculture. Leurs chefs pourraient craindre que leurs gens ne substituent l'agriculture aux conquêtes guerrières[1]. » D'après cette description, nous pouvons conjecturer que la majorité des tribus germaniques était d'origine nomade. César découvrit rapidement que les tribus païennes se haïssaient entre elles. En fin opportuniste, il utilisa cette information pour *divide et impera*, diviser et régner. Son assassinat mit un terme à cette stratégie de conquête ultime de l'Allemagne. Après sa mort, la diplomatie du *divide et impera* fut remplacée par l'élimination soutenue par les lances romaines.

Les tribus germaniques, selon Tacite[2], qui allait devenir leur chroniqueur averti, étaient « bien bâties, aux yeux clairs, avec les yeux bleus. Ils ne portaient pas d'armures, mais étaient armés de courtes lances mortelles (*framae*) et se battaient en formant une seule masse compacte, ainsi ils étaient facilement décimés par une volée de flèches des archers romains ».

Les barbares se distinguaient de leurs envahisseurs romains par une croyance inébranlable en leurs propres dieux cruels : « Les dieux sont condamnés et la fin est la mort[3]. » Le *Walhalla*, demeure de leurs dieux, consistait en un rassemblement terrifiant de guerriers casqués, voués uniquement à mener la guerre. C'était le lieu des extrêmes, où brûlaient des feux et où régnaient les plus profondes ténèbres. Dans un ciel aussi martial, pas de place pour une déesse de l'Amour ou de la Beauté. La gent féminine de ce lieu, les *Walkyries*, chevauchait dans

1. César, *La guerre des Gaules*.
2. Tacite, 55-101 de notre ère, *Germania*.
3. Dans l'Ancien Edda, comme le Livre de la Révélation.

les batailles pour exaucer la volonté d'Odin. Il décidait qui mourrait, et les *Walkyries* conduisaient les héros tombés au combat vers la gloire éternelle en leur faisant franchir les portes du *Walhalla*. Elles veillaient à ce que les cornes d'animaux soient toujours remplies de bière. Baldur, le dieu de la Lumière, fut assassiné par son frère Hod, qui était aveugle ; Fricka, déesse du Mariage, s'occupait de considérations morales terre à terre ; Odin (ou Wotan), le dieu des Guerriers et des Rois, était impitoyable[1]. Il alla même jusqu'à exiler sur un rocher isolé sa propre fille, Brünnehilde, qui lui avait désobéi. Tyr était le dieu de la Guerre, et Freya une splendide déesse blonde qui réclamait la moitié des corps de ceux décimés au combat. Mais le plus féroce de tous était Thor le Marteau, dieu de l'Orage. Avec son puissant marteau Möllnar, symbole des éclairs, envoyait la foudre pour tuer ses ennemis[2]. Ainsi l'orage et la foudre devinrent la voix d'un dieu et un présage favorable au combat victorieux.

La coutume tribale exigeait que les barbares accomplissent pendant la bataille les mêmes prouesses que leur chef, pour ajouter ainsi de l'éclat à sa gloire. Le chef tribal, librement élu, était « le père de son peuple », ses paroles avaient force de loi, il disposait du pouvoir de vie et de mort. Ce n'était pas pour autant un dictateur : toute décision concernant l'ensemble de la tribu dépendait du conseil des anciens. Une fois que celui-ci avait donné son aval, le chef devenait commandant suprême. Les règles alammaniques étaient un curieux mélange de démocratie et de féodalisme.

Les armes principales d'un chef qui voulait obtenir la victoire étaient le vol et la tricherie. Abattre un ennemi, surtout un Romain, par tous les moyens, était toléré et honnête. « Contre ce genre de tribus, la

---

1. Déjà mentionné par Tacite en l'an 98.

2. Thor donna son nom à Thordag (jeudi), son symbole, le marteau, fut retrouvé gravé sur nombre de bijoux dans des sépultures de guerriers.

méfiance était la défense la plus sûre – car ceux à qui l'on faisait confiance étaient ceux qui trahissaient le plus. » Comme la prédiction de Strabon allait se révéler exacte[1] !

Le légat qui fit marcher les légions vers l'Elbe fut le consul Domitius Ahenabarbus (an 1). L'empereur Auguste le décora pour ce fait de l'*ornamenta triumphalia*. Son successeur fut Marcus Vinicius (an 4), qui avait combattu sous les ordres de Tibère dans son action vers le fleuve *Visurgis* (Weser). Puis ce fut le tour de Publius Quintilius Varus. Élevé au rang de consul en l'an 13 avant notre ère, il prit le commandement de l'armée du Rhin en l'an 6. Ses légions avaient traversé la frontière formée par le fleuve pour « préserver la paix ». En fait, elles avancèrent tel un fléau à travers la campagne, se nourrissant sur place et ne laissant rien à ceux qui travaillaient la terre. Elles s'emparèrent des provisions d'hiver, condamnant ainsi les villageois à mourir de faim. Comme si ces rapines ne suffisaient pas, les collecteurs d'impôts romains harcelaient les autochtones, s'emparant de tout ce qui présentait la moindre valeur. Bijoux, ornements, armes personnelles étaient confisqués et redistribués aux centurions et aux légionnaires. Si une tribu osait protester ou refuser de payer les impôts, les soldats de Varus pendaient alors des villages entiers aux branches des arbres. Les survivants s'enfuyaient dans les forêts profondes, y formaient des bandes en vivant des ressources locales (ce qui était loin de faciliter la vie des villageois). Ils attaquaient les patrouilles romaines, lesquelles ripostaient par des expéditions punitives, défoulant leur rage sur les autochtones innocents et sans défense. Mais ces soldats, peu sollicités face à un ennemi négligeable, perdirent tout sens de la morale. La soldatesque violait les femmes, les officiers s'empiffraient, et forçaient même les villageois

1. Strabon, géographe grec, 58 avant J.-C. – 25 après J.-C., auteur des *Mémoires historiques* et de *Geographica*.

à transporter leur butin pour eux. L'injustice était criante, mais Rome était loin, l'attention de l'empereur occupée par ses conquêtes à l'est, ou à survivre aux intrigues de cour.

En 17 avant notre ère, la tribu des Sugambri se révolta et surprit le tribun Marcus Lollius dans une région marécageuse. Elle infligea une défaite cuisante à ses soldats, plus d'ailleurs en ridiculisant l'image de son tribun qu'en causant des dégâts à la puissance militaire de Rome. Velleius Paterculus raconte : « Dans toutes ses guerres, l'empereur Auguste n'a jamais subi de défaite ignominieuse, sauf en Allemagne, avec ses lieutenants Lollius et Varus. »

Cette défaite envoya un message clair à l'empereur Auguste qui s'inquiéta de cette frontière imparfaite, le *limes*, délimitée au sud par le Danube, à l'ouest par le Rhin. Cela laissait une saillie béante, et rendit essentiel l'établissement d'une connexion correcte entre le Rhin romain et les armées du Danube[1]. La stratégie de l'empereur prévoyait la mise en place d'une frontière fortifiée le long du fleuve, qui courrait approximativement depuis Brême, traversant la Bohême jusqu'à *Vindobona* (Vienne)[2]. Il commanda à une vaste armée de repousser les limites de l'empire le plus loin possible vers l'est, vers le fleuve Weser, pour prévenir ainsi la menace d'une attaque barbare sur la Gaule, ou vers le sud, à travers les Alpes.

Le tribun Drusus, son frère, le tribun Tibère, et ses fils adoptifs furent affectés à cette tâche[3]. Drusus, mû par une ambition démesurée, ne se contenta pas de punir les fauteurs de troubles sugambri, il annexa éga-

1. Qui ne fut achevée qu'en l'an 90, avec l'installation de nombreuses places fortes par l'empereur Domitien.

2. Stratégie similaire à celle de Napoléon avec sa Fédération du Rhin [1806] pour protéger les frontières est de la France de la Russie et de l'Autriche.

3. Fils de Livia, dernière femme d'Auguste, qui intrigua pour qu'ils soient adoptés par celui-ci. Tiberius succéda à Auguste en l'an 14.

lement leur territoire entre le Danube et le Rhin. Il établit son camp à *Mogontiacum* (Mayence). En l'an 11 avant notre ère, son armée pénétra en territoire inconnu depuis deux solides places fortes le long du Rhin. Cette avancée le conduisit à l'est dans la forêt du Harz, en Thuringe, terre des Marcomanni. Puis il obliqua vers le nord et pénétra chez les Cherusci. Après avoir « pacifié » cette tribu, il traversa Brunswick et alors qu'il se dirigeait vers l'Elbe, en l'an 9 avant notre ère, son ambition trouva son terme brutal. Drusus fit une chute de cheval et se rompit le cou. Tibère prit le commandement des légions. Comme César, son illustre prédécesseur, Tibère exploita le principal point faible des barbares, leurs rivalités inter-tribales. À grand renfort de promesses et de cadeaux, il monta les uns contre les autres. Leurs guerriers, bien que blonds et terrifiants, ne réussirent pas à faire front commun contre l'envahisseur. Le général romain utilisa cette faille avec talent pour conduire sa campagne allemande vers le succès. Divisés, les barbares subirent inexorablement la défaite devant les aigles romaines.

En l'an 7 avant notre ère, la majeure partie de l'Allemagne du Nord était devenue romaine. Les tribus avaient été soumises, mais la paix ne régnait pas encore : en l'an 1 avant notre ère, la tribu des Cherusci se révolta ouvertement, avec assez de fougue pour que l'empereur Auguste y envoie le *legatus* (gouverneur) Tibère en Allemagne afin de réaffirmer l'autorité de Rome. Tibère leva une armée avec laquelle il partit en l'an 4. Il vainquit les Cherusci, puis leurs voisins, les Langobardi (les Lombards), avec la brutalité habituelle, avant de remonter loin vers le nord, dans le Jutland, où ses forces furent bloquées dans les neiges scandinaves. Ayant rassemblé une nouvelle armée à *Carnuntum* [1], Tibère traversa le Danube pour attaquer les Marcomanni de Bohême, tandis que d'autres soldats, sous les

1. Hainburg, près de Vienne.

ordres du tribun Saturnius, s'élançaient depuis le Rhin. Les Marcomanni échappèrent à l'extermination grâce à une révolte dans la lointaine Illyrie et la Pannonie, qui obligea Tibère à se précipiter au sud pour mater la rébellion.

Ce dernier n'ignorait pas qu'il serait présomptueux de laisser ses territoires nouvellement conquis sans protection. Il y posta cinq légions pour tenir les forts qu'il avait établis le long des fleuves principaux au centre de l'Allemagne. Le commandement de cette force d'occupation échut au tribun Publius Quintilius Varus, un courtisan aussi paresseux que stupide, plus coutumier de l'oisiveté du camp que du champ de bataille[1]. Varus, petit-fils de Marc Antoine, de par sa fille Antonia, avait judicieusement épousé la petite-nièce de l'empereur Auguste. *Legatus* corrompu de Rome en Syrie, il avait amassé une fortune personnelle en vendant des passe-droits aux marchands et en accablant la population de taxes. Les Syriens se pliaient à ses exigences. Pas les Allemands.

La Gaule pacifiée, les campagnes victorieuses de Tibère ayant laissé les tribus allemandes sans chef, la tâche de Varus se révélait aisée : sa vie de garnison était une longue série de fêtes, de banquets agrémentés de prostituées de luxe, le tout payé par les impôts locaux. Il montra le mauvais exemple à ses soldats, qui se relâchèrent. Aucune de ses légions ne s'entraînait au maniement des armes. Les soldats volaient du bétail et collectaient les impôts. Ils prenaient des épouses ou kidnappaient tout simplement des femmes des tribus pour en faire leurs concubines. Les camps militaires se transformaient en bidonvilles.

Durant son mandat de gouverneur d'Alemannia, Varus ne saisit pas la différence entre les Syriens malléables qu'il avait dominés et les féroces barbares qu'il essayait de gouverner. Par faiblesse ? Parce qu'il usa et

1. Velleius Paterculus.

abusa de la répression ? Cela ne fut jamais établi avec certitude. Quoi qu'il en fût, il creusa sa tombe dès qu'il extorqua les richesses des tribus pour remplir ses coffres personnels. L'or était rare, et les Allemands n'avaient aucune intention de le donner. Ils étaient également loin d'apprécier que leurs filles et leurs femmes soient enlevées pour assouvir les besoins des légionnaires et porter leurs bâtards.

En l'an 9, l'empereur Auguste était accaparé par les intrigues de cour au Capitole, Tibère, occupé en Dalmatie, quand un message parvint au *legatus* Varus. Début septembre, des troubles s'étaient déclarés dans la région entre la Weser et l'Ems, dans une région de forêts denses colonisée par les Cherusci. Les villageois excédés avaient jeté ses collecteurs d'impôts dans une rivière. Varus ne prit pas ce rapport au sérieux car il savait que Sigimur, le chef des Cherusci, avait toujours maintenu la paix. Mais c'était sans compter sur Arminius, le fils du chef, un meneur que Tacite allait surnommer « l'incendiaire de l'Allemagne ». Il n'avait pas usurpé sa réputation.

Arminius était né en 17 avant notre ère. Dès son enfance, il s'était comporté en brave et avait su gagner le respect de sa tribu. Il avait servi dans l'armée romaine avec son frère Flavius, mais on sait peu de chose de lui, si ce n'est qu'il était grand et bien charpenté. Cet aristocrate du plus haut rang avait longtemps côtoyé les tribuns romains. À vingt-six ans, il avait maintes fois montré sa valeur et son intelligence au service de Tibère pendant la campagne d'Illyrie. Pour sa bravoure et ses qualités de dirigeant il fut élevé au rang équestre de la noblesse romaine (*Iuvenis nominae Arminius assiduus militiae nostrae prioris comes, iure etiam civitatis Romanae*... Tacite) et fut nommé *praefectus* de l'armée romaine. Il y avait cependant une chose que les Romains ne savaient pas : Arminius était un farouche patriote allemand. Depuis son enfance, où il avait été témoin du massacre d'un village de sa tribu par des légionnaires, ce chef expérimenté nourrissait une haine fanatique de tout ce qui était romain.

Des années durant, tout en servant sous les ordres de différents tribuns romains, Arminius avait contemplé impuissant la tragédie qui frappait son peuple. Son triste sort après la défaite devint une obsession. Il rappelait sans cesse à son père le destin promis à une nation cherusci soumise. Celui-ci recommandait la patience, mais la rage brûlait dans le cœur du jeune homme. Il cherchait dans son expérience militaire comment sauver son peuple de l'esclavage imposé par les Romains.

L'Empire romain ne devait son unité qu'à la présence permanente de ses soldats aux confins de son énorme territoire. Son armée était constituée de soldats professionnels, tous citoyens de Rome (bien que peu d'entre eux fussent italiens), uniformément vêtus d'une courte armure de métal portée sur une tunique, un protège-nuque, un casque et des chaussures (*caligae*). Ils étaient équipés du *pilum* (javelot), d'une épée courte pour le combat rapproché, et d'un bouclier ovale en cuir, peint de la couleur de leur légion. Celle-ci, sous l'ordre d'un tribun, était divisée en dix cohortes (bataillons) de six centuries (compagnies), commandée chacune par un centurion. Le *legatus* était un gouverneur nommé par la cour, supérieur hiérarchique des militaires.

Arminius savait d'expérience qu'affronter cette machine de guerre lors d'une bataille classique conduirait inéluctablement au désastre. Il s'était penché sur la destinée de Vercingétorix et de ses valeureux gaulois qui avaient mordu la poussière devant les légions de César en 52 avant notre ère. Les tribus germaniques étaient tout sauf disciplinées, peu fiables, divisées par la rivalité et ne pouvaient en aucun cas prétendre égaler la suprématie de l'infanterie, des archers et des cavaliers romains. De plus, un chef ne pouvait commander une tribu comme un tribun dirige sa légion. Il lui fallait au préalable envoyer des messagers secrets (qui pouvaient être interceptés par les Romains ou par des chefs de tribus jaloux), ensuite prier pour qu'assez de guerriers le suivent et forment ainsi une armée digne de ce nom. Le choix du terrain était également décisif pour emporter la victoire. Les garnisons romaines étaient imprenables, retranchées dans des forts entourés de protections solides. Mais à l'extérieur de leurs palissades, les légions étaient exposées, surtout si elles étaient surprises dans un lieu où elles ne pouvaient se déployer dans leur ordre de bataille habituel.

En l'an 8, Arminius se joignit au *legatus* et tribun Varus, en tant que chef d'un contingent d'auxiliaires cherusci. Il commença en même temps à mettre au point une tactique rusée, qui amènerait Varus à découvert. Pour faire sortir l'ours de sa tanière il fallait une raison valable, une révolte par exemple, ou, comme ce fut le cas ici, la rumeur d'une révolte.

Arminius découvrit vite que Varus n'était pas Tibère. Il nourrissait un mépris justifié pour le tribun et était prêt à se servir de sa négligence comme « d'une possibilité de traîtrise, observant avec sagacité que celui qui ne redoutait rien pouvait être plus facilement maîtrisé, et que les désastres commençaient le plus souvent par un sentiment de sécurité[1] ». Varus avait toujours omis de prendre les précautions les plus élémentaires, quittait son camp sans envoyer les patrouilles de reconnaissance indispensables, et il n'y avait aucune raison de penser qu'il changerait de méthode. C'était le début de l'automne, l'époque où les trois légions de Varus allaient rentrer de leur campement d'été sur la Weser pour prendre leurs quartiers d'hiver à *Aliso* (Haltern) sur la Lippe. Membre du cercle des fidèles du tribun, Arminius savait que Varus avait prévu un détour pour punir les « villageois rebelles ». Son seul souci était la supériorité numérique des Romains. Il lui fallait donc imaginer un plan audacieux, puisque son but était leur annihilation pure et simple. Il fallait réaliser l'alliance de toutes les

1. Velleius Paterculus.

tribus. Il abandonna donc sa prudence habituelle et commença l'agitation contre Varus en contactant secrètement les tribus.

Arminius avait un oncle nommé Segestes, frère de Sigimur, convaincu que le commandement des Cherusci lui revenait de droit. Comme il n'avait pas été élu par la tribu, il était devenu l'informateur de Varus. La situation était compliquée par le fait qu'Arminius était tombé amoureux de Thusnelda, la fille de Segestes, une jolie fille aux tresses blondes. Le jeune couple avait fugué, et Segestes haïssait le jeune guerrier pour cet affront.

Arminius savait que l'autosatisfaction n'était pas de mise dans un pays jalonné par une longue histoire de conflits tribaux. Il avait secrètement rencontré les anciens des tribus, non seulement des Cherusci mais aussi des Amsivari, Marsi, Bructi, Langobardi et Chatti. Après de nombreux palabres et marchandages, il les convainquit d'abandonner leurs querelles fratricides et de se joindre à lui dans un effort suprême pour débarrasser leurs terres natales de l'envahisseur. Malgré la suspicion et l'hostilité de certains chefs, un complot s'échafauda. Arminius exposa son plan, qui fut voté et accepté. Cela fut un événement unique dans le début de l'histoire de l'Allemagne médiévale : les tribus oublièrent toute querelle en élisant Arminius comme chef suprême. Mais une conspiration aussi énorme ne pouvait être gardée secrète, en tout cas pas envers quelqu'un d'aussi bien introduit que son oncle Segestes. « Ne faites pas confiance à Arminius, essaya-t-il de prévenir Varus, il complote, faites-le arrêter ou il vous détruira. » Varus, au fait du contentieux entre Segestes et son neveu Arminius, qui se trouvait être l'un de ses lieutenants de confiance, considéra cette accusation comme la vengeance d'un vieil homme mû par sa vindicte personnelle, et ignora l'avertissement. Cela convainquit d'ailleurs Varus qu'il n'existait aucun danger. Suprême ironie, il offrit au « fidèle » Arminius le commandement du détachement chargé de guider les colonnes dans les forêts inhospitalières de la région. Varus fournit ainsi à Arminius l'occasion de conduire trois légions romaines dans un piège.

La première semaine de septembre de l'an 9 commença sans le moindre indice d'un désastre imminent. Les légions, qui avaient passé un agréable été sur les rives de la Weser, s'attendaient à rejoindre leurs quartiers d'hiver en une semaine de marche. On les avait averties que leur tribun avait prévu un petit détour pour punir des villageois rebelles. Avant que les longues colonnes ne s'étirent, Arminius envoya des messages à ses alliés pour qu'ils se rassemblent avec leurs guerriers dans la *Teutoburger Wald*[1].

Varus quitta le camp d'été à la tête d'une force impressionnante, les 17$^{e}$, 18$^{e}$ et 19$^{e}$ légions, plus trois *ali* de cavalerie et six cohortes d'auxiliaires. Les *cataphractarii* et les *clibanarii* (cavalerie lourde) en armure, chevauchant sans étriers, suivaient l'infanterie et les archers. En tout, plus de vingt mille hommes lourdement armés, flanqués d'une colonne chaotique d'épouses et de parasites habituels de l'armée.

Le piège était en place.

En ces temps reculés, les forêts entre la Weser et l'Ems étaient constituées d'une végétation très ancienne, avec des sapins de plus de trente mètres de hauteur. Dans cet environnement sauvage et sombre n'existaient que des sentiers primitifs, tracés par les animaux au cours des années. Ils étaient étroits, glissants, encombrés de grosses racines qu'il fallait couper pour permettre le passage des chariots. Le poids de leur armure et l'humidité étouffante faisaient transpirer les légionnaires sous leurs vêtements de cuir. Cependant, malgré la chaleur oppressante, ils se sentaient peu à peu glacés jusqu'aux os. Ils savaient que les barbares rôdaient et les épiaient, invisibles. Les centurions, qui se distinguaient

1. Ainsi dénommée à cause des Teutons. Située entre la Weser et l'Ems dans un triangle formé aujourd'hui par Detmold, Minden et Osnabrueck.

de la masse avec leurs tuniques pourpres, demandaient que l'on force l'allure, les trompettes relayaient les ordres. Les légionnaires resserraient les brides de leurs casques et se préparaient à l'épreuve.

Dès l'instant où Arminius et ses guides cherusci disparurent, les Romains furent perdus. Les légions s'enfoncèrent plus loin encore dans un entrelacs infernal d'arbres morts et de marais nauséabonds. Malgré des rapports l'informant de la présence de tribus hostiles dans la région et la mystérieuse disparition de ses guides, Varus refusa d'envoyer des patrouilles en avant-garde. Il se reposait sur son écrasante supériorité militaire et avançait à l'aveuglette. Tout chef se conduisant avec autant de légèreté est coupable de négligence criminelle. Tandis qu'Arminius connaissait les plans du tribun – sa feuille de route le conduirait inéluctablement vers la *Dörenschlucht* (la Gorge de Dören) –, Varus n'avait pas la moindre idée des mouvements des Cherusci.

Le 9 septembre de l'an 9, Arminius mit son plan à exécution. Sa tactique était de harceler les avants et les arrières isolés, de les décimer puis d'attirer le gros des troupes de plus en plus profondément dans la forêt où l'espace manquerait pour manœuvrer. Une unité romaine avancée fut brusquement ensevelie sous une pluie de javelots et de pierres. L'attaque fut si soudaine que la plupart des légionnaires moururent sur-le-champ, exterminés par des hordes de guerriers aux yeux fous qui sautaient sur leurs malheureuses victimes depuis les arbres et les rochers qui les surplombaient. Ceux qui échappèrent au massacre revinrent sur leurs pas pour donner l'alerte : « Les Cherusci ! Les Cherusci ! » Leurs cris semèrent la panique parmi les milliers de gens qui accompagnaient l'armée et qui se précipitèrent vers les unités militaires pour implorer leur protection. « Les légions n'étaient plus en ordre de bataille, elles se retrouvèrent pêle-mêle au milieu des chariots et des civils[1]. »

1. Dio Cassius, *Histoire romaine*, trad. E. Gary, 1916.

Pour ajouter à la confusion, d'autres attaques sporadiques menées sous couvert de la forêt augmentèrent le désordre dans les légions. Ces attaques éclair se poursuivirent presque toute la première journée. À la fin de l'après-midi, les légions arrivèrent dans une plaine dégagée. Varus demanda l'arrêt des troupes. Des gardes furent postés et des feux allumés aux pourtours du camp. Les Cherusci n'attaquèrent pas cette nuit-là.

Les Romains levèrent le camp très tôt le lendemain matin. Varus ordonna de brûler les chariots encombrants. La piste s'enfonçait de nouveau dans la forêt profonde. À peine les colonnes avaient-elles pénétré sous les frondaisons que les barbares attaquèrent. Les centurions exigèrent de battre en retraite. C'était une ruse, qu'Arminius comprit. Cependant, avant qu'il ne puisse arrêter ses guerriers trop zélés, un certain nombre de Cherusci avaient déjà pris les Romains en chasse en terrain découvert. Ils perdirent là l'avantage du choix du champ de bataille. Les formations romaines disciplinées et leurs archers entraînés firent la différence en plaine.

Arminius, qui se retrouvait dans une situation qu'il n'avait pas choisie, fut entraîné dans le flot des guerriers. La première charge fut si enragée qu'elle réussit presque à percer les lignes romaines. L'énergie de ces sauvages pétrifia Varus, bien protégé derrière les boucliers de ses légions. Il était terrorisé, incapable de faire un choix, mais ses lieutenants prirent le contrôle de la situation. Les légions se regroupèrent rapidement pour former une sorte de tortue. Tels des porcs-épics mortels, hérissés de lances et d'épées, leurs boucliers assemblés levés au-dessus de leurs têtes pour se protéger des jets de javelots, elles avancèrent, tandis que les archers romains s'en donnaient à cœur joie. Ils lançaient des volées de flèches dévastatrices dans les hordes groupées. L'attaque des barbares contrée, les trompettes retentirent et les *triari* et *principes* romains avancèrent en ordre serré. Les légions mieux disciplinées pénétrèrent dans les tribus. Dans le fracas de armes, les Cherusci se montrèrent valeureux jusqu'au sacrifice et tombèrent sur place plutôt que de céder du terrain.

Tandis que le tribun romain demeurait en sécurité à l'arrière, Arminius était au cœur de la bataille. Mais les hommes avaient atteint leurs limites, même ses meilleurs combattants étaient à bout de forces. S'ils restaient sur le champ de bataille, c'était par fidélité envers leur chef à la volonté de fer. De nombreux braves moururent avant que sonne la retraite et que le reste des combattants se retire dans les bois. Quant aux Romains, épuisés eux aussi, ils ne les poursuivirent pas pour annihiler définitivement tout danger.

Arminius se trouvait devant un cruel dilemme. Il fut contesté pour avoir réclamé la retraite, le déshonneur suprême du guerrier. Certains osèrent même le traiter de lâche. D'autres lui en voulurent de ne pas leur avoir donné l'occasion de piller les chariots sans défense qui regorgeaient de richesses. Il avait perdu beaucoup de ses meilleurs guerriers dans la plaine, dont bon nombre étaient de sa famille, et voilà qu'on le tenait pour responsable de leur mort. Certains chefs l'accusèrent d'essayer de saper leur propre autorité. Arminius avait en fait autant à craindre de ses alliés à lui que des piques de son ennemi. Il flatta, prêcha la patience et exposa sa stratégie. Un jour de plus, voilà ce qu'il leur demandait, et leur mort serait vengée au *Walhalla*. Ils attaqueraient de nouveau le lendemain, mais cette fois au cœur de la forêt, sur un terrain favorable.

Pour les Romains, la fin du deuxième jour fut calme. Le tribun Varus était convaincu d'avoir infligé une défaite cuisante aux barbares. Tandis que ses légionnaires allumaient des feux, soignaient leurs blessures et fêtaient leur victoire, il n'envoya pas de patrouilles.

La lune s'éleva dans le ciel et la nuit fut froide. Arminius n'arrivait pas à s'arracher à ses sombres pensées. Combien de valeureux guerriers il avait sacrifié ! Le reste pourrait-il lancer un nouvel assaut ? Quelle que fût la situation, il faudrait porter l'attaque décisive, il n'avait plus de réserves. Était-ce la fin ? Un brave avait toujours l'occasion de défendre chèrement sa vie. En cette heure ultime, Arminius était seul. Il lui faudrait encore conduire son peuple au combat, et selon toute vraisemblance trouver la mort. Il s'appuya à un grand sapin tordu. Les premiers rayons du soleil filtraient à travers les cimes des arbres. L'aube du troisième jour approchait.

Leur supériorité numérique et le calme environnant confortaient les Romains dans un sentiment de sécurité trompeur. Ils levèrent le camp peu après l'aube. Le seul chemin qu'ils pouvaient emprunter pour regagner leur forteresse sur l'Ems passait par la « *saltus teutoburgiensis* », la *Teutoburger Wald*, en traversant la sinistre *Dörenschlucht*[1]. Rassurées par le sentiment d'avoir déjà gagné la bataille, les légions marchaient en bon ordre, en colonne par cinq sur le sentier sinueux. Ceux qui suivaient étaient moins ordonnés, bruyants, et surtout effrayés. La troupe principale de Varus, restée en arrière pour permettre à l'avant-garde d'atteindre la vallée, se trouva complètement désorganisée quand les hordes déchaînées fondirent sur elle[2].

Arminius posta ses guerriers des deux côtés de la *Dörenschlucht*, un ravin aux pentes raides et boisées. Il observa les Romains s'engouffrer dans le piège depuis

1. Tacite, *Annales*. L'endroit exact de la bataille de Varus des 9, 10 et 11 septembre de l'an 9 est aujourd'hui discuté. Selon toute probabilité ce fut entre la *Dörenschlucht* (Gorge de Dören) et *Hermannsberg* (Mt Arminius).

2. D'après Gaius Suetonius Tranquillus, livre 56 : « Ainsi se déroula le plan. Le chef [Arminius] l'escorta [Varus] quand il se mit en route, puis s'excusa avant de s'absenter... les Romains avaient de nombreux chariots et des animaux de bât, comme en temps de paix... Sur ces entrefaites, un violent orage s'abattit, ce qui allongea les colonnes. Le sol entre les racines et les arbres morts devint glissant, rendant la progression très dangereuse, les cimes des arbres se brisaient et tombaient, semant la plus grande confusion. Alors que les Romains se battaient contre les éléments, les barbares les encerclèrent soudain de toutes parts, leur connaissance des sentiers leur ayant permis de se faufiler dans les fourrés denses... Les Romains furent submergés par leurs adversaires, ils subirent de nombreuses pertes et furent incapables de contre-attaquer. »

un rocher en surplomb. Il allait donner le signal de l'attaque quand se produisit un événement qui allait décider de l'issue de la bataille. Au moment où il en avait le plus besoin, il obtint de l'aide de la façon la plus inattendue. Le premier signe fut un nuage gris. Bientôt, le soleil fut occulté par une hideuse masse noire.

Pour les Romains ne régnait que le silence, ce calme lourd et humide avant la tempête. Le ciel était si proche qu'il semblait se fondre avec la terre. Une lueur métallique filtrait à travers les nuages et silhouettait avec netteté l'entrelacs des arbres, transformant le paysage en chaos naturel. La masse sombre rattrapa la légion avec sa pluie chargée d'électricité. Sinistre présage. Les légionnaires, angoissés, raffermirent leur prise sur leur épée pour se rassurer. Ils pouvaient affronter un ennemi humain, mais seul un dieu, dans ce cas précis, Mercure, gouvernait le temps.

Soudain l'horizon explosa, les cieux s'enflammèrent. Des éclairs frappaient dans un univers fantomatique, offrant des images fugitives d'arbres bleuis, suivis de coups de tonnerre d'une intensité terrifiante. Quand la tempête les atteignit, elle frappa avec une violence inaccoutumée, ne laissant aucun doute sur le pouvoir de la nature. Pour les Romains, il était trop tard pour trouver des explications rationnelles. Le tonnerre les pétrifia. Ils implorèrent leurs dieux et levèrent leurs boucliers pour repousser les démons invisibles. Le sol tremblait. Les femmes hurlaient, les vieillards s'agenouillaient devant cette furie qu'ils n'avaient jamais vue de leur vie. Des éclairs suivis de gerbes d'étincelles s'abattaient sur les arbres et les fendaient en deux. Ceux qui essayèrent de se protéger sous les sapins furent anéantis par la foudre qui touchait la cime des arbres. Des torrents de boue charrièrent des troncs d'arbres, ensevelirent légionnaires et civils sans distinction. Une averse de grêle s'abattit ensuite. D'énormes grêlons endommagèrent les casques de métal. Le cuir qui recouvrait les boucliers levés fut bientôt si trempé et si lourd que les hommes ne purent plus les brandir au-dessus de leurs têtes. Des chevaux affolés se débarrassaient de leurs cavaliers et fonçaient sur les cohortes massées sur le chemin étroit. Les soldats terrifiés se couchaient par terre, enfonçaient leurs doigts dans la terre, priant pour que l'orage s'arrête. Mais Jupiter n'était pas avec eux ce jour-là. Il semblait que le ciel lui-même était pris de la frénésie de détruire tout ce qui était romain [1].

La situation paraissait tout autre pour les Cherusci. Leur heure était venue, le ciel avait envoyé un message. Pour les guerriers nordiques, le tonnerre de Thor était un signe de l'aide divine. Arminius prononça tout haut ce que tous pensaient : « *Par Thor !* » Il brandit son épée, une trompe souffla, suivie de centaines d'autres. La forêt, jusque-là inanimée, s'ébranla. Les buissons bougeaient, des hommes bondissaient des arbres et des rochers. Les pentes qui bordaient le sentier furent en un instant grouillantes de barbares. Les éclairs déchiraient le ciel et illuminaient les hordes de grands guerriers terrifiants qui hurlaient « *Thor !* » en dévalant les à-pics. Leur charge se gonflait comme un torrent furieux, accompagnée de l'invocation au dieu cruel scandée par des centaines de bouches. Lances baissées, massues tournoyantes, ils fondirent sur les Romains désorientés et éparpillés.

« Les légions de Varus furent stoppées dans leur progression, et ne purent résister efficacement sur place, empêchées de faire usage de leurs armes. Impossible de brandir les arcs ou les javelots, ainsi que les boucliers, qui étaient complètement imbibés d'eau », écrivit leur chroniqueur Dio Cassius.

Les légionnaires, choqués par cette déferlante inattendue, que leur superstition traduisit en colère de Mercure, contemplèrent une forêt en pleine éruption. Une nation entière s'était rassemblée pour noyer dans le sang tous ces Romains qu'ils avaient dû supporter

1. Selon la description de Tacite dans ses *Annales*.

sous le joug de leurs gouverneurs. Les lueurs bleues intermittentes donnaient aux Romains l'impression que des barbares, terriblement supérieurs en nombre, se précipitaient sur eux avec l'assistance du feu divin. La même scène se déroulait dans toute la gorge. Des milliers de Cherusci accompagnés de leurs alliés se précipitaient sur les Romains impuissants et les embrochaient sur leurs lances comme de vulgaires poulets. Ce carnage indescriptible était insupportable, même aux plus aguerris des soldats. L'effet de cette attaque fut aussi dévastateur que décisif.

Le sang coulait à flots. Les légions, déjà sous le choc de ce déluge céleste inexplicable, pensaient que leurs dieux les avaient abandonnés. Cependant, les légions avaient été entraînées à obéir aveuglément. Des unités se formèrent pour faire face à l'ennemi. Mais le sentier était trop étroit pour manœuvrer et la supériorité numérique n'était d'aucun secours en ces circonstances. Les soldats lancèrent des flèches, mais les cordes des arcs étaient mouillées, détendues, la distance trop réduite pour qu'elles soient efficaces. La pluie et le sang avaient transformé le sol en boue glissante. Privés d'un solide appui, les légionnaires ne pouvaient prendre leur position défensive habituelle, derrière un mur de boucliers et de lances plantées au sol. La violence du corps-à-corps s'intensifiait, les Romains se battaient avec l'énergie du désespoir, mais leurs formations ouvertes n'était pas de taille à faire face à la furie des haches barbares. Des sections furent séparées des colonnes, isolées, encerclées, puis sauvagement exterminées.

La bataille échappait à tout contrôle, tout était arrivé trop vite pour qu'Arminius pût influencer son issue. Il observa l'anéantissement de ses anciens frères d'armes avec un rictus sur les lèvres. La sauvagerie de l'attaque avait ouvert de grandes brèches dans les longues colonnes, et les petites unités, désormais isolées, ne pouvaient se porter mutuellement assistance. Les légionnaires ripostaient sans coordination. Ni succès. Les barbares encerclaient des groupes de plus en plus réduits. Les lances courtes et acérées, les massues de pierre des tribus achevèrent le massacre des Romains en débandade. Les légions étaient perdues, les trompettes sonnaient la retraite, mais cela même devint désormais impossible. L'issue fut inéluctable quand le tribun Vala Numonius, commandant de la cavalerie romaine, s'enfuit du champ de bataille. Cela ouvrit une brèche béante dans les troupes de la légion, par laquelle s'engouffrèrent les barbares[1].

Le carnage prit alors une tournure atroce. Les hommes de Varus furent décimés par milliers. Chaque Romain défendait sa vie, entouré de tas de cadavres. Certains légionnaires essayèrent de se frayer un passage, mais furent repoussés. Très peu réussirent à sauver leur vie. La plupart de ceux qui le tentèrent en se sauvant dans la forêt trébuchèrent sur les racines omniprésentes et furent rattrapés par leurs poursuivants. Pour ceux qui étaient seulement blessés, aucun espoir d'être aidés. Ils mourraient bientôt, la gorge tranchée, ou d'une infection.

La tempête s'arrêta aussi brusquement qu'elle avait commencé, et le soleil fit sa réapparition. Le tribun Publius Quintilius Varus, bien reconnaissable avec sa toge blanche immaculée, sa cape pourpre et son casque doré, avait trouvé refuge dans une clairière, protégé par les boucliers des derniers officiers qui lui restaient. La mort régnait autour de lui : des corps inertes aux yeux vides, bouches ouvertes, jonchaient le sol et les masques sauvages des hommes sans pitié resserraient le cercle autour de lui. « *Thor ! Thor !* » Ils auraient pu lancer leurs lances pour se débarrasser de Varus, mais ils le voulaient vivant. Il serait leur trophée, sacrifié sur un autel païen pour apaiser leurs horribles dieux. Pour le tribun romain, tout était perdu : un Cherusci l'avait vaincu et avait anéanti son autorité, son empereur ne

1. Velleius Paterculus.

lui redonnerait jamais de pouvoir et ses ennemis ne lui accorderaient aucun pardon. Il poussa un grand cri, planta le manche de sa courte épée dans le sol et se laissa tomber dessus. Les officiers suivirent son exemple et se suicidèrent plutôt que d'être capturés par des barbares [1]. Les Cherusci et leurs alliés lâchèrent un hurlement de triomphe.

Maintenant que la victoire leur appartenait, les premiers signes d'un effritement de la discipline tribale apparurent, en soudaines explosions d'agressivité. Les barbares commencèrent à se battre entre eux, tribu contre tribu, clan contre clan, d'homme à homme. Ils s'affrontaient pour des babioles, des épées, des armures, des femmes, pour le butin et le trésor de Varus. D'autres se déchaînèrent, achevèrent les blessés et les dépouillèrent, sans le moindre sentiment. Les femmes suppliaient en brandissant leurs enfants. En vain. Les légionnaires qui eurent l'infortune d'être capturés furent enterrés vivants, crucifiés ou sacrifiés sur des autels. Pour finir, les barbares coupèrent la tête du tribun défunt, l'empalèrent à la pointe d'une lance et la présentèrent à leur chef.

« La piste était inondée de sang et jonchée de corps, pas un seul homme n'en réchappa [2]. » Arminius ne fit rien pour empêcher la barbarie de ses guerriers. Pillage et viol étaient partie intégrante de la victoire. Ses hommes avaient souffert et fini par triompher. Mais il ne partageait pas leur jubilation. Il remerciait le ciel. Parce qu'il savait que la victoire lui avait été offerte par le cruel dieu de la Guerre, qui s'était tenu à ses côtés avec cet orage soudain.

« Cernée par la forêt et les marais, frappée par la fureur soudaine de la nature, une armée romaine fut exterminée presque jusqu'au dernier par l'ennemi qu'elle avait toujours abattu comme du bétail. » Ainsi le chro-

1. Dio Cassius, *Histoire romaine*.
2. Tacite, *Annales*.

niqueur Velleius Paterculus rapportait-il l'issue d'une des batailles décisives de l'Antiquité.

Quand ces nouvelles parvinrent à Rome, l'empereur Auguste « lacéra ses vêtements et se lamenta parce qu'il craignait que l'ennemi ne marche vers l'Italie[1] ». Au désespoir, Auguste se frappa la tête contre un mur et hurla avec angoisse : « *Varus, Varus, rends-moi mes légions !* »

De nombreuses forteresses romaines furent abandonnées à la suite de cette bataille et l'Allemagne fut libérée de ses forces d'occupation. Cependant Auguste s'angoissait toujours. Il redoutait qu'Arminius et ses Alamanni ne traversent le Rhin et n'incitent les Gaulois à la rébellion. Il n'avait rien à craindre, les Allemands restèrent de leur côté du Rhin. L'empereur Auguste mourut en août de l'an 14, laissant place à Tibère, son gendre. En l'an 15, le nouvel empereur envoya Germanicus, fils de Drusus, en expédition punitive vers l'Allemagne. Quand l'armée atteignit la région de la « *saltus teutoburgiensis* », Germanicus découvrit une scène effroyable : des os blanchis, des javelots brisés, des squelettes à moitié enterrés et des crânes cloués aux arbres[2].

Alors que les Romains reconnaissaient le génie militaire d'Arminius, le conseil des tribus germaniques, qui redoutait sa domination croissante, le remplaça par l'impétueux Inguinomerus, qui les conduisit contre Germanicus et ses huit légions. En l'an 16, à *Iclistavisus* (Minden), leur rencontre se solda par une victoire romaine. Les tribus avaient stupidement attaqué les formations serrées des Romains en terrain découvert. Après cette défaite, Arminius fut rappelé de sa « retraite ». Il résista à l'invasion romaine et l'empereur Tibère comprit que le prix d'une *Provincia Alamannia*

1. Dio Cassius, *Histoire romaine*.
2. L'expédition de Germanicus, et ce qu'il découvrit, furent décrits dans *Germania* de Tacite.

qui s'étendrait jusqu'à l'Elbe ne valait pas les efforts qu'il faudrait déployer pour s'assurer la victoire sur les Cherusci. Pendant l'hiver de l'an 16, Tibère mit un terme à la campagne d'Allemagne parce qu'il avait peur qu'Arminius, le mauvais génie de Rome, ne refasse son apparition. La préoccupation essentielle était d'empêcher à tout prix l'Illyrie (les Balkans) et l'Allemagne de se soulever au même moment. Car Rome ne disposait pas de moyens suffisants pour faire la guerre sur deux fronts à la fois.

Arminius comprit que l'unité de l'Allemagne dépendait d'une coalition de ses tribus du nord avec les Marcomanni du centre du roi Maroboduus. Tandis que les Cherusci et leurs alliés défendaient la frontière du Rhin, les Marcomanni faisaient de même le long du Danube. Arminius envoya la tête de Varus au chef des Marcomanni comme preuve de sa victoire sur les légions. Le roi Maroboduus, potentat très suspicieux, s'inquiéta tant de l'ascension d'Arminius qu'il pactisa avec Rome. Pour prouver sa loyauté à l'empereur, il fit parvenir la tête à Auguste. Arminius rassembla les tribus du nord, et écrasa les Marcomanni au cours d'une bataille sanglante en l'an 17. Marobuduus s'enfuit en Italie, où il mourut en l'an 41.

Il fut beaucoup écrit sur Arminius, et les chroniqueurs pouvaient difficilement critiquer le vaillant guerrier sans mettre clairement en avant l'incompétence des généraux romains. Mais il est évident qu'il n'aurait jamais obtenu le titre de « chef suprême » s'il n'en avait pas possédé les qualités requises.

C'était un chef inspiré, pas un conquérant. Mû par le désir de faire cesser les bains de sang entre tribus, Arminius posa la première pierre de l'union de tous les clans allemands. Après sa victoire sur les Romains, il devint le porte-parole incontesté des tribus du nord. Mais son idée d'un patriotisme allemand qui ferait battre les cœurs à l'unisson de la même émotion était anachronique et irréaliste. Une fois obtenue la victoire sur Rome, la principale rivale, l'idée de l'unité allemande perdit de son attrait et son plan grandiose, l'unification des tribus allemandes en une seule grande nation, n'aboutit à rien.

En l'an 19, une vieille querelle tribale se ralluma. Pour mettre un terme au différend, Arminius demanda la réunion d'un conseil des anciens. Le jour dit, il ne portait pas sa cote de maille, et le grand guerrier fut réduit au silence éternel par la dague de l'un des siens. Avec lui disparut un visionnaire dont l'ambition constante avait été d'unifier l'Allemagne. Il fallut attendre huit cents ans et l'empereur Charlemagne pour terminer la tâche qu'Arminius avait commencée sur un sentier sinueux et glissant.

Un autre artisan de l'unité allemande, Otto von Bismarck, fit ériger en hommage une statue d'Arminius le Cherusci près du site de la bataille historique[1].

La *clades variana,* plus connue sous le nom de bataille de la Forêt de Teutoburg, est l'une des plus importantes de l'Histoire, car elle marque le tournant de la pénétration romaine en Europe centrale. Bien que d'autres expéditions (avec Germanicus) aient reconquis certaines places fortes, le temps de la soumission à César des tribus païennes appartenait désormais au passé. Les légions de Varus ne furent jamais remplacées. La perspective d'une conquête facile de l'Allemagne disparue, les Romains se retirèrent derrière les principaux fleuves d'Europe, le Rhin et le Danube.

Rome régna encore pendant cinq cents ans, mais plus jamais sur l'Allemagne. Si la frontière de l'empire était restée le long de l'Elbe, le cours de l'histoire européenne aurait subi un profond changement. Les frontières de Rome étendues jusqu'aux pays slaves, tous les pays d'Europe auraient parlé une langue issue du latin. L'Allemagne serait l'Alamannia, tout comme la France

1. En 1875, sur ordre du Kaiser Guillaume Ier, sur le Grotenberg, près de Bielefeld.

serait restée la Gallia. Peut-être ces deux pays auraient-ils vécu en paix côte à côte, bien que cela semble hautement improbable. Quant à la Britannia, « notre île ne se serait jamais appelée Angleterre[1] », et les pèlerins quittant ses rivages auraient apporté une culture latine sur un nouveau continent.

*Dis alter visum* – les dieux en ont voulu autrement[2].

Un jour d'automne, il y a deux mille ans, le dieu nordique du Climat soutint la ténacité d'un prince guerrier et ensemble ils écrivirent l'Histoire.

---

1. Edward Creasy, dans *Fifteen Battles of the World.*
2. Virgile, *L'Enéide.*

# 2

# Le vent divin

*15 août 1281*

> « Jamais ce Nippon n'a été, ou ne sera
> Prosterné devant un fier conquérant... »
>
> William Shakespeare,
> *La Vie et la mort du roi Jean.*

Quelque part à l'est de la Chine, le soleil brûle sur le Pacifique infini, lisse comme une nappe d'huile. L'air est surchauffé, une vapeur dense s'élève. La première pelote d'un nuage cotonneux apparaît dans le ciel devenu de plomb. Le nuage s'intensifie, devient une masse grise compacte, et aspire toujours plus d'humidité pour se gorger de millions de tonnes d'eau. Puis la masse nuageuse s'étale brusquement comme les pétales d'une fleur gigantesque en pleine éclosion. La rotation de la Terre commence à lui imprimer un mouvement circulaire, qui accélère sans cesse et se transforme en un tourbillon animé par son propre mouvement. Toujours plus vite, ce disque tourne à une vitesse folle sur plusieurs centaines de kilomètres. Un monstre est né, qui va porter la mort et la destruction.

Sur son chemin, ce 14 août 1281, se trouve en mer

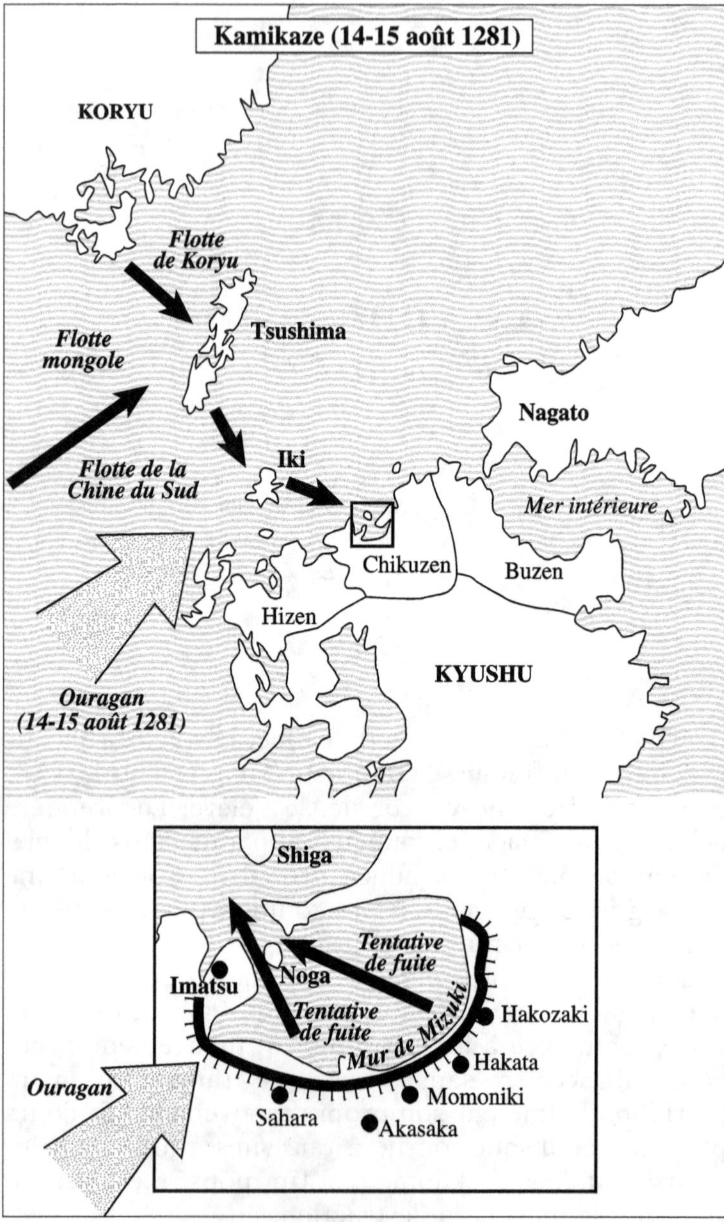
Kamikaze (14-15 août 1281)
KORYU
Flotte de Koryu
Tsushima
Flotte mongole
Flotte de la Chine du Sud
Iki
Nagato
Mer intérieure
Chikuzen
Buzen
Hizen
KYUSHU
Ouragan (14-15 août 1281)
Shiga
Tentative de fuite
Noga
Imatsu
Tentative de fuite
Mur de Mizuki
Hakozaki
Hakata
Ouragan
Momoniki
Sahara
Akasaka

la plus grande flotte jamais armée : trois mille cinq cents navires avec des centaines de milliers d'envahisseurs mongols à bord, en route vers les rivages du Japon.

La Chine, empire du Milieu, avait toujours été divisée en Empire du Nord et Empire du Sud. En 1234, le Royaume du Nord de la dynastie Kin fut envahi par les hordes de Gengis Khan [1] tandis que l'Empire du Sud des Song résista aux assauts des Tartares jusqu'en 1279 avant de tomber entre les mains de Kubilay Khan. L'Empire mongol s'étendait à l'ouest jusqu'à la mer Noire. Les Russes étaient tenus en esclavage et Moscou, leur capitale, avait été réduite en cendres. Deux siècles d'asservissement aux Mongols laissèrent une empreinte indélébile sur le caractère russe, en particulier dans le domaine de la guerre. Les Mongols vainquirent l'Ordre Teutonique en 1241 à la bataille de Liegnitz, et remplirent huit sacs avec les oreilles des chevaliers massacrés [2]. À l'est, ils n'avaient pas seulement vaincu la Chine, mais aussi le roi de Koryu. Et ceux du Tonkin, de la Cochinchine, de Pegu, du Bengale et du Tibet avaient été contraints à devenir des vassaux humiliés du seigneur des Mongols. Depuis la Corée, sa nouvelle conquête, Kubilay contemplait la mer et la chaîne d'îles de l'empire du Soleil Levant.

À cette époque, la Terre fut arrosée d'une pluie d'étoiles filantes. Un astrologue de la cour mongole y vit un présage favorable, tandis que les Japonais prirent ces projectiles célestes pour un signe avant-coureur de grandes calamités. Kubilay décida d'agir d'une main de fer dans un gant de velours. S'imaginant que la victoire serait facile, il envoya une ambassade à Kyoto, à la cour de l'empereur Kameyama. Elle n'y arriva jamais. Le *shôgun* du Bakufu (siège du gouvernement militaire des *shôgun*) de Kamakura, militaire à poigne et vrai décideur des destinées du Japon, intercepta les émissaires

---

1. Né à Temujin, à côté du lac Baïkal en Sibérie, 1167-1227.
2. Gibbon.

du Khan. Le message de la Chine était aussi menaçant qu'insultant.

> NOUS, par la grâce et la volonté du Ciel, Empereur de la Grande Mongolie, présentons une lettre au *Roi* du Japon[1].
>
> NOUS avons réfléchi au fait que, depuis toujours, même les princes des petits États ont fait des efforts pour cultiver des relations amicales avec leurs voisins.
>
> ... Le prince de Koryu et son peuple, reconnaissants envers NOUS, ont visité NOTRE pays, *et alors même que leur relation entre eux et NOUS est celle existant entre un seigneur et son vassal,* sa nature est aussi harmonieuse que celle entre un père et son enfant. Vous êtes sans nul doute bien conscient de cela.
>
> En raison de quoi NOUS espérons de tout notre cœur que vous établirez avec NOUS des relations amicales. Est-ce raisonnable de refuser tout contact entre nous ? Si tel n'est pas le cas, *cela mènera à la guerre,* et qui sur terre pourrait se vanter d'avoir une inclination pour un tel état de choses ?
>
> Pensez à cela, *ô Roi* !

Le ton du message de Kubilay Khan indigna à tel point la caste des samouraïs du Bakufu que le *shôgun* dût intervenir pour les empêcher de passer les envoyés mongols par le fil de l'épée.

La cour impériale du Japon avait été réduite aux vestiges d'un empire vieux de mille ans. Elle abondait en parasites corrompus et conseillers honorifiques d'un empereur fantoche. Ils redoutaient le « Péril Jaune » dont l'imagerie sinistre et brutale hantait durablement les mémoires, et conseillaient leur *tenno* (empereur) d'accepter d'être vassal selon certains termes. Heureusement pour le Japon, le vrai pouvoir n'était plus entre les mains de l'auguste descendant de la déesse du Soleil

---

1. Les italiques servaient à accentuer les termes insultants, par exemple, le « Roi » du Japon était en fait un empereur.

Ameterasu, mais il était sis à Kamakura, chez le Shôgunat[1] du Bakufu et ses gouverneurs militaires nommés. Le *shôgun* actuel était le jeune Hojo Tokimune, qui releva personnellement le défi chinois. Les ordres donnés par le *shôgun* Tokimune d'une poigne de fer auraient de profondes implications pour l'avenir du Japon.

Tout d'abord, Tokimune rappela tous les hommes capables de porter une arme, et menaça de mort tous ceux qui se déroberaient[2]. Les Mongols enlevèrent deux Japonais de la petite noblesse dans l'île de Tsushima, et les présentèrent à la cour de Kubilay à Pékin, où on leur fit montre de « la plus grande courtoisie et de toute la magnificence de l'empereur mongol », après quoi ils furent reconduits au Japon pour persuader leurs compatriotes de la bienveillance de Pékin. Ni leur récit relatant un paradis chinois, ni les paroles apaisantes de Kubilay Khan qu'ils rapportèrent ne changèrent l'humeur belliqueuse des Japonais. Les honorables chevaliers du *bushido* restèrent inébranlables dans leur volonté de défendre chèrement leur indépendance. Comme dans toutes les nations qui sont des îles protégées par la mer, l'idée prévalait que ce n'était pas là tâche impossible. On savait très bien que les Mongols n'étaient pas un peuple de marins, au contraire des Chinois dotés d'une longue tradition de commerce maritime. Les Mongols devaient entièrement s'appuyer sur les constructeurs navals chinois et coréens, tous deux des vassaux en qui on ne pouvait avoir confiance. La défiance des commandants de l'armée mongole envers leurs navigateurs chinois joua un rôle crucial dans les événements qui suivirent.

En 1273, Kubilay Khan ordonna au roi de Koryu de lui construire mille navires. Le monarque de Koryu ne

---

1. Établi par Minamoto no Torimoto en 1185, qui reçut le titre de *seji taishôgun*, ou destructeur de barbares.
2. D'après l'*Azuma Kagami*, la Chronique du Bakufu.

pouvait satisfaire une demande aussi exorbitante, et le fit savoir. L'empereur mongol envoya 5 000 de ses féroces cavaliers « pour aider à convaincre le roi de Koryu ». Assuré d'une victoire facile, Kubilay rassembla 40 000 hommes. Un hiver rude et une famine au Koryu retardèrent ses plans d'invasion, et il dut attendre le printemps. Il y eut encore du temps perdu en ultimes tentatives diplomatiques. Son ambassadeur somma les insulaires butés d'accepter d'être vassaux ou d'affronter la terrible fureur du Khan tout-puissant. L'envoyé personnel du Khan fut renvoyé sans cérémonie, la guerre déclarée.

Le code d'honneur du *bushido* faisait d'un samouraï japonais l'égal des meilleurs guerriers mongols. Les guerriers japonais combattaient scrupuleusement selon les règles de ce code. C'était l'usage qu'un *bushi* [chevalier] décline son nom et son titre devant son adversaire, pour l'impressionner. Ce dernier, qui s'avançait pour croiser le fer avec lui, se pliait au même rituel de présentation. Cependant un combattant expérimenté ne recherchait pas nécessairement le combat singulier, il était prêt à fondre sur l'ennemi sans discrimination. Mais le corps-à-corps primait malgré tout, et quand le combat cessait, chaque *bushi* se rendait dans la tente de son seigneur pour soumettre à l'inspection les têtes de ceux qu'il avait vaincus.

Les troupes japonaises allaient terriblement souffrir des redoutables flèches mongoles, que les cavaliers tartares[1] maniaient avec une grande dextérité, même au grand galop. Chaque cavalier disposait de soixante flèches : trente traits légers pour les longues distances, et trente en bois plus lourd pour percer les armures[2]. Mais si l'on considérait le courage et l'esprit combatif, les Japonais n'avaient pas leur égal. À distance normale de

1. Oman, *L'Art de la guerre au Moyen Âge*. L'arc mongol avait un siècle d'avance sur le grand arc anglais de la Guerre de Cent Ans.

2. Yule, *Marco Polo*.

combat, ils étaient indubitablement supérieurs à leur ennemi.

Tandis que le *shôgun* pouvait tabler sur un potentiel de quatre cent mille guerriers qui se rallieraient à sa bannière depuis les îles, le Khan disposait tout au plus de vingt-cinq mille de ses « cavaliers marins » d'élite[1]. Il pouvait y ajouter quinze mille Coréens peu fiables, car ceux-ci étaient loin d'éprouver un amour immodéré pour leurs suzerains tartares. Kubilay Khan surestima grossièrement la force de son armée. Tuer des Chinois sans défense et des villageois coréens était une chose, se mesurer aux samouraïs japonais prêts à mourir pour l'honneur et leur patrie en était une autre. Il en eut un premier aperçu en novembre 1274. L'armada mongole avait débarqué sur Tsushima, une île japonaise excentrée, où le chef local et deux cents autochtones livrèrent un vaillant combat, contenant le général Lin Fok Heng et ses vingt-cinq mille envahisseurs pendant plusieurs jours. Après la mort du dernier défenseur, les Mongols massacrèrent toute la population de Tsushima, commettant ainsi une grave erreur psychologique, car cet acte brutal prouva au peuple du Japon qu'il n'y avait aucune clémence à espérer de ces envahisseurs. Cela ne fit que renforcer leur volonté de combattre. Une semaine plus tard, les Mongols abordèrent l'île d'Iki, et de là traversèrent le détroit vers Kyushu[2], l'une des principales îles du Japon.

Le 18 novembre 1274, la flotte d'envahisseurs pénétra dans la baie d'Hakosaki, située à peine à quelques kilomètres de Dazaifu, la capitale de Kyushu. Les défenseurs autochtones étaient trop peu nombreux au sol pour opposer une résistance digne de ce nom et les Mongols auraient pu traverser toute l'île. Mais ils

---

1. À la différence d'autres troupes spéciales, les Mongols ne se séparaient jamais de leurs chevaux, même pendant une traversée en bateau.

2. La côte nord-est de Kyushu est composée des provinces d'Hizen et de Chikuzen, et des îles de Goto, Iki et Tsushima.

restèrent au contraire sur la côte, où ils se séparèrent en commandos de raid. Une partie de l'armée mongole reprit la mer, puis débarqua les chevaux sur un banc de sable près de la ville côtière d'Hakata, avant d'y mettre le feu. Elle se dirigea ensuite vers Asakasa, et remonta la côte en direction d'Imatsu. Elle massacra les populations de pêcheurs sur sa route. La perspective de butins faciles détourna le général Lin Fok Heng de son objectif principal. Ce retard permit aux seigneurs de la guerre locaux du *shôgun* Tokimune de rassembler tous les hommes valides de Kyushu, pendant que le *shôgun* faisait diligence à la tête de son armée depuis Kamakura pour renforcer les défenses de l'île. Avant qu'il ne puisse jouer un rôle déterminant dans les hostilités, les seigneurs locaux [1] avaient attaqué les hordes du Khan.

Un affrontement décisif eut lieu le 24 novembre en face du Mur du bord de mer de Mizuki (vieux de six cents ans, érigé par les Coréens) près d'Hakosaki. Ce qui se passa réellement ce jour-là est enfoui dans les strates de l'Histoire. Il n'en existe pas de récit exact, à part le fait que la bataille dura huit heures et que les pertes furent conséquentes de chaque côté. Les Japonais attaquèrent, mus par une obsession fanatique ; l'habileté des archers mongols fit des ravages. Une fois que les samouraïs se furent rapprochés de leurs ennemis, ils manièrent leurs lames à double tranchant avec une redoutable efficacité. Les Mongols perdirent bientôt l'envie de poursuivre le combat. Ils abandonnèrent leurs vassaux coréens qui furent abattus comme du bétail. Peu avant la tombée de la nuit, le général tartare prit une décision. Il savait que les flèches étaient inutiles dans l'obscurité : les samouraïs pouvaient utiliser leurs épées aiguisées comme des lames de rasoir pour porter leurs coups mortels, et des réserves de Japonais affluaient sans cesse sur le champ de bataille. Il décida de combattre de jour, le lendemain, et ordonna à ses hommes d'embarquer pour

1. Matsura, Shimadzu, Kyushu, Kikuchi, Shoni et Otomo.

la nuit sur les vaisseaux amarrés au large. Il fit mettre le feu au sanctuaire d'Hakosaki, une imposante structure en bois, pour couvrir leur retraite. Sous couvert de l'épaisse fumée, les Mongols réussirent à se retirer sans subir plus de pertes. Au moment où les Japonais se précipitaient pour sauver leur sanctuaire sacré, le temps changea. Un orage s'abattit avec une fureur dévastatrice sur les navires de l'armée mongole au moment même où elle s'embarquait. Les ponts étaient balayés par des lames, les mâts se cassaient, écrasant marins et soldats, et les barreurs s'escrimaient à éviter les dangereux hauts fonds. Les bateaux se brisaient ou coulaient, occasionnant de nombreuses noyades. Ceux qui tentaient de monter à bord s'accrochaient aux échelles de corde et étaient ballottés avant de s'écraser contre la coque des navires. D'autres qui attendaient à terre que l'on vienne les chercher furent balayés par des vagues gigantesques. Un bateau essaya de gagner la haute mer. Il s'éleva sur la crête d'une vague, fut précipité sur un écueil, la poupe fracassée. Un autre s'échoua sur un banc de sable. Des pêcheurs locaux dont les villages avaient été brûlés à peine quelques jours auparavant sauvèrent l'équipage et quelque trois cents soldats avant de leur infliger une mort cruelle.

La plupart des treize mille deux cents pertes mongoles furent causées par la noyade, bien après la bataille terrestre.

Le péril éloigné, les prêtres japonais se clamèrent les artisans de la victoire. Au plus fort du danger, tout le monde, l'empereur compris, avait prié Dieu d'aider à anéantir les envahisseurs, et Dieu avait écouté. Mais le danger écarté, la flotte mongole drossée sur les rochers, bon nombre oublièrent leur Dieu. Cela ne se passerait pas ainsi, dirent les prêtres. Évoquant le tempête, ils affirmèrent que ce n'était pas l'héroïsme désintéressé des samouraïs, mais les prières des moines qui avaient sauvé le Japon. Ils demandèrent qu'une large part de l'argent consacré aux armements vienne remplir les coffres monastiques. L'empereur acquiesça : les dieux étaient toujours nécessaires. Les monastères furent généreusement dotés de nouvelles terres, les temples redorés et restaurés. De telles largesses condamnaient la population à de dures privations.

Au-delà de la mer, Kubilay Khan refusait d'admettre la défaite. Ses conseillers mettaient cet échec sur le compte de la furie des éléments, mais le Khan avait retenu la leçon. Ce serait différent la prochaine fois parce que, aussi sûrement qu'il était le Maître du Monde, il y aurait une prochaine fois ! Il entreprit donc d'étudier une seconde invasion, d'envergure bien supérieure à la première. Il emploierait pour cela une armada capable de transporter une armée de plusieurs centaines de milliers d'hommes.

Tout le long de la côte, depuis le sud de la Chine jusqu'à la Corée, Kubilay Khan ordonna que l'on réquisitionne tout vaisseau capable de prendre la mer, bien que certains fussent trop petits pour traverser l'océan. « Chaque vaisseau aura vingt marins, et transportera quinze chevaux et leurs cavaliers », écrivit Marco Polo [1]. La dernière tentative d'invasion du Khan ayant vidé le royaume de Koryu de navires et de main-d'œuvre, et ses forêts ayant été coupées pour construire la flotte de 1274, il ne restait plus de bois pour construire une nouvelle flotte. Kubilay convoqua le roi de Koryu à Pékin et, menaçant de décapitation quiconque oserait s'opposer à sa volonté, ordonna la construction de mille navires. On importa du bois de Chine et la main-d'œuvre fut raflée dans les colonies pénitentiaires. Des milliers d'esclaves moururent de faim et des mauvais traitements, mais peu à peu l'armada prenait forme.

Le résultat final était toujours en deçà des projets grandioses du Khan. Ce manque de vaisseaux fut compensé par sa conquête de l'Empire de la Chine du Sud (1279) qui rapporta dans ses filets quelque trois

1. Yule, *Marco Polo*.

mille cinq cents vaisseaux de plus [1]. À la fin de 1280, tout était en place. Les armées des Mongols et de leurs vassaux s'amassèrent aux multiples points d'embarquement. Une force des plus impressionnantes se rassembla sous des milliers de bannières colorées portant des effigies de dragons.

Entre-temps, les Japonais n'étaient pas restés oisifs. Les détroits de Tsushima avaient cessé d'être le domaine réservé des Chinois. Les corsaires et pillards japonais avaient pris la mer avec leur flotte microscopique. Leurs bateaux étaient petits, mais pas leurs succès. Grâce à leurs vaisseaux maniables, ils volaient les marchands chinois plus lents, et quand vint le moment d'être utiles pour la défense de leur nation, ils répondirent à l'appel en interceptant les transports de troupes qui gagnaient leurs lieux de ralliement. Les navires capturés étaient brûlés en mer, les équipages jetés par-dessus bord et laissés en pâture aux requins.

Au printemps de 1280, des espions informèrent le *shôgun* Tokimune des préparatifs ultimes d'une nouvelle invasion mongole. L'empereur du Japon Uda II, un demi-dieu de seize ans, qui disposait d'un pouvoir réduit et prenait conseil auprès de ses favoris terrifiés tout en courant les jupons de ses *shirabyoshi*, les prostituées de la cour, souhaitait entrer en pourparlers avec le Khan en vue de se soumettre. Une fois de plus, Tokimune et sa volonté de fer l'en empêchèrent. Comme il l'avait fait avec tant de succès en 1274, le *shôgun* mit sa nation sur le pied de guerre. Le Japon s'arma pour le printemps à venir. La question n'était plus de savoir si les Mongols viendraient, mais quand.

Tandis qu'à Pékin le Khan se préparait pour imposer sa volonté à la nation insulaire, le *shôgun* contra ce

1. Le nombre total de gros vaisseaux était probablement plus proche de trois cents ou quatre cents. En guise de comparaison, le reste aurait pu s'apparenter à l'évacuation du corps expéditionnaire des forces britanniques à Dunkerque en 1940, où toutes les embarcations possibles et imaginables furent utilisées pour traverser la Manche.

dispositif au moyen d'une solide stratégie de défense. On s'attendait à ce que les Mongols choisissent à peu près le même itinéraire que pour leur dernière invasion et tentent de débarquer sur le plus proche estuaire, à Kyushu. Tokimune ordonna que l'on renforce le Mur de Mizuki en bord de mer. Des volontaires parmi la population creusèrent de profonds fossés conçus pour empêcher les hordes de cavaliers de pénétrer à l'intérieur des terres. On érigea des tours en bois pour les archers. Tokimune créa des districts défensifs pour que chacun puisse se porter mutuellement assistance. Il institua une milice locale, composée pour la première fois d'individus de tous les milieux sociaux. Des forgerons façonnaient épées, pointes de lances et flèches, des pêcheurs s'entraînaient au combat naval, et des paysans au maniement d'armes, activité en général réservée à la caste des guerriers. Le dernier ordre du *shôgun*, qui s'avéra finalement décisif, fut que tous les hommes valides s'entraînent à tirer à l'arc. Des compétitions furent organisées, et les vainqueurs distingués. Les Japonais atteignirent bientôt une maîtrise de l'art du tir à l'arc égalant celle de l'ennemi.

Juin 1281. Les derniers préparatifs mongols s'achevèrent, les hommes embarquèrent à bord des vaisseaux et la flotte quitta son port d'attache de Masampo. Sous le commandement de l'impitoyable général Hwan Baku, l'île de Tsushima fut conquise sans coup férir. L'île d'Iki tomba le 10 juin, et le 23 juin les premières voiles de la gigantesque armada apparurent au large de la côte de Kyushu. Elles se faufilèrent dans les passes, doublèrent la pointe de Shiga et mirent le cap sur le port d'Hakosaki. Les Japonais, qui avaient providentiellement garni d'hommes le Mur de Mizuki nouvellement renforcé, ne purent en croire leurs yeux quand ils virent déferler les masses mongoles sur le rivage. Ils étaient préparés à résister jusqu'au sacrifice, contenir l'attaque aussi longtemps que possible pour essayer de retarder la progression des hordes de Kubilay Khan vers l'intérieur. Mais ils savaient que c'était sans espoir.

Il n'existe pratiquement pas de documentation sur ce qui s'est réellement passé depuis l'invasion en juin jusqu'aux événements dramatiques de mi-août 1281. Il est seulement rapporté que les Mongols ne traversèrent pas le Mur de Mizuki, ou qu'ils en furent empêchés, et qu'ils ne purent contourner la défense côtière des Japonais[1]. On peut en déduire qu'une fois encore ils dispersèrent leurs efforts le long de la côte sans engager leur supériorité écrasante dans un seul affrontement. Les Mongols se séparèrent en petits groupes pour attaquer les cibles faciles, comme les monastères, qui promettaient d'offrir de grandes richesses. Quelles que furent les circonstances, les combats furent sporadiques tout au long de l'été. C'était une sorte de statu quo. Les seuls récits existants rapportent que les pertes japonaises furent extrêmement élevées, surtout vers la péninsule de Shiga. Ce seul fait indique que les combats ont dû être nombreux et enragés.

Début août, le chef mongol décida de rassembler la totalité de ses forces pour lancer une attaque générale contre les défenses de Mizuki. Il envoya ses navires rechercher ses hommes dispersés. Ayant échoué à établir une tête de pont sur le rivage, il ordonna à l'armée de rester à bord des navires ancrés au large de l'île de Takashima jusqu'au jour de l'invasion générale. Les Japonais étaient désormais si peu nombreux qu'ils ne pouvaient pas espérer survivre à un nouvel assaut s'il était mené par un ennemi terriblement supérieur en nombre.

Mais le fatidique 15 août 1281 changea le cours de l'Histoire et ajouta un nouveau mot au vocabulaire de l'humanité : *kamikaze*. Au moment où ils en avaient le plus besoin, la chance capricieuse se rangea du côté des

1. Ce succès fut un dangereux précédent historique pour leur stratégie défensive de 1944.

Japonais : l'attaque mongole avait été prévue l'après-midi même où un typhon se déchaîna.

Des jours durant, le temps s'était dégradé dans le Pacifique. D'énormes quantités de vapeur s'étaient élevées de la surface de l'océan surchauffé, formant de gigantesques nuages, avant que la masse ne commence à tourner autour d'un « œil mort ». Les courants constants de la haute atmosphère conduisirent la tempête au nord-ouest vers les détroits de Corée. Ce disque tourbillonnant atteignit le Japon le 14 août en fin d'après-midi. Au moment où l'armada tartare se dirigeait vers le rivage pour débarquer ses troupes, le vent forcit et la mer devint grosse. Certains des plus gros navires ne purent rejoindre à la voile leurs points de débarquement et durent être remorqués à la rame. D'autres ne purent prendre le vent dans un détroit trop tortueux pour manœuvrer, surtout à cause des bancs de sable qui affleuraient à la pointe de Shiga. Des centaines de bateaux s'étaient déjà rassemblés dans la crique, mais d'autres bateaux qui essayaient de remonter un puissant courant sous-marin vinrent encombrer l'entrée étroite de la baie. Les navires les plus proches du rivage avaient sorti leurs passerelles pour transférer hommes et chevaux dans des canots de débarquement quand les premiers grains s'annoncèrent. La mer devint agitée. Les capitaines chinois scrutaient le ciel et essayèrent d'avertir leurs seigneurs mongols du danger imminent. Mais ces guerriers des plaines sans expérience de la furie des éléments marins refusèrent de les écouter. Leur priorité était de débarquer les hommes pour l'attaque prévue.

Le vent forcit, de grosses vagues s'engouffrèrent par l'ouverture étroite de la crique. Bientôt les navires se mirent à danser, tirant sur les cordes de leurs ancres. Le ciel devint noir de nuages tourbillonnants, déchiré d'éclairs orange et violet. Depuis l'obscurité de l'horizon, une fine ligne blanche apparut, qui s'étendait aussi loin que portait le regard : la première vague monstrueuse, charriant derrière elle la mer tel un chaudron d'eau bouillante. Dans leur terreur de s'éloigner des hauts fonds et des écueils, les capitaines aboyaient des ordres, les marins coupaient les cordages des ancres à la hache. Dans un rugissement, l'eau blanche roula sur les hauts fonds, le banc de sable et dans la baie. Elle emporta avec elle de nombreuses petites embarcations et les écrasa sur les rochers. Puis elle se fracassa contre les falaises, d'où elle rebondit, et ce mouvement de va-et-vient brisa les bateaux comme du petit bois. Tout fut pris dans le maelström, même les plus gros navires flottaient comme de petits jouets sur chaque montagne liquide. Des tonnes d'eau se déversèrent sur eux, balayant leurs ponts de toute présence. Les chevaux brisaient leurs entraves et sautaient par-dessus bord, des hommes se rattrapaient aux cordages et se retrouvaient écrasés contre les coques. Des éclairs incessants illuminaient cette scène apocalyptique de toute une armada coulant dans la furie d'un typhon.

Les centaines de vaisseaux qui avaient échappé à cet assaut étaient maintenant coincés dans l'estuaire, sans marge de manœuvre, ils plongeaient dans le chenal ou se percutaient. Les voiles s'emmêlaient, les mâts se brisaient, les bois se fendaient. Navires et équipages étaient précipités dans le vortex de la mer.

Une panique et une confusion semblables régnaient chez ceux qui avaient déjà été débarqués. Ils étaient happés par les gigantesques rouleaux qui déferlaient sur les plages et les aspiraient dans l'océan.

La furie du typhon se déploya avec une vigueur égale toute la nuit et une bonne partie du jour suivant. Aux premières lueurs de l'aube, les navires ayant par miracle échappé à cette nuit de terreur tentèrent de sortir de l'estuaire. Ils avaient une chance sur cent de réussir à s'extraire du chaos de navires et d'épaves enserrés dans l'étau d'un fort courant qui les attirait inexorablement vers les détroits. Dans leur hâte d'échapper aux déferlantes bouillonnantes, les navires se télescopaient, se brisaient sur des écueils ou échouaient sur des bancs de sable, et chaque vague les ramenait un peu plus loin vers l'intérieur. Le détroit de Shiga était bloqué par des épaves, et la côte jonchée de bois brisé, de cadavres d'hommes et de chevaux horriblement enchevêtrés. Ceux qui réussirent à atteindre la pleine mer furent balayés par l'écume et disparurent à jamais.

Le désastre fut complet, ses victimes sans sépulture.

« Une tempête s'éleva de l'ouest et tous les vaisseaux convergèrent vers l'entrée de la baie. La marée était forte et tous les bateaux étaient irrésistiblement entraînés par sa force. Lorsqu'ils se rassemblèrent à l'orifice de l'estuaire, une terrible catastrophe se produisit. Les vaisseaux s'emboutirent les uns les autres et les cadavres et bois brisés s'entremêlèrent en une masse compacte sur laquelle on pouvait marcher d'un point d'une île à un autre. Les vaisseaux naufragés transportaient cent mille hommes de la Chine du Sud. » Tel fut le récit du désastre effectué par un chroniqueur coréen de l'époque[1].

Certains survivants atteignirent l'île de Takashima. Ils avaient perdu la plupart de leurs armes, et presque tous leurs chefs s'étaient noyés. Le seigneur de la guerre japonais Shoni Kagasuke, qui conduisait les farouches samouraïs du *daimiyo* de Choshin, les attaqua et en massacra trois mille. La grande invasion mongole prit fin avec la mort de Chang Pak, son dernier général. La calamité fut telle que le Khan perdit le goût de ce genre d'aventures. Kubilay Khan mourut en 1294 et Timor Khan, son successeur, abandonna toute velléité de conquérir le Japon.

Le Japon entra en réjouissances, les fidèles se rendaient en masses dans les temples pour manifester leur gratitude. Les vrais héros étaient les milliers de samouraïs anonymes qui s'étaient sacrifiés, combattant les hordes barbares pendant sept longues semaines, et la

1. Dans *History of Japan : The Mongol Invasion*.

volonté de fer du *shôgun* Tokimune[1] qui avait sauvé l'indépendance nationale du Japon. Mais les prêtres proclamaient, avec une certaine justification, que l'empire du Soleil Levant avait été délivré par le dieu du Climat. Les Japonais n'oublièrent jamais le mythe de la tempête miraculeuse. Elle renforça leur croyance que les dieux shinto protégeaient leur terre. Ils baptisèrent la tempête *kamikaze* : le Vent Divin, en leur honneur.

La préservation miraculeuse du Japon grâce à la furie des éléments en ce jour de 1281 eut des conséquences à long terme pour l'Asie. Les dirigeants du seul pouvoir militaire d'Extrême-Orient qui aurait pu contrebalancer l'expansionnisme chinois ont solidement bouclé leur nation derrière ses murs côtiers fortifiés. Le Japon devint ainsi une nation isolée. Pendant sept siècles, ses mers garantirent son inviolabilité. Il y aurait toutefois une autre invasion étrangère, et un autre *kamikaze*, ou Vent Divin.

Cet événement aurait lieu six cent soixante-trois ans plus tard.

1. Il mourut en 1284 et fut remplacé par son fils de quatorze ans, Sadatoki.

# 3

# La nuit où il a plu sur Paris

## *9 thermidor an II (27 juillet 1794)*

« La pluie est contre-révolutionnaire ! »
Prince Charles Maurice de Talleyrand
(1754-1838).

En cette journée d'été chaude et humide du 9 thermidor an II (le 27 juillet 1794), les nuages sont très bas sur Paris. La rumeur que d'importants événements vont avoir lieu, partie de la Convention, se répand telle une traînée de poudre dans les rues de la ville jusqu'aux taudis sordides des faubourgs, ces foyers d'agitation permanente, grouillant de bambins nus et de mégères belliqueuses que la misère a prématurément vieillies. « Grand gibier... grosse prise aujourd'hui. » Le gibier en question n'est pas un sanglier ou un cerf, mais une personne d'importance sur le point d'être décapitée. Il n'y a pas eu d'affaire de cette envergure depuis avril dernier, quand le « vil Danton » est monté sur la guillotine, perdant avec sa tête son surnom de « grand Danton ». Ces trois derniers mois, certes, des milliers de gens ont subi le même sort, mais c'étaient tous des aristocrates, ennemis de la Révolution. Les foules se rassemblent

**Le cœur du Paris révolutionnaire**

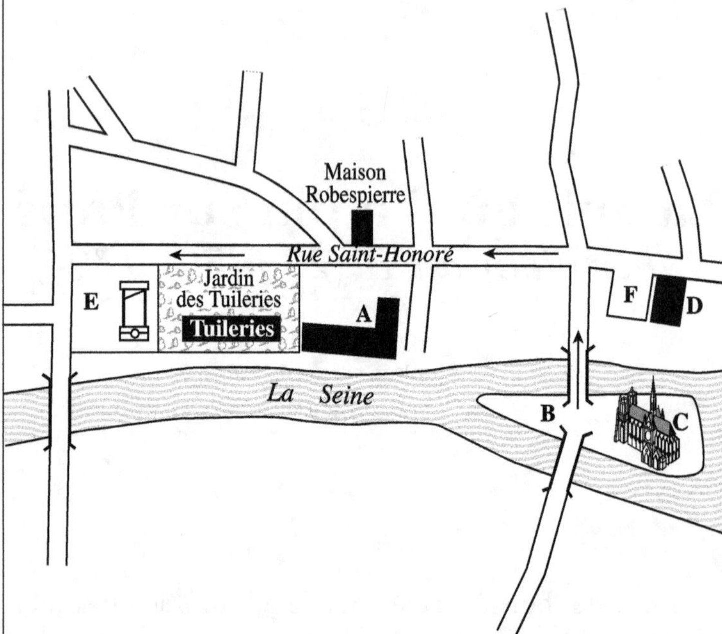


**A :** Le Louvre
**B :** La Conciergerie
**C :** Notre-Dame de Paris
**D :** Hôtel de Ville
**E :** Place de la Révolution avec la guillotine
**F :** Place de Grève

autour de leurs maisons de quartier, les salles de réunion de chacune des quarante-huit sections de la ville. Les faubourgs se vident de leurs hommes à têtes de brutes et de leurs femmes à l'avenant. « Tous à la ville ! » Tel un ruisseau grossi de petits ruisselets se transformant en puissante rivière, la foule de Paris enfle inexorablement. Personne ne voudrait rater le spectacle, pour rien au monde. Sans chef attitré, les gens convergent depuis chaque rive de la Seine, traversent les ponts au pas cadencé. Il n'y a pas un souffle d'air, la chaleur augmente. On se bouscule place de Grève, des gens s'évanouissent, étouffés par la masse en sueur. Des nuages sombres s'amassent aux abords de la ville.

En quelques heures ceux-ci en atteindront le centre et la violence de l'averse changera le cours de l'Histoire. Les milliers de gens agglutinés ce jour-là sur la place de l'Hôtel de Ville de Paris sont loin de l'imaginer.

La Révolution française a permis l'ascension sociale à tous. Le mérite est désormais le mot d'ordre pour s'élever, et non plus la naissance ou les relations. Maximilien Marie Isidore Robespierre, un jeune avocat d'Arras, a fait son chemin avec prudence. Évitant habilement les pièges, il s'est hissé au sommet du pouvoir. Pour réussir il lui a fallu bien plus que des qualités ordinaires. L'Histoire ne peut simplement l'évoquer avec le schéma réducteur du monstre ou du pur fanatique. S'il a fait couler beaucoup de sang, il a mené un combat effréné pour la vertu et le succès de la jeune République. Napoléon lui-même a reconnu que Robespierre avait servi de bouc émissaire à la Révolution. Quand l'Histoire le jugera, elle en conclura peut-être qu'il n'était pas pire que ses co-révolutionnaires, voire meilleur qu'eux.

Le 27 juillet 1793, Robespierre remplaça le Conventionnel Gasparin, membre permanent du Comité de Salut Public, tombé malade. Dès lors commença son ascension fulgurante vers le pouvoir. Il réussit très vite à réduire au silence Georges Danton, son principal rival.

La rupture entre les deux anciens compagnons de la Révolution se produisit dans le salon de l'Incorruptible, 398, rue Saint-Honoré, peu après l'assassinat de Jean-Paul Marat. Lieu de sinistre réputation, où, par la vertu d'un simple paraphe, tant de vies avaient été balayées. Une nuit de 1794, Danton y fit irruption et hurla : « Vos amis veulent ma mort ! »

« Et les vôtres, la mort de la République ! » rétorqua Robespierre, glacial.

« Nous avons créé le Tribunal révolutionnaire pour nous protéger, et vous en avez fait un instrument d'exécution arbitraire. Vous avez fait donner du canon à Lyon, et vos bouchers à Nantes ont jeté les gens dans la Loire. Tous ceux qui vous contredisent vont à la mort ! »

Un fin sourire s'esquissa sur le visage de Robespierre. « Vous avez tort. La preuve, c'est que vous êtes encore vivant. »

Plus pour longtemps. Comme tous les autres, Danton fut victime de l'Incorruptible. Robespierre parvint à ses fins en interdisant purement et simplement à un accusé le recours à un défenseur ! Sur la suggestion de Louis-Antoine de Saint-Just, son ombre diabolique, Robespierre présenta à la Convention la loi du 22 prairial. Un texte aussi infâme était inédit dans l'histoire du droit. Bafouant tous les principes légaux, il donnait tous pouvoirs à un jury partial de condamner sans preuve, ou sans procès. *Être accusé, c'était être condamné !* Personne ne pouvait s'y soustraire, et cela valait aussi pour les membres de la Convention. Cette loi terrifiait, car elle neutralisait les ennemis de Robespierre, et ce dernier la transforma en instrument de son pouvoir. Le Conventionnel Ruamps essaya d'en bloquer l'adoption : « Si nous la laissons passer, osa-t-il déclarer avant le vote final, nous n'aurons plus qu'à nous faire sauter la cervelle. » Les Jacobins le huèrent, Ruamps fut guillotiné.

Cette loi engendra la Terreur et l'effusion de sang qui s'ensuivit. L'accusateur public Fouquier-Tinville en devint l'outil, la guillotine, son instrument. Le 5 avril

1794 signa le début de la Grande Terreur, quand Georges Danton, avec ses proches amis et partisans, monta sur l'échafaud. Durant les trois mois suivants, deux mille quatre-vingt-cinq personnes subirent le même sort. Le Tribunal révolutionnaire n'était plus un lieu où l'on rendait justice, mais un abattoir. L'accusateur public et les membres de son jury perdirent tout sens de la justice. Et jusqu'à leur sens de l'humanité. Sur l'échafaud, une mère qui allaitait vit son bébé arraché de son sein, une autre accoucha dans la charrette qui la menait au supplice. Une femme qui demandait un *rouet* fut dénoncée comme ayant réclamé un *roi*. Elle fut exécutée. Quand Fleury, un retraité, dénonça l'injustice faite à sa fille, faussement accusée de se livrer au marché noir, il fut réduit au silence par Fouquier-Tinville : « Cet homme est très pressé. Son désir doit être satisfait. » Sur ce, il abaissa son marteau. L'homme eut la tête tranchée, ainsi que le reste de sa famille. L'hécatombe quotidienne était considérable. Il fallut même creuser un caniveau spécial sous la guillotine pour canaliser les flots de sang vers les égouts. Robespierre fut tenu pour responsable de cet horrible carnage, lui que la populace de Paris avait plébiscité et encensé comme « l'Incorruptible ». « La mort, toujours la mort, et ces canailles me mettent tout sur le dos ! »

La grande majorité des Parisiens avaient maintenant hâte de voir la Terreur prendre fin. Ce qui signifiait la chute de Robespierre. C'est une leçon de l'Histoire : les masses accepteront à peu près n'importe quoi tant qu'on leur donnera en échange de quoi leur faire oublier leur souvenir de la liberté. Mais la guillotine, hiératique et terrifiante, rappelait quotidiennement la répression dictatoriale.

Juillet 1794, il était clair que les Jacobins de Robespierre ne survivraient pas aux Girondins, dont ils avaient d'ailleurs précipité la chute en juin 1793. Joseph Fouché était l'éminence grise de la grande conspiration de Thermidor. Saint-Just avait déclaré que Fouché voulait

« faire de la liberté une prostituée ». L'homme qui deviendrait le duc d'Otrante et le redouté chef de la police de Napoléon avait dit de Robespierre, après l'avoir vu gravir la pyramide érigée lors de la Fête de l'Être suprême : « Il a inventé un Dieu dont il pourra être le grand prêtre ! »

Jean-Lambert Tallien, être veule et notoirement corrompu, se joignit à la conspiration. Quand Thérésa Cabarrus, sa superbe maîtresse, fut arrêtée (en compagnie de sa meilleure amie Joséphine de Beauharnais), il savait très bien qu'il ne trouverait aucune pitié dans le cœur de pierre de l'Incorruptible. Seul le renversement de Robespierre pouvait sauver sa maîtresse. Paul Barras conspira également, comme Collot d'Herbois, « le boucher de Lyon », et Billaud-Varennes, qui « fauchait les hommes comme d'autres le foin ».

« La Convention, gangrenée par la corruption, n'a désormais plus le pouvoir de sauver la République », affirma Robespierre dans ce qui équivalait à une déclaration de guerre envers les députés élus. Robespierre eût-il agi à temps et se fût-il débarrassé d'eux comme il l'avait fait de Danton, il aurait pu sauver sa mise. Au lieu de cela, l'indécision et la léthargie le paralysèrent. Saint-Just tenta en vain d'éveiller en lui le désir d'abattre ses ennemis. Mais Robespierre ne réagit pas, écœuré par le fait que lui, le vertueux, puisse être malmené à ce point par des délégués corrompus. Jusqu'au jour où il signa son arrêt de mort en s'adressant à la Convention : « Nous affirmons qu'il existe une conspiration contre les libertés publiques. Qu'elle doit sa force à une coalition criminelle qui intrigue au sein même de la Convention. Qu'elle a des complices parmi les membres du Comité de salut public, et que certains de ses membres sont impliqués dans ce complot. » L'assemblée résonna des cris des délégués revendiquant leur totale loyauté envers Robespierre. Mais il ajouta ensuite cette phrase fatale qui réduisit au silence les Conventionnels. « Je sais très bien qui sont les calomniateurs. » Cette insinuation terrifia ses ennemis jurés. Il avait une liste ! Fouché, qui tirait les ficelles, attisait l'angoisse de nombreux députés en déclarant que leurs noms y étaient inscrits. Bourdon de l'Oise, convaincu d'être l'un d'eux, intervint : « De telles accusations doivent être clarifiées ! » Robespierre essaya alors de répliquer, le conspirateur Cambon le fit taire : « La Convention doit savoir la vérité. Il y a ici un homme qui muselle la volonté de la Convention nationale. » Et dans le silence subit qui s'ensuivit, il pointa son doigt. « Cet homme, c'est Robespierre ! »

Billaud-Varennes s'écria : « Arrachez-lui son masque ! » L'assemblée se déchaîna : « La liste ! Donne-nous la liste ! » Robespierre devient livide, suffoqua et quitta la salle. Il se dirigea vers le Club des Jacobins pour héler ses fidèles. « Nous débarrasserons la Convention de ces scélérats corrompus ! » déclara-t-il au milieu de leurs vivats enthousiastes. Il avait perdu le premier round, mais pas le combat. Demain serait un autre jour, et il anéantirait l'opposition. À son retour chez lui, Mme Duplay, sa propriétaire, le rencontra sur le pas de la porte. Il leva les yeux au ciel : « Demain sera une belle journée. » Et il ne voulait pas parler du temps.

Tandis que Fouché et sa bande de conspirateurs préparaient le champ de bataille pour le lendemain, Robespierre alla se coucher, ayant laissé à Saint-Just toute latitude pour organiser l'attaque du 9 thermidor. C'était loin d'être tâche aisée, Saint-Just devant affronter Lazare Carnot, membre influent du Comité de salut public, qui l'accusait ouvertement de fomenter un complot. Perfide, Saint-Just répliqua : « Avec vous, j'agirai de main de maître. » Il aurait pu le faire, mais pour Fouché, qui avait brillamment contré le triumvirat Saint-Just, Robespierre et Couthon en nommant président de la Convention pour cette session cruciale Collot d'Herbois, l'un de ses co-conspirateurs.

Le 9 thermidor an II (27 juillet 1794) le temps n'était pas du tout celui qu'avait prédit Robespierre. Des nuages s'amassaient au-dessus de la ville et l'humidité était étouffante. La Convention commença sa session à 11 heures précises. Les Jacobins avaient rempli les galeries d'une foule de partisans, qui acclamèrent vigoureusement Robespierre à son arrivée, vêtu de sa célèbre veste bleue et de son pantalon jaune, en compagnie de Saint-Just et Couthon. Assuré de la victoire, il fit signe à ses partisans. Saint-Just alla à la tribune pour lancer la première attaque, mais avant même qu'il n'ait terminé sa première phrase, Tallien le poussa brutalement sur le côté et brandit une dague (qui lui avait été envoyée par sa bien-aimée Thérésa proclama-t-il) : « À bas l'hypocrisie ! » Injonction immédiatement reprise en chœur par le reste des conspirateurs, surtout par Billaud-Varennes qui hurla : « Les Jacobins essayent d'assassiner la Convention ! » Dans la confusion et le tumulte ambiant, Tallien avança sur Robespierre. L'Incorruptible fut stupéfait, tenta de prendre la parole, mais la voix lui manqua. « C'est le sang de Danton qui l'étouffe ! » cria Tallien. Quand Robespierre ouvrit la bouche, le conspirateur Collot d'Herbois, agitant la sonnette du président, rendit ses paroles inaudibles. Un chuchotement rauque s'éleva dans le tumulte : « Président des Assassins, allez-vous m'entendre ! », avant que la voix de Robespierre ne se brise, terrassée d'angoisse. Il regarda vers la Montagne, mais ne vit que des têtes qui se détournaient ; il s'adressa à la Plaine, ils le regardèrent sans aménité. Un certain Louchet, un député qui n'avait jamais auparavant montré initiative ou courage, se leva soudain : « Je demande l'arrestation du traître Robespierre ! » L'effet fut immédiat. Il y eut un instant de silence, causé par le choc, puis la salle fut de nouveau livrée au tumulte. « À bas le tyran ! » Quand Robespierre essaya de prendre la parole, certains députés firent chorus : « Que le sang du noble Danton t'étouffe ! »

Robespierre s'effondra sur son siège, le visage gris cendre, couvert de sueur. Seul Saint-Just garda son calme. Le président lut l'ordre d'arrestation, préparé à l'avance, de Maximilien Robespierre et de « sa bande de scélérats ». L'Incorruptible sortit de la salle entre deux gendarmes. Il murmura : « La République est perdue, les brigands triomphent. »

À la suite de ce succès et de l'arrestation de Robespierre, Saint-Just et Couthon, la Convention prit la décision la plus insensée dans l'histoire d'une révolution : une pause de deux heures pour le dîner !

La tension qui avait saisi la Convention se communiqua rapidement aux quartiers populaires de Paris. Tandis que la foule des galeries se répandait dans tout Paris pour rassembler du soutien à ses chefs arrêtés, le Club des Jacobins envoya des messagers aux sections de la ville pour réunir « une masse d'hommes et de femmes forts » sur la place de la Maison Commune. Avec l'assistance des canons de la Garde nationale et d'Hanriot, leur chef, ils viendraient vite à bout de cette Convention rebelle.

François Hanriot, général de la Garde nationale de Paris, était un buveur et un fanfaron. Il était entré dans la carrière militaire comme valet d'un officier qui avait fui le pays, avant de devenir l'homme de main de Marat. Le 2 juin 1793, sur ordre de ce dernier, il avait levé des foules pour fondre sur la Convention, évincer les Girondins et installer les Jacobins. Marat mourut quelques jours plus tard et Hanriot changea d'orientation rapidement pour faire allégeance à Robespierre. Pour prix de sa trahison, il lui échut le commandement de la Garde nationale. La nuit précédant le 9 thermidor, il avait personnellement assuré Robespierre qu'il pointerait ses fusils sur la Convention et « expédierait ces traîtres en enfer ». Puis il alla se saouler au bistrot le plus proche. Quand ses amis le retrouvèrent et l'informèrent que son arrestation avait été ordonnée, il sauta sur son cheval et galopa vers les Tuileries, sabre au clair, en hurlant : « À mort tous les députés ! » Là, on le désarçonna sans cérémonie, le désarma et le jeta dans un débarras. Dès que la Commune fut au courant de son arrestation, deux cents hommes fortement armés vinrent à son secours.

Ils enfoncèrent les portes de la Convention et le libérèrent, toujours complètement saoul. Sans ordres spécifiques, la populace en armes fit monter le « Commandant libéré de la Commune » dans une charrette et s'en alla, mais sans s'attaquer aux députés qui revenaient tranquillement d'un agréable dîner. À la faveur de cette confusion, François Hanriot retourna à l'Auberge du Cheval Vert.

Lazare Carnot, qui avait pris le contrôle du Comité de salut public après l'éviction de Robespierre, avait déjà contré toute possibilité de riposte d'Hanriot et des communards en ordonnant à des gendarmes loyaux de garder les magasins de munitions. L'irruption d'une populace en armes avait fait prendre conscience aux députés stupéfaits du sérieux de la situation – le vent du boulet était tout proche –, à laquelle il fallait immédiatement remédier, surtout depuis que Robespierre n'était plus en détention. Ses gardes, n'ayant pas reçu ordre de le garder plus longtemps, et très certainement terrifiés par la foule qui grossissait, l'avaient laissé partir. Les députés émirent à la hâte un décret décisif, en déclarant Robespierre hors la loi. Quiconque lui viendrait en aide serait ainsi automatiquement arrêté et exécuté sans autre forme de procès. Le Conventionnel Paul Barras fut désigné pour diffuser cette information. Il envoya des membres de la Convention lire le décret aux différentes sections de Paris. Son effet fut immédiat. Sur les quarante-huit sections de la ville, seules treize d'entre elles suivirent l'appel des Jacobins de défendre l'Hôtel de Ville, tandis que vingt-sept observèrent avec précaution l'issue de la lutte pour le pouvoir de l'extérieur. Quand les chefs de sections remarquèrent le retournement de l'opinion, dû à la ruse habile de décréter Robespierre hors la loi, ils finirent par se déclarer en faveur de la Convention. Pour la première fois, plusieurs dirigeants des plus importantes sections de Paris osèrent montrer ouvertement leur dissension avec la Terreur de Robespierre. Cependant les soldats de Hanriot avaient fait preuve de plus d'initiative. Accompagnés de milliers de sans-culottes, ils s'étaient dirigés vers la place de Grève, plus connue au début de la Révolution comme place de la Maison Commune. À 10 heures du matin, et sans attendre les instructions de leur commandant, ils avaient posté trente-deux pièces d'artillerie aux approches de l'Hôtel de Ville et le long des quais. À ce moment précis, tout ce que la Convention pouvait encore prétendre commander était une unique compagnie de gendarmes, armée en tout et pour tout de pistolets. Pendant ces heures cruciales, la Commune disposait d'une supériorité écrasante en canons, atout qui aurait certainement décidé de l'issue du conflit, si elle avait pu trouver un chef pour les manœuvrer ! Alors même que la Convention débattait de la meilleure façon de gérer cette situation explosive et vivait dans la terreur constante de la populace contenue derrière les portes bouclées, des nuages d'orage s'amassaient au-dessus de la ville.

Dans cette confusion, où était l'homme qui avait déclenché toute l'affaire ? Robespierre n'avait toujours pas apparu à l'Hôtel de Ville, bien qu'il fût de notoriété publique qu'il avait été relâché. Il avait traversé le fleuve et s'était enfermé dans la mairie du Ve arrondissement. Pour la première fois de sa vie, il avait peur, terrassé par le doute et incapable de prendre une décision. Quelles chances ses partisans et lui avaient-ils dans un procès obéissant à sa propre loi de Prairial ? L'issue était certaine : la mort. Pouvait-il encore compter être sauvé à la dernière minute par Hanriot et sa Garde nationale ? Alors que Paris était en éruption et que les membres de la Commune le cherchaient dans toute la ville, Hanriot ronflait, écroulé sur une table de l'Auberge du Cheval Vert, rue Geoffroy-l'Asnier, à portée de voix de l'Hôtel de Ville. Cela ne laissa d'autre choix à Robespierre que de remettre son sort entre les mains de la populace, l'instrument redouté dont Marat se servait pour faire régner la terreur. Tout dépendait désormais des réactions des chefs de sections et de la rue. Accablé par ces perspectives et parfaitement conscient d'avoir été déclaré hors la loi, il se dirigea vers l'Hôtel de Ville. Il y arriva vers 22 h 30 et agit avec précaution, car il ne voulait pas semer la confusion chez ses partisans et se mettre dans le même camp que ces « rebelles au sein de la Convention » qu'il accusait maintenant de haute trahison. Rien n'était perdu, mais au lieu de frapper fort et tout de suite, il laissa un peu de temps au temps.

Tous les éléments pour qu'éclate une guerre civile étaient réunis. Les Thermidoriens de la Convention, soutenus par la bourgeoisie et la moitié des sections de la ville, le député Barras et son détachement de gendarmes, Robespierre et ses Jacobins, les canons d'Hanriot et la foule des communards de Paris. La place de la Maison Commune, où donnaient les fenêtres ouvertes du salon de l'Égalité de l'Hôtel de Ville, devint bourdonnante de rumeurs. L'humeur de l'énorme foule devenait plus agressive de minute en minute. La populace se réveilla, des vitres volèrent en éclats et des boutiques furent saccagées. Il ne faudrait plus qu'une toute petite étincelle pour déclencher un bain de sang. Vers minuit, le bruit que de nombreux chefs de sections avaient commencé à se ranger du côté de la Convention commença à circuler dans la foule compacte. Quand ces nouvelles graves se répandirent dans la foule, bon nombre de ceux qui avaient attendu en vain pendant des heures un message de l'Incorruptible commencèrent à hésiter. Des disputes et des bagarres éclatèrent, les premiers groupes se dispersèrent. Si Robespierre les avait immédiatement harangués depuis la fenêtre ouverte, il aurait pu changer leur état d'esprit. Mais il ne le fit pas. Et l'inattendu se produisit.

Soudain, Paris se retrouva aux prises avec un violent orage d'été [1]. L'averse augmentait sans cesse d'intensité. En quelques instants, la foule se dispersa, les gens

---

1. E. Hamel, *Histoire de Robespierre*.

rentraient chez eux sous la pluie cinglante, s'éclaboussant dans les énormes flaques. Les caniveaux s'étaient transformés en rivières, les ruelles reliant le Marais à la Seine étaient devenues des torrents, qui arrachaient les pavés, charriaient les détritus, noyaient les chiens. Puis les artilleurs se retirèrent en traînant leurs canons derrière eux. Ils les remorquèrent dans l'entrelacs de ruelles menant aux hauteurs du Marais, se frayant un chemin dans les eaux bouillonnantes. Même les rats abandonnaient les égouts inondés.

Cette tempête soudaine noya le dernier espoir de Robespierre. Pendant une heure d'une tension intolérable, le ciel s'était ouvert et avait déversé des tonnes d'eau sur la ville. Quand Robespierre alla à la fenêtre et regarda la place de Grève, sous dix centimètres d'eau et complètement désertée, il comprit que sa cause était perdue. Son bouclier, les sections de Paris qui lui étaient loyales, l'avait abandonné. À 1 heure du matin, la place était entièrement vide. Hanriot, qui s'était finalement extirpé de sa torpeur éthylique, ne pouvait localiser ses canonniers. Une averse avait détruit un rêve révolutionnaire et allait abattre un dictateur[1].

Le désordre régnait dans l'Hôtel de Ville. Couthon, paniqué, était arrivé juste après minuit. Il forma un Comité d'Exécution avec Robespierre, et avec Saint-Just prépara une proclamation qui appelait la Commune à l'aide, en particulier la Section des Piques, la propre circonscription de Robespierre.

« Tous les patriotes sont proscrits... Frères et amis, la patrie est en danger mortel. Les malfaisants ont pris le contrôle de la Convention, qui a enchaîné le vertueux Robespierre. Aux armes, citoyens ! Aux armes ! Mort aux traîtres ! »

---

1. Madelin : « Soudain, la pluie qui avait menacé depuis midi s'abattit en trombes et torrents. Elle fournit à la foule une excuse pour se disperser. Hanriot ne pouvait plus localiser aucun de ses canonniers. Robespierre avait finalement décidé de signer un appel aux armes – trop tard. »

Vers 2 heures du matin, tandis que Robespierre et Couthon mettaient la dernière main au texte, le Conventionnel Barras passa à l'acte. Une colonne de trois douzaines de gendarmes, sous les ordres de Léonard Bourdon, approcha de la place de la Maison Commune avec grande précaution. Ils s'attendaient à affronter une énorme foule et se retrouvèrent sur une place déserte. Les gendarmes s'élancèrent sur le grand escalier de l'Hôtel de Ville. Quand ils firent irruption dans le salon de l'Égalité, ils y trouvèrent une douzaine de personnes rassemblées autour de Robespierre. L'homme était assis sur une chaise, et s'apprêtait à signer la proclamation qu'il venait de rédiger. Bourdon s'écria : « Traître, rends-toi ! » Robespierre répliqua : « C'est toi, le traître, et je te ferai fusiller pour ce que tu as fait. » L'anarchie et le tumulte qui s'ensuivirent firent naître l'une des plus grandes controverses de la Révolution française. Qui tira sur Robespierre[1] ?

Quand les gendarmes de la Convention pénétrèrent dans la salle, l'un d'eux, un certain Merda, ou Méda, tira un coup de pistolet à bout portant. Le coup atteignit Robespierre, traversa sa joue et lui brisa la mâchoire. Il s'écroula sur le décret. La feuille, qui portait les deux premières lettres de son nom, R O, fut maculée du sang qui jaillissait de sa bouche[2]. Philippe Le Bas, l'un des partisans les plus proches de Robespierre, saisit le pistolet à sa ceinture. Saint-Just, qui était à côté de lui, déchira sa chemise et s'exclama : « Mon frère, tire sur moi ! » Le Bas se contenta de ricaner et lança : « Pauvre con, j'ai des choses plus importantes à faire ! » Sur ces

---

1. C'est l'un des événements les plus commentés de la Révolution. Fut-ce Robespierre lui-même ? Ou le gendarme Méda ? La question est sans réponse, car les protagonistes du drame ne furent jamais d'accord sur ce qui se passa réellement pendant les premières minutes de la confrontation. Faut-il donc dépeindre Robespierre comme un homme courageux ou comme un couard qui a préféré se tuer ?

2. Ce document existe toujours, on peut le voir au musée Carnavalet. Un autre gendarme, un certain Dulac, a affirmé avoir tiré le coup de pistolet, mais sa version des faits a été contredite.

mots, il leva son pistolet et se fit sauter la cervelle. Augustin, le plus jeune frère de Robespierre, se jeta par une fenêtre et se cassa une jambe. Hanriot eut un peu plus de chance, il passa par une fenêtre et atterrit sur un gros tas de fumier. Il y resta trois heures à cuver son vin, avant qu'un gendarme ne le découvrît le lendemain matin. Couthon, qui était handicapé, se saisit d'un couteau et se trancha les veines. Un gendarme le ramassa et le jeta au bas du monumental escalier en marbre. Il rebondit sur les marches, se fit plusieurs fractures et resta inanimé. Robespierre, couvert de sang, les vêtements en désordre, fut allongé sur une table, jeté dans une charrette et traîné à la Convention, où Barras fit une entrée mélodramatique : « Le traître Robespierre est là, dehors. » À ces paroles, le président de la Convention se leva et proclama : « Le traître et ses complices n'ont qu'un lieu qui leur convienne : la place de la Révolution ! » Il le condamnait ainsi à la guillotine.

La bataille décisive du 9 thermidor ne se livra pas à l'aide de canons et de baïonnettes, mais avec des mots, la trahison, la peur et un caprice de la météo.

Le dénouement eut lieu à la fin de l'après-midi du lendemain, le 28 juillet 1794. Fouché avait retardé l'heure de l'exécution pour donner aux Parisiens la chance « d'être témoins de la fin d'un ogre ». Les portes de la Conciergerie s'ouvrirent à 18 heures et trois charrettes de condamnés de M. Samson, Monsieur de Paris c'est-à-dire le bourreau, s'élancèrent dans les rues bondées de Parisiens qui les conspuaient. Le convoi suivit le trajet habituel vers la guillotine, surnommé la Via Dolorosa (depuis la Conciergerie, il traversait la Seine au Pont-Neuf, empruntait la rue Saint-Honoré vers la place de la Concorde). Jusqu'alors, la haine de nombreux Parisiens ne s'exprimait qu'en regards et murmures, mais tous criaient maintenant à tue-tête. « À bas le tyran ! » hurlaient les masses hystériques qui, quelques semaines auparavant à peine, étaient à genoux devant cet Être suprême. Hanriot, toujours ivre, maculé de fumier, un œil pendant hors de son orbite, était allongé à côté d'Augustin dans la première charrette. Maximilien Robespierre, l'attraction principale, était obligé de se tenir debout dans la seconde, solidement attaché pour l'empêcher de s'écrouler. Les gendarmes pointaient leur sabre vers lui, qui n'était plus qu'une épave sur laquelle crachait la foule. La charrette fit une halte devant son logement. Un homme était allé chercher un baquet de sang aux abattoirs et en peignait la façade de la maison de la famille Duplay. Les horribles tricoteuses, ainsi nommées parce qu'elles s'installaient autour de la guillotine pour jouir des exécutions tout en tricotant, dansaient autour de la charrette qu'elles auraient aidé à pousser avec joie la veille pour hâter le trépas de plus d'un millier de victimes de Robespierre. Quand ils épanchaient leur haine, les gens ne se conduisaient pas seulement avec fanatisme et intolérance, mais avec cruauté. Une femme se jucha sur un côté de la charrette, frappa Robespierre sur son bandage, ce qui le fit grimacer de douleur, et hurla : « Va en enfer, toutes les mères de France te maudissent ! » La procession s'arrêta à un croisement pour laisser le passage à un enterrement. Une certaine Mme Aigné s'était suicidée quand les hommes de Robespierre étaient venus la chercher. C'était sans doute sa dernière victime[1].

Une foule de huit mille personnes s'était amassée sur la place de la Révolution. Les gendarmes durent faire usage de leurs baïonnettes pour se frayer un passage. Les condamnés furent hissés sur l'échafaud, face à M. Samson et ses assistants. Couthon hurla et supplia, souilla son pantalon. La plupart durent être traînés ou portés vers la planche maculée de sang. Leurs têtes commencèrent à s'empiler dans les paniers et leurs corps sanglants jetés sans cérémonie dans des charrettes tapissées de paille. Seul Saint-Just resta digne jusqu'à la fin, il n'essaya pas de se défendre et monta au supplice

1. 7 500 prisonniers attendaient encore d'être exécutés.

d'un pas résolu. Âgé de vingt-sept ans, il fit face à la mort avec la même insensibilité glacée qui avait fait de lui l'homme le plus énigmatique de la Révolution.

La vingt et unième victime du couperet fut l'Incorruptible lui-même. Le sang des vingt hommes qui l'avaient précédé avait formé une mare pourpre au pied de la plate-forme. Pour la première fois, le silence se fit sur la place. Les hommes agrippèrent leur canne plus fermement, les femmes se signèrent en murmurant : « C'est la fin du démon. » Tous les regards convergeaient vers la lame brillante. Les assistants de Samson hissèrent le corps brisé de Robespierre, les yeux hagards. Quand ils le poussèrent sur la planche, ses jambes se dérobèrent sous lui. Ils le laissèrent là un instant, symbole du tyran déchu, avant de l'attacher à la planche. Un aide du bourreau lui arracha le bandage sanguinolent de sa mâchoire. Robespierre poussa un cri de douleur. Samson hocha brièvement la tête, un assistant avança la planche entre les deux montants de chêne. Le carcan qui enserrait le cou retomba dans un bruit sourd. Samson actionna le levier et le couperet s'abattit. Tout le monde entendit son sifflement. Un soupir traversa la place de la Révolution.

Un tyran subit le martyre pour entrer dans l'Histoire [1].

Robespierre avait été mis à mort selon sa propre constitution (Article 17) :

*Que tout individu qui usurperoit la souveraineté soit à l'instant mis à mort par les hommes libres.*

Le règne de la Terreur prit fin avec Robespierre [2], ce révolutionnaire dont les actes furent seuls guidés par la vertu d'un obscur Être suprême. Par ce règne de terreur,

---

1. Par ironie du sort, le corps de Robespierre fut jeté dans la même fosse commune que celui de Louis XVI.

2. Il resta néanmoins soixante-douze Jacobins et partisans de Robespierre qui furent exécutés le lendemain, 29 juillet 1794. Les portes des prisons s'ouvrirent pour tous les autres.

il voulait instaurer le règne de la vertu et atteindre la paix éternelle par la violence. Là où les effusions de sang plongeaient dans la détresse les citoyens ordinaires, cet extrémiste avançait sans hésitation. Jusqu'au jour où quelques-uns de ceux qu'il terrifiait ne supportèrent plus cette angoisse atroce de se poser chaque matin la question de savoir s'ils seraient les prochains sur la liste. Le 9 thermidor, la peur instilla chez les pleutres le courage du dernier espoir.

Cette peur, et un orage soudain, mirent à bas un homme incorruptible.

4

# L'armada prise par les glaces

*23 janvier 1795*

> « Jusqu'à ce que la France soit prête, rien ne la fera chercher querelle avec nous, et quand elle sera prête, rien ne l'en empêchera. »
>
> Prince Guillaume V,
> Stadhouder de Hollande, 1787.

« Je demande votre reddition immédiate ! » crie le jeune cavalier, très raide, une cocarde bleu-blanc-rouge de la République française bien en évidence sur son tricorne. Son manteau noir est ouvert, à sa taille se devine une paire de pistolets. Il contemple d'un air de défi les gueules béantes d'énormes canons de marine. Un amiral est sur le pont de son navire, le front plissé. Cet officier de marine chevronné contemple le jeune homme audacieux avec un sourire sinistre. Il doit admettre que ce comportement traduit bien l'esprit révolutionnaire qui balaye l'Europe.

« Pourquoi ne pas évoquer ces questions essentielles autour d'un dîner à bord de mon bateau ? » réplique

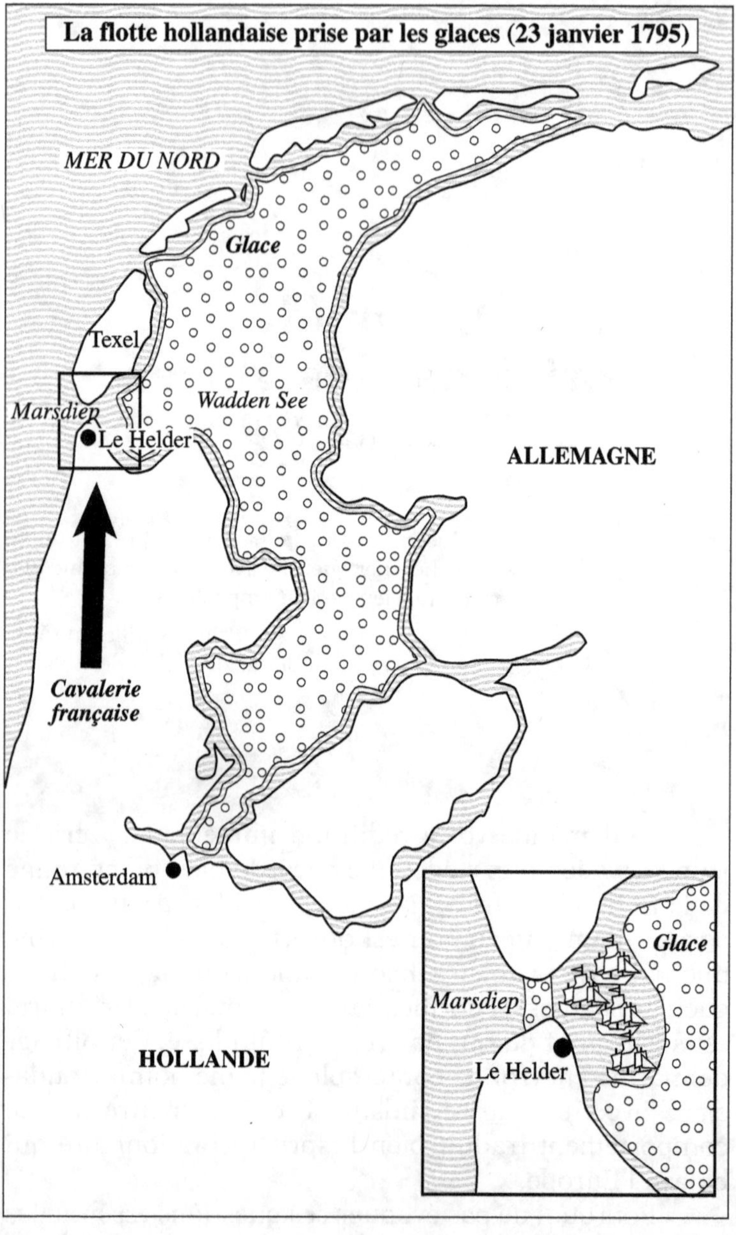
La flotte hollandaise prise par les glaces (23 janvier 1795)
MER DU NORD
Glace
Texel
Marsdiep
Le Helder
Wadden See
ALLEMAGNE
Cavalerie
française
Amsterdam
HOLLANDE
Glace
Marsdiep
Le Helder

l'amiral. Le jeune homme à la cocarde accepte l'invitation.

Il est 10 heures, ce 23 janvier 1795.

Quand l'ambassadeur d'Angleterre lui demanda s'il redoutait une intervention française dans les affaires hollandaises, le *Stadhouder* (chef de l'État) répliqua avec brusquerie : « Jusqu'à ce que la France soit prête, rien ne la fera chercher querelle avec nous, et quand elle sera prête, rien ne l'en empêchera. » C'était en 1787. Le prince Guillaume V, *Stadhouder* de Hollande, était l'un des hommes les plus honnis de son propre pays. Son despotisme avait tant frustré les riches marchands et bourgeois qu'ils s'en étaient débarrassés. Il était revenu au pouvoir en 1786, derrière la flotte anglaise. Son impopularité n'était pas un secret pour les Français. Toujours à l'affût des moindres opportunités, ces derniers complotèrent pour tirer avantage des troubles politiques en Hollande, dominion autrichien. La cour de Versailles envoya dans ce but un émissaire chargé de contacter les *patriotes*, le parti d'opposition.

Le marquis de Rayneval fut choqué par ce qu'il découvrit. Il essaya d'avertir son monarque d'une possible contagion révolutionnaire. « La ferveur du parti *patriote* a progressé d'une façon terrifiante, et si elle n'est pas arrêtée, il est à craindre qu'elle ne soit à l'origine d'une explosion aux conséquences incalculables », écrivit-il dans sa dépêche. Cette information suffit à faire réagir le roi de France : l'absence de soutien de Paris mit fin à la révolte hollandaise de Barbacan de 1787. Sans les Français, les troupes des neuf mille *patriotes* furent anéanties. Le 13 septembre 1787, vingt-six mille Prussiens pénétrèrent en Hollande, et la révolte fut stoppée net à la force des baïonnettes[1].

Au lendemain de l'insurrection manquée, la Hollande se retrouvait livrée aux troubles et à l'incertitude.

1. S. Schama, *Patriots and Liberators*, New York, 1977.

Mais les bottes prussiennes n'avaient pas réussi à mater l'esprit révolutionnaire qui soufflait sur elle. Le flambeau fut repris par de jeunes têtes brûlées et rapporté en France. Deux ans plus tard, le jour où la populace parisienne prit la Bastille d'assaut, la prédiction du marquis de Rayneval s'accomplit. Pendant les années qui suivirent, la France se préoccupa essentiellement de ses affaires internes. En 1792, le duc de Brunswick et une armée d'émigrés marchèrent sur Paris, marche qui se termina à Valmy (septembre 1792), suivie d'autres victoires françaises à Wattignies (octobre 1973) et Fleurus (février 1794), où le général Jourdan s'illustra contre les Autrichiens. Ces succès révolutionnaires rallumèrent la polémique politique en Hollande. Des comités patriotiques pour l'insurrection essaimèrent dans tout le pays, et une délégation fut envoyée à Paris pour entamer des pourparlers secrets avec les Français.

En France, la situation bouillonnait. La Révolution dévorait ses enfants. Durant l'été de 1794, les têtes de Danton et Robespierre étaient tombées sur la guillotine. Un Directoire avait pris le contrôle de l'État. La guerre avec l'Angleterre et l'Empire des Habsbourg était la première de ses préoccupations. Cette guerre devait impliquer la Hollande. Depuis 1713, le pays était sous dominion autrichien, et les souverains anglais avaient des liens familiaux avec la famille d'Orange, à laquelle appartenait le prince Guillaume V.

Les survivants de la rébellion de Barbacan, passés à la clandestinité, avaient formé des associations secrètes. Sous le commandement compétent d'Herman Willem Daendels, ancien officier dans l'armée révolutionnaire française à la bataille de Valmy, les Hollandais antiloyalistes étaient à peu près quarante mille, trop peu armés pour tenter un nouveau soulèvement populaire.

En France, la lutte pour le pouvoir et la crise politique qui suivit entraînèrent les héritiers de Robespierre à se comporter très exactement selon la devise : « Quand tu as des ennuis chez toi, passe-les à ton voisin. »

L'armée française était donc prête à jouer à la libératrice de la Hollande. Cette armée souffrait de nombreux problèmes internes. Au bord de l'anarchie, sa logistique était désorganisée, sa discipline relâchée. La Terreur de Robespierre avait laissé sa marque sur le moral des forces révolutionnaires. Pendant cette période, des généraux avaient été emprisonnés, des caporaux promus généraux, les officiers faisaient la noce tandis que les soldats souffraient de terribles privations. Des unités entières avaient déserté. Ces héroïques défenseurs de la patrie, qui avaient suivi la levée en masse de 1793, étaient invisibles en 1794. L'état lamentable des armées de Thermidor devint légendaire. Cependant un « esprit de l'an II » avait survécu au sein d'une unité, l'armée du Nord du général Charles Pichegru. Il en avait pris le commandement quand son général, Lazare Hoche, avait été jeté en prison du fait de la Terreur. Pichegru avait commencé sa carrière en tant qu'artilleur pendant la guerre d'indépendance américaine. Il se montra un sergent compétent et monta en grade. Néanmoins c'était un chef médiocre comparé à son subordonné, le général Jean-Baptiste Jourdan. Pichegru était l'un de ces généraux révolutionnaires héroïques qui non seulement durent sauver leur tête pendant la Terreur, mais aussi empêcher les armées des ennemis de la République d'envahir la France. Ou, selon les mots de Jourdan, « traverser une période de péril extrême [1] ». Il ne réalisait pas à quel point le péril était proche.

L'homme était opportuniste en politique. Apprenant la chute de Robespierre, il écrivit : « Nous nous battons pour la liberté de la France, mais nous ne deviendrons jamais les instruments d'un tyran. » Sa lettre, interprétée comme un signe de loyauté, fut chaudement accueillie à Paris. Elle montrait une certaine naïveté de sa part ; on attendait d'un général qu'il se consacre à sa tâche, fasse la guerre, et non qu'il se mêle de politique. À

1. J.-B. Jourdan, *Mémoires militaires de la campagne de 1794.*

l'automne 1794, tandis que trois armées françaises sous les ordres de Jourdan, Moreau et Michaud marchaient sur le Rhin, Pichegru reçut ordre du nouveau Directoire d'envahir la Hollande. Une victoire au nord serait la bienvenue, elle engendrerait de nouveaux tracés de frontières, des annexions et le contrôle des ports vitaux de la Manche. « Et emparez-vous de leur flotte, si vous en avez l'occasion » était-il rajouté après coup.

Le choc fut total pour le *stadhouder* de Hollande, et pour le commandant du contingent anglais, le duc d'York, quand Pichegru et son armée du Nord firent soudain mouvement vers la Hollande. Les Anglais, qui pensaient n'avoir à repousser que quelques divisions, se retrouvèrent à devoir affronter une armée entière, galvanisée par sa victoire de Fleurus. Plus inquiétant encore, c'était l'agitation qui s'emparait du pays. Après que les Français de Jourdan eurent défait les Autrichiens à Fleurus, de petits groupes de patriotes armés attaquèrent les garnisons et bloquèrent des passages stratégiques sur les fleuves. Le gouvernement hollandais ordonna alors une grande campagne d'arrestations dans tout le pays. Herman Willem Daendels, le chef des insurgés patriotes, se rendit à Paris pour rencontrer les membres du Directoire. Il insista sur le fait que les Français devaient agir vite, sous peine d'être responsables d'un massacre de tous leurs amis, disposés à mener à bien la Révolution batave.

Sur le plan militaire, les événements se précipitaient. Le général Pichegru prit Bruxelles le 10 juillet 1794 et Anvers le 22 juillet. La forteresse d'IJpetren rendit les armes et toute la Flandre tomba aux mains des Français. Le revers de Fleurus ne laissa à l'armée hollandaise que la place forte du Brabant, qui pouvait être défendu en dernière extrémité en ouvrant les écluses des digues le long de la côte. Pichegru poussa vers le nord, s'attendant à renvoyer les Anglais de l'autre côté du Maas avant les pluies d'automne. À la suite d'un accrochage près de Boxtel, le duc d'York et ses vingt-huit mille hommes se retranchèrent derrière les murs d'Hertogenbosh, tandis que vingt-deux mille Austro-Hollandais prenaient position autour de Breda. Les Français pouvaient compter sur un atout intérieur formidable : les patriotes, qui remontaient en puissance. Mi-septembre 1794, leur littérature subversive inondait les rues, avec un nouvel hymne patriote :

*Dieu le veut, cela sera,*
*Liberté ! Égalité !*

Le 18 octobre enfin, les patriotes se montrèrent et déclarèrent : « Aux côtés de nos amis et alliés français, nous nous soulèverons bientôt comme un seul homme contre la tyrannie[1]. » Mais leurs alliés n'étaient pas à leurs côtés. Pichegru avait traversé le Waal, et au lieu de se diriger droit sur Amsterdam, il s'était dérouté vers Nimègue. La révolte batave échoua, et, le 18 octobre, six de ses chefs furent arrêtés. La police en laissa filer un, le plus dangereux de tous, qui passa dans le camp français : Herman Willem Daendels. Celui-ci enjoignit Pichegru de monter très vite vers le nord, mais le Français ignora sa requête. Daendels décida donc de lancer un appel aux armes à ses citoyens hollandais, ce qui contraria au plus haut point le général français.

Au même moment, la situation était devenue extrêmement précaire pour le prince Guillaume qui avait déjà envoyé une mission à Londres afin de demander une aide militaire d'urgence. Le Premier ministre Pitt ne fut pas partant, et le fit savoir. L'effondrement prévisible de la Hollande était une bonne manière de se débarrasser de la concurrence maritime hollandaise aux Caraïbes, et favoriserait grandement le commerce anglais. Le jeu de Pitt était si limpide que le secrétaire des États Généraux nota dans le registre officiel : « Une personne connue jusqu'à aujourd'hui comme farouche partisan de

1. Jorissen, *De Patrioten*.

l'Angleterre me dit que seul un traître à la patrie pourrait trouver quelque chose à dire en faveur de l'Angleterre. »

Le destin de la Hollande se décida à la Convention, à Paris. Jean-Lambert Tallien, l'un des artisans de la chute de Robespierre, clama bruyamment que « nous avons besoin des navires espagnols et hollandais avec l'aide desquels nous nous hâterions vers les rives de la Tamise pour détruire la nouvelle Carthage ». Ordre fut donné à l'armée de Pichegru de marcher vers le nord.

Les Pays-Bas étaient protégés depuis toujours par trois obstacles principaux, les cours d'eau Maas, Waal et Lek. Les Anglais en retraite avaient brûlé la plupart des ponts et les Français n'avaient aucun moyen de traverser les fleuves. La construction de ponts flottants exigeait de gros bateaux, d'au moins dix mètres de long. Les remorquer par route depuis la France était à la fois irréaliste et trop long. Les pluies d'automne abondantes avaient gonflé les cours d'eau et rendu hasardeuse une traversée sur un pont de fortune. Ce ne furent pas les armées anglo-autrichiennes qui arrêtèrent les Français, mais le temps. Pichegru ne fit rien. Il resta dans son camp et attendit. Ses relations avec Jourdan, plus jeune que lui, qui commandait l'armée du Rhin, étaient tendues. Quand ce dernier demanda de l'aide pour prendre Mayence, tenue par 100 000 Autrichiens sous le commandement du général Wurmser, Pichegru, déraisonnable, le fit attendre. Il argua du fait que le plus grand danger se trouvait dans le Haut Rhin, à cause des Anglais et des Autrichiens basés en Hollande, prêts à frapper l'Alsace. La raison de cette manœuvre d'atermoiement ne devint claire que quelques mois plus tard.

Tandis que Jourdan, Marceau et Bernadotte contenaient les Autrichiens sur le Rhin, il commença à neiger en Hollande. Les hommes de Pichegru durent dormir à la belle étoile sans équipement pour le froid. Les raisons de celui-ci pour ne pas se mettre en route furent sujet à de nombreuses discussions. On les imputa d'abord au temps, puis au doute quant à la possibilité de prendre un contrôle total de la situation avant le début de l'hiver. Et aussi au souci constant qu'en dernier ressort les Hollandais ou les Anglais ouvrent les digues pour noyer son armée comme des rats. Sans doute ne savait-il pas que les Anglais avaient déjà reçu l'ordre de se retirer. Avec l'hiver qui frappait à la porte, la campagne de Hollande tirait à sa fin. Pichegru était prêt à se retirer quand il reçut une aide inattendue. Le gel s'installa. De tout le siècle la température n'avait été aussi basse. Les défenses naturelles de la Hollande, ses digues et ses fleuves, se retrouvèrent gelés, au grand bonheur des enfants qui patinaient.

« *La Hollande est maintenant solide* », écrivit Daendels à Pichegru pour encourager une progression rapide au cœur du pays. « Les fleuves qui l'entourent, les inondations qui la couvrent des invasions sont durs comme la terre. Amsterdam est de plain-pied avec Paris [1]. »

Le 2 décembre 1794, le duc d'York abandonna ses troupes et s'embarqua pour l'Angleterre. Cependant Pichegru ne voulait pas qu'on le presse et continua de progresser avec une extrême prudence. Le 27 décembre, son armée avait traversé le Maas inférieur, le 8 janvier elle était sur le Waal et le 15 janvier elle arrivait au Lek. Il poussait devant lui des forces anglaises totalement abattues et découragées, privées de chef et de provisions. Ayant subi de grosses pertes, le contingent anglais finit par se retirer du Hanovre. Ce fut une catastrophe pour Londres d'abandonner les Pays-Bas, leur tête de pont historique pour pénétrer en Europe. Pour les Français, frustrés le long du Rhin, la campagne de Hollande fut une victoire spectaculaire et inattendue, qui leur insuffla un moral d'acier. En un mois, ils avaient pris presque toute la Hollande et Pichegru fut encensé dans la presse française comme brillant général et héros révolutionnaire. Cependant, la Hollande n'avait pas été conquise, elle avait tout simplement renoncé à se défendre.

---

1. Ernest Lavisse, *Histoire de France contemporaine*, Paris, 1920.

Une fois que les Français eurent traversé le Waal, la situation pour les forces loyalistes hollandaises devint désespérée. Les troupes de la Première Coalition étaient en complet désarroi. Un appel aux armes du gouvernement ne rassembla qu'une cinquantaine d'hommes. Le 16 janvier, il devint clair qu'on ne pouvait plus opposer la moindre résistance à l'avancée française, et que la Hollande serait obligée de supplier pour avoir la paix. Les Hollandais en tinrent les Anglais pour responsables, eux qui avaient « ruiné nos fabricants, désorganisé notre commerce et nous avaient entraînés dans une guerre au coût exorbitant contraire à nos intérêts. Le *Stadhouder* voue une telle haine aux Anglais qu'il est prêt à arborer la cocarde tricolore et à s'unir avec les Français pour exterminer cette race [les Anglais] pour laquelle rien n'est sacré ». Cette déclaration incendiaire émanait de Volkier Benedinck, qui avait été officier dans l'armée anglaise pendant la guerre d'indépendance américaine.

Les Français entrèrent dans Utrecht le 17 janvier, et juste après minuit le 18 janvier 1795, le prince Guillaume V s'enfuit de Haarlem par bateau vers Harwich. Cette même nuit la République batave fut proclamée. Le général autrichien qui commandait les troupes des Habsbourg en Hollande, le comte Clerfait, résuma la situation en une phrase : « Jamais une révolution ne fut aussi rapide. »

Le fait est que le prince Guillaume V n'avait eu aucune alternative. Tandis que l'armée française marchait inexorablement vers le nord, son inquiétude augmentait chaque jour un peu plus. Pour protéger sa sortie, il comptait que sa flotte de guerre appareillerait pour l'Angleterre. Il avait dans ce but donné l'ordre à l'amiral de la flotte hollandaise, Jan Hendrik Van Kinsbergen, d'amarrer ses navires dans le Marsdiep, un détroit large de trois kilomètres situé entre le Helder et l'île de Texel. Avant d'arriver à la mer, il fallait traverser une vaste zone marécageuse (*slikken*) et des marais salants, entrecoupés de ruisseaux formés par la marée qui les recouvrait deux fois par jour, interdisant ainsi la progression d'une armée avec charrettes et canons. C'était un bon plan, mais le *Stadhouder* hollandais n'avait pas tenu compte des conditions climatiques.

Début décembre, le temps joua un rôle fondamental dans le cours des événements. Une semaine de nuits claires provoqua une chute inhabituelle des températures. En quelques jours la Wadden See, depuis le Helder jusqu'à Harlingen, devint une solide couche de glace. Ceci balaya tout espoir de pénétrer dans l'IJselmeer, la mer intérieure hollandaise. Ce premier gel fut suivi d'une terrible tempête de nord-ouest. Le brouillard et la neige fondue ralentirent les mouvements de la flotte. Cependant, excellent marin, l'amiral réussit à conduire ses vaisseaux dans un mouillage sûr à l'abri du vent, à l'île de Texel. Des jours durant, il venta et neigea. Lorsqu'une amélioration survint et que les marins stupéfaits contemplèrent un paysage d'un blanc immaculé, ils découvrirent à leur désespoir que la sortie du détroit vers l'océan avait été bloquée par les glaces. De la glace devant, de la glace derrière – quinze vaisseaux de ligne, deux bateaux de fret et plusieurs canonnières, plus petites, étaient pris dans le détroit. L'amiral Van Kinsbergen réalisa qu'il faudrait un mois, au bas mot, avant que le passage ne soit assez dégagé pour fuir en pleine mer. Après des essais infructueux pour se frayer un chemin à travers la glace, avec de la poudre à canon [1], l'amiral en arriva à la triste conclusion que ses navires étaient pris au piège, et qu'il en serait réduit à saborder la flotte si les Français tentaient de s'en emparer. Problème supplémentaire : le mouillage à Marsdiep était si peu profond qu'il permettrait aux Français de récupérer ses précieux canons. Aussi il fut obligé de prendre une pénible décision : au lieu d'envoyer sa poudre sur l'ennemi, il s'en servirait pour anéantir ses vaisseaux

1. Il est impossible de faire exploser la glace, car l'explosion ne produit aucun effet latéral, la seule solution est de la découper.

bien-aimés. La température ne cessait de descendre, et, en quelques jours à peine, les bateaux furent solidement pris dans une épaisse gangue de glace.

À la mi-janvier, le général Pichegru reçut une information surprenante. Il convoqua un conseil de guerre. « Lequel d'entre nous est le plus proche de l'île de Texel ? » fit-il en martelant sa carte.

« Le général de Wynter et la 4e division de Souham, mon général. »

« Qu'ils se mettent immédiatement en marche vers le Helder », ordonna-t-il. Il venait juste d'apprendre que toute la flotte de guerre hollandaise était piégée par les glaces.

Le commandant Louis-Joseph Lahure, un étudiant belge réfugié en France après la rébellion manquée de Barbacan de 1787, était à la tête d'un bataillon dans la 4e division de Souham. Son unité se composait de sept cent quatre-vingts fantassins, cent vingt-huit hussards et trente-neuf canonniers, ainsi que de quatre petits canons en bronze. Le 20 janvier, à minuit, un messager fit irruption dans son camp, avec l'ordre pour lui de faire mouvement immédiatement en direction d'Alkmaar et du Helder. Le bataillon atteignit le Marsdiep le soir du 22 janvier. On distinguait des rangées de lumières au-delà des détroits gelés, mais il faisait trop sombre pour s'aventurer sur la glace. Lahure décida d'établir son camp et d'attendre le lendemain matin. Malgré le froid mordant, il interdit les feux. Tandis que les Français bivouaquaient, un cavalier solitaire traversa leurs lignes et s'engagea sur le détroit gelé. Parvenu au navire de l'amiral hollandais, on le conduisit sur le champ auprès de lui.

« Une dépêche ultra-secrète des États Généraux de Hollande, amiral. »

Van Kinsbergen prit l'enveloppe, en brisa le sceau et prit connaissance du message. Une ombre traversa son visage et il hocha la tête. Puis il tendit la dépêche à son commandant en second, le capitaine Reyntjes.

« Mais... c'est de la... trahison », bredouilla le capitaine.

L'amiral acquiesça tristement. « C'est exact, mais nous devons obéir. » Ce parchemin le relevait de toute responsabilité future concernant le sort qu'il ferait subir à sa flotte en cas d'attaque française.

Voici le résultat du tour dramatique qu'avaient pris les événements quelques jours auparavant, le 17 janvier. Les patriotes avaient pris le contrôle du *Staten Generaal* (les États Généraux), et voté la fin immédiate des hostilités. Des dépêches avaient été envoyées dans ce but aux différentes unités, avec l'ordre suivant : « Il est donc décidé par les États Généraux de Hollande d'informer chaque commandant militaire de ne plus opposer aucune résistance aux troupes françaises. »

Les commandants français, Lahure compris, n'en avaient pas été immédiatement informés.

Pour ce commandant et ses hommes, à moitié gelés et blottis les uns contre les autres sous des tentes de fortune, le matin du 23 janvier se leva sous un rideau de brouillard descendu des détroits glacés du Marsdiep. Lahure méditait sur sa situation : un Hollando-Belge, qui commandait la cavalerie française, sur le point d'attaquer une flotte de guerre hollandaise en mer ! Quelle folie ! Comment pourrait-il prendre quinze vaisseaux de ligne bourrés de pièces d'artillerie navale avec ses trente-neuf canonniers qui tireraient sur la glace quatre canons à boulets de six livres ? Ces pauvres projectiles ne feraient même pas une éraflure sur la coque en chêne solide d'un bateau de guerre. Cela le força à prendre une décision audacieuse que beaucoup eussent qualifiée de pari hasardeux. C'était la moins pire d'une série de mauvaises options. Il comprit que son plus grand allié était le brouillard, qui couvrirait son approche sur la glace. Il laisserait les fantassins et les fusils derrière lui, s'avancerait avec ses cent vingt-huit hussards, en croisant les doigts. Il ne connaissait rien des conditions sur le détroit gelé, ignorait si la glace supporterait le poids de ses hommes à cheval. Tout cela même avant d'affronter plus de fusils qu'il n'avait d'hommes ! Une charge frontale serait repoussée par les gros canons navals et ses hommes précipités dans la mer glacée. Avec cette perspective peu encourageante à l'esprit, il donna des ordres stricts pour que ses hussards le suivent et ne se lancent pas dans une charge débridée sabre au clair. Le porte-drapeau déploya les couleurs révolutionnaires, Lahure salua brièvement et cent vingt-huit hussards s'avancèrent sur la glace. Le brouillard ne tarda pas à les engloutir. Ils se retrouvèrent brusquement devant la flotte.

La chance était toujours du côté de Lahure. La glace avait tenu, les batteries hollandaises n'avaient pas ouvert le feu. La cavalerie française s'approcha des navires, et un amiral vieillissant, qui s'était attendu à l'attaque d'une vaste armée, se retrouva encerclé par cent vingt-huit hussards sous le commandement d'un ancien étudiant hollandais. Il est difficile d'imaginer qui fut le plus surpris : l'amiral contemplant une poignée de soldats depuis le pont de son navire, ou le commandant de la cavalerie quand un amiral lui proposa : « Pourquoi ne pas évoquer ces questions essentielles autour d'un dîner à bord de mon bateau ? »

Ainsi, ce 23 janvier 1795 eut lieu un fait unique dans les annales de l'histoire militaire : la cavalerie s'empara d'une flotte de guerre en haute mer. Le reste se négocia autour d'un souper aux chandelles à bord du vaisseau de l'amiral.

Le général Pichegru envoya une dépêche à Paris : « La marine hollandaise est à nous. » Cette nouvelle fit l'effet d'une bombe, et les Parisiens descendirent dans la rue pour fêter ce grand triomphe patriotique. Pichegru devint l'homme du jour.

Comme c'est si souvent le cas dans l'Histoire, le nom du vrai héros ne fut jamais mentionné. Le commandant Lahure et ses cavaliers déterminés avaient fait preuve d'audace et d'initiative. Ils s'étaient élancés sans connaître au préalable la décision hollandaise de cesser les hostilités. Tout ce qu'ils savaient, c'était que les gueules béantes des canons étaient pointées sur eux, et que la marine hollandaise cultivait une grande tradition de loyauté envers son prince. Des années plus tard, Napoléon accorda au commandant Louis Joseph Lahure le titre de baron de l'Empire. Il termina sa carrière au grade de général, après avoir servi un empereur et, après Waterloo, deux rois de France.

Une destinée différente attendait le « héros de Hollande », le général Charles Pichegru. Au cours d'une escarmouche en 1804, des soldats français s'emparèrent de la voiture d'un général autrichien qui transportait deux coffres de dépêches secrètes. Grâce à celles-ci, on apprit que Pichegru était toujours resté en contact avec le prince de Condé et le comte de Montgaillard, chefs des émigrés et ennemis jurés de la Révolution. Son refus de porter assistance à Jourdan et sa réticence à progresser plus vite et plus profondément en Hollande n'étaient donc pas de la mauvaise volonté, mais de la haute trahison [1]. Tout en avançant en Hollande, il négociait secrètement l'ouverture d'une route d'invasion vers Paris pour les armées autrichiennes. Le mobile de cet acte de trahison ne fut jamais élucidé. Peut-être fut-elle dictée par un désir de pouvoir, ou par jalousie des succès militaires de Jourdan, plus jeune que lui. Quoi qu'il en fût, le général ne pouvait pas se permettre de contribuer à la défaite d'une armée à laquelle il espérait s'allier. À la suite de cette révélation stupéfiante, Pichegru fut arrêté et jeté à la prison du Temple, où on le retrouva étranglé avec sa propre cravate, le 6 avril 1804. L'étendue exacte de la *Conspiration Pichegru* ne fut jamais découverte.

En octobre 1806, Napoléon abolit la République de Batavia, créa le Royaume de Hollande et plaça son frère Louis sur le trône.

---

1. *Correspondance entre Pichegru et Condé*, 1795, publiée à Vienne en 1898.

L'incroyable histoire de la capture de la flotte hollandaise fut embellie par de grands actes héroïques [1]. Il n'y eut jamais de bataille navale contrée par la cavalerie, et pas un seul coup de feu. On avait ordonné à un amiral d'obéir à un cessez-le-feu, il s'était exécuté, et un commandant de cavalerie s'était emparé des armes d'un ennemi vaincu qui ne se défendait plus. L'histoire militaire de la France est assez riche d'exploits glorieux pour ne pas avoir besoin d'une bataille imaginaire pour entretenir sa grandeur.

Un fait est certain : sans la chute brutale des températures et le gel du Marsdiep, la flotte hollandaise aurait fait voile vers l'Angleterre pour prêter main-forte à la marine britannique – quinze navires de plus pour Nelson et Trafalgar. Il se révéla que Nelson n'en eut pas besoin.

---

1. *Archives de la guerre, du 1er au 10 pluviose an III*, par le général Salm, commandant de la 4e division.

# 5

# Un brave nommé Tecumseh

*5 octobre 1813*

> « Laisserons-nous notre peuple se faire exterminer sans combattre ?
> Abandonnerons-nous les terres que le Grand Manitou a données à ses enfants ?
> Laisserons-nous derrière nous les tombes de nos ancêtres ?
> Jamais ! Jamais ! »
>
> Tecumseh,
> chef de la nation shawnee, 1811 [1].

Un sous-marin nucléaire luisant glisse dans les eaux de la baie de Chesapeake. Il pénétrera bientôt dans l'Atlantique pour se tapir quelque part dans ses profondeurs. Du rivage, on ne distingue aucune marque distinctive sur cette toute dernière recrue de l'arsenal nucléaire de l'US Navy. Seul son équipage en connaît le nom. C'est l'USS *Tecumseh*, le nom d'un valeureux chef indien qui fut autrefois un fléau pour l'armée américaine.

Le chef shawnee Tecumseh, héros de la guerre de 1812.

---

1. D'après un document de la *Tippecanoe Historic Council Library*.

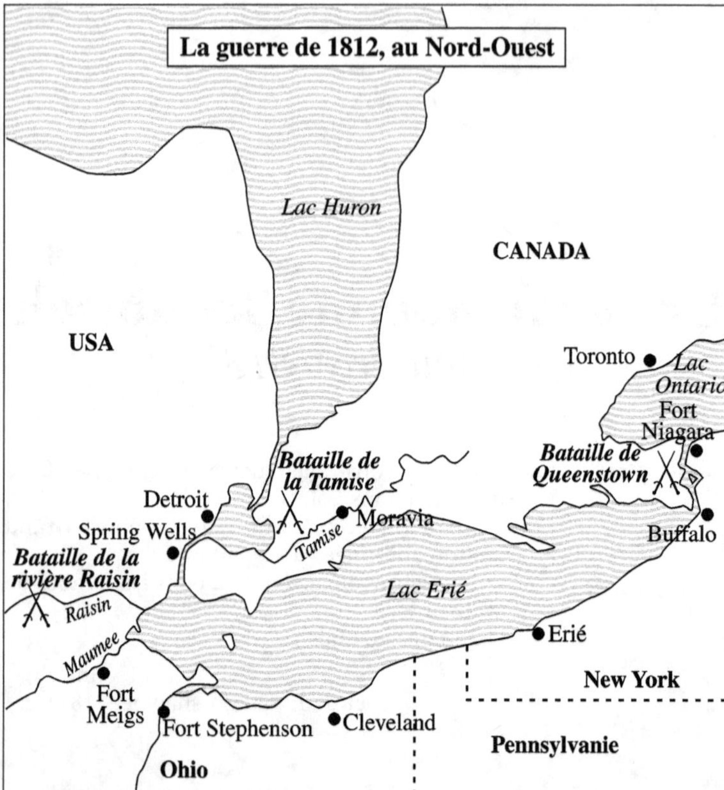
La guerre de 1812, au Nord-Ouest
Lac Huron
CANADA
USA
Toronto
Lac Ontario
Fort Niagara
Bataille de Queenstown
Bataille de la Tamise
Detroit
Moravia
Spring Wells
Tamise
Buffalo
Bataille de la rivière Raisin
Raisin
Lac Erié
Maumee
Erié
Fort Meigs
New York
Fort Stephenson
Cleveland
Pennsylvanie
Ohio

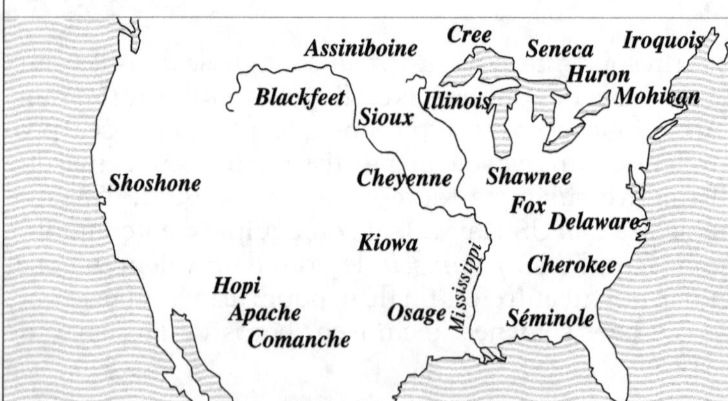
Cree
Assiniboine
Seneca
Iroquois
Huron
Blackfeet
Illinois
Mohican
Sioux
Shoshone
Cheyenne
Shawnee
Fox
Delaware
Kiowa
Mississippi
Cherokee
Hopi
Apache
Osage
Séminole
Comanche

La saga de ce brave commença à la fin du XVIIIe siècle. Les pionniers américains pénétraient toujours plus avant en territoire indien. Ils traversèrent forêts et marais avec leurs chariots et leurs familles, jusqu'à la Wabash, un large cours d'eau. Là se trouvaient les territoires de chasses traditionnels d'une tribu farouche d'Indiens d'Amérique, les Shawnee, dont l'habitat s'étendait depuis l'Indiana et le Kentucky jusqu'aux Grands Lacs qui séparaient les États-Unis d'Amérique du dominion britannique du Canada.

L'histoire du grand guerrier indien Tecumseh commence en 1791, dans le comptoir d'échanges de « Keth-tip-pe-can-nunk », ou, dans sa version américanisée, « Tippecanoe » (à douze kilomètres au nord de Lafayette, dans l'Indiana). Les prospecteurs blancs y échangeaient avec les tribus Pottawattomie et Kickapoo sucre, sel, tabac et perles contre des fourrures. Afin de repousser la frontière indienne, de disperser les Indiens et d'ouvrir aux pionniers blancs de nouveaux territoires dans l'Indiana et le Michigan, le comptoir d'échanges fut rasé. La question de la propriété de la terre entretenait une sempiternelle discorde entre l'Indien et l'homme blanc. Elle s'était pratiquement toujours réglée par la force, et l'homme blanc avait des fusils[1].

Deux frères shawnee se révoltèrent contre la profanation de leurs terrains de chasse sacrés : Tenskatawa, qui sera connu plus tard sous le nom de « Prophète », et son frère, Tecumseh. Ils nourrissaient l'ambition d'unir les tribus et chasser l'homme blanc. Le Prophète installa ses partisans indiens à Tippecanoe afin de démontrer à l'homme blanc son droit du sol. Tecumseh, plus clairvoyant, se consacra à créer une nation indienne unifiée, avant de s'en prendre aux colons. Il

1. Une exception notable : celle du traité que William Penn passa avec les Indiens.

descendit même jusqu'en Floride dans ce but, pour inciter les Séminoles à se joindre à sa cause. « Il y en a parmi nous qui vont vendre nos terres ! Pourquoi ne pas vendre aussi bien l'air, la vaste mer ? Le Grand Esprit ne les a-t-il pas créés pour l'usage de ses enfants ? La seule manière d'arrêter cette malédiction pour l'homme rouge, c'est de s'unir pour proclamer un droit égal et unique sur la terre, comme il en était autrefois et qu'il devrait en être aujourd'hui, car elle n'a jamais été divisée. »

Le chef séminole ayant hésité, Tecumseh rétorqua, furieux : « Tu as un sang de Blanc, et tu ne crois pas que je suis envoyé par le Grand Manitou. Je vais t'en donner la preuve. » Il distribua des bâtons rouges à l'assemblée des braves séminoles, un pour chaque jour, et leur dit : « Comptez bien, car le jour où je serai de retour chez moi, je taperai du pied par terre et votre sol tremblera. » Effectivement, le sol trembla, et de nombreux guerriers séminoles interprétèrent cela comme un signe. Ils s'emparèrent de leurs gourdins et se joignirent au Grand Guerrier pour combattre l'homme blanc[1].

Une fois lancé dans son grand projet d'unification, Tecumseh retourna au nord pour tenir un *pow-wow* avec les chefs des Illinois et des Pottawatomie. « La destruction de notre race est proche, s'enflamma Tecumseh devant les braves, à moins que nous ne laissions nos querelles de côté et ne fassions cause commune contre un ennemi commun. » Ses voyages suivants le conduisirent sur les terres des Delaware, Ottawa, Miami, Chippewa et même des Iroquois du Québec.

À Tippecanoe, la « ville du Prophète », Tenskatawa appelait les foudres du ciel sur les colons blancs qui avaient volé les territoires de chasse sacrés des tribus et fait boire de l'alcool aux braves pour les saouler. Les activités militantes de Tecumseh et de son frère Prophète attirèrent non seulement plus d'un millier de braves,

1. T.L. McKenney, *History of the Indian Tribes of North America*.

mais aussi inquiétèrent terriblement les colons le long de la frontière indienne.

Début 1811, cette menace indienne croissante fut prise au sérieux par le général William Henry Harrison, fraîchement nommé gouverneur du territoire de l'Indiana. Il recruta une milice de mille hommes et les arma de mousquets. Alors que Tecumseh était dans le sud, pour recruter toujours plus de braves, Harrison et ses hommes descendirent à Tippecanoe le 6 novembre 1811. Ils arrivèrent juste avant le crépuscule et installèrent leur campement dans les bois, à l'orée de la ville du Prophète.

Tecumseh savait que la meilleure tactique pour harceler les Yankees était la guérilla. Ses Shawnee connaissaient la région, pas les Américains. Dans ces « bois sombres et sauvages », leurs déplacements étaient gênés par les chariots encombrants et les canons, tandis que les Shawnee voyageaient avec peu de matériel. Mais l'homme blanc était également armé de mousquets. L'Indien, lui, n'avait que ses flèches et son tomahawk. Tecumseh, bien conscient de cela, avait envoyé un message urgent pour dissuader son frère de se lancer dans une attaque frontale contre une force supérieurement armée. Mais le Prophète refusa d'en tenir compte.

C'était une nuit froide et pluvieuse, les feux de camp délimitaient le périmètre du camp yankee près de Tippecanoe. Les miliciens étaient endormis, tout habillés. Le Prophète exhorta ses braves par un discours enflammé. Il leur assura qu'une balle de mousquet ne pourrait jamais blesser un brave. Les tribus attaquèrent à l'aube. Les Indiens fondirent sur les Américains avant que ceux-ci ne puissent s'organiser. Soixante-deux Américains succombèrent dans les deux heures qui suivirent. Mais les Shawnee et les Winnebago subirent également des pertes, surtout à cause des balles de mousquet. Cela les mit dans une rage telle qu'ils menacèrent de tuer leur Prophète. Ils abandonnèrent Tippecanoe, qui fut ensuite incendié par les hommes d'Harrison.

Bien que l'action précipitée de son frère eût terriblement contrarié Tecumseh, cela l'aida à changer d'attitude. Les hommes qui avaient envahi leurs terrains de chasse sacrés n'étaient pas seulement des hommes blancs, c'étaient des hommes blancs des États-Unis ! Il considéra dès lors tout Américain comme son ennemi mortel. Les conséquences furent déterminantes : quand la guerre de 1812 éclata, Tecumseh et ses braves rejoignirent les forces britanniques du major général Isaac Brock, gouverneur général du Haut Canada.

La guerre commença le 18 juin 1812. Les territoires des deux belligérants, le Canada britannique et les États-Unis d'Amérique, étaient très inexploités. La campagne américaine reposait autant sur le hasard – l'effet des conditions météo – que sur la stratégie. Le plan du président Madison impliquait la prise rapide de Montréal, mais les gouverneurs de Nouvelle-Angleterre refusaient d'utiliser leur milice d'État pour cette action. L'inclination pour la guerre était bien plus marquée au « Far West » – à cette époque le territoire Indiana-Michigan – et la campagne se déporta vers la région de Niagara-Detroit.

Ce conflit opposait le général anglais Brock au général américain William Hull, gouverneur du territoire du Michigan. Ce dernier doutait de lui-même quant à ses capacités militaires, avant même d'être nommé commandant de l'armée du nord-ouest des États-Unis. Pessimiste de nature, il n'était pas à la hauteur de son adversaire en matière de stratégie militaire et de prise de décision. La campagne suivit son cours. Pour atteindre sa destination, l'armée de Hull devait traverser une zone connue sous le nom de Marais Noir, réputée pour ses Indiens hostiles et ses terribles mouches noires. Le temps instable empirait la situation : quand il pleuvait, les chariots s'enlisaient dans la boue, et quand la pluie avait cessé, les ornières durcies rendaient le passage impossible. Plutôt inconscient, Hull déposa ses plans militaires secrets à bord du schooner *Cuyahoga*, espérant ainsi qu'ils atteindraient Detroit par la voie maritime, plus rapide. Deux jours plus tard, le *Cuyahoga* fut intercepté par une canonnière anglaise, les papiers saisis, et Brock se retrouva en possession des plans de Hull. Il connut ainsi les effectifs exacts de son ennemi, et fut renseigné sur le moral des troupes.

Hull et son armée cahotaient vers Detroit, harcelés par les mouches noires et les Indiens. Sous couvert de l'obscurité, les « sauvages » fondaient sur sa colonne et frappaient leurs coups meurtriers avant de disparaître à l'abri des bois. Hull rédigea en chemin une déclaration au peuple du Canada, dans laquelle il avertissait que tout homme blanc trouvé en compagnie d'un Indien serait tué sur-le-champ. Cette menace fit son effet. Plusieurs centaines de Canadiens rejoignirent les Américains et la situation se retourna en faveur de Hull. Sa prochaine cible était Fort Malden, qui appartenait aux Canadiens, en face de Detroit.

La tâche de Hull fut grandement simplifiée quand, sous les ordres du colonel Lewis Cass, son avant-garde trouva les sentinelles anglaises endormies et captura le pont, d'une importance vitale, qui traversait la Rivière aux Canards. Mais, au lieu d'agir et de continuer à progresser vers le Canada, le général Hull se paniqua à cause des vivres et du matériel. Il ne donna aucun ordre au colonel Cass, contrarié, qui désengagea son unité et renonça à traverser la rivière. Quelques jours plus tard, Hull ordonna une retraite vers la rivière Raisin, et se retrouva confronté à une mutinerie de ses volontaires de l'Ohio. La situation devint si tendue que le contingent envoya une pétition au gouverneur Meigs de l'Ohio, exigeant « l'arrestation et le déplacement de leur général ». Hull se retira ensuite vers Detroit avec ses milliers d'hommes, tandis que Brock se précipitait depuis la péninsule du Niagara pour sauver Fort Malden. Il ne disposait pour ce faire que d'une faible force de deux cent soixante miliciens et quarante habits rouges du 41$^{e}$ régiment de l'armée régulière. Étant donné sa supériorité en nombre et en armes, Hull aurait pu traverser la rivière et vaincre, ce qui aurait mis fin à la guerre dans le nord-ouest. Au lieu de cela, sa retraite fut perturbée par des pluies torrentielles, qui occasionnèrent un grand nombre de pertes dues à la fièvre des marais. Un soir, les Indiens s'emparèrent d'une poignée de traînards, et les troupes les entendirent hurler toute la nuit, preuve évidente des tortures indiennes, qui entamèrent durement le moral du commandant et de ses hommes.

Un événement important se produisit le 13 août 1812 : Brock rencontra Tecumseh. « Parmi les Indiens que j'ai trouvés à Amherstburg, rapporta-t-il dans une dépêche à Lord Liverpool à Londres, il y avait des personnages extraordinaires. Celui qui retint le plus mon attention fut Tecumseh, le chef shawnee. »

Brock lui ayant expliqué qu'il ne connaissait pas bien les lieux autour de Detroit, Tecumseh lui en traça une carte précise sur une écorce de bouleau avec son couteau de chasse. Fort de ce nouvel allié et de mille braves, Brock traversa la rivière et prit pied sur la rive américaine à Spring Wells. Arrivé là, il envoya au général Hull l'ordre de rendre Detroit. Il comptait sur la peur qu'inspiraient aux Américains les atrocités indiennes. Hull refusant, Brock recourut à la ruse. Il vêtit sa milice des uniformes rouges de l'armée régulière et la fit parader à un endroit où Hull pouvait la voir. Ensuite, ce dernier reçut un message selon lequel une expédition de renforts s'était perdue dans les bois. Lors de l'un des épisodes les plus calamiteux de l'histoire militaire américaine, il se rendit avec sa garnison le 16 août 1812. Le major général Sir Isaac Brock marcha sans rencontrer de résistance sur Detroit avec ses deux cent soixante soldats, tandis que deux mille cinq cents Américains étaient faits prisonniers. Afin de prouver sa satisfaction et pour honorer son allié indien, le général britannique enleva sa ceinture rouge et la passa autour de la taille de Tecumseh. Le Shawnee lui répondit en enlevant la sienne, brodée de perles, et la présenta à Brock. Puis ils s'étreignirent sous les vivats des soldats et les cris de guerre des braves.

Avant sa reddition, Hull, affolé, avait envoyé des ordres d'évacuation à Fort Dearborn (Chicago). Un Indien avait essayé de prévenir son commandant, le capitaine William Wells, qu'un grand nombre de braves hostiles s'étaient rassemblés dans la région. Malheureusement le capitaine Wells obéit à l'ordre du général Hull, et le 15 août une longue colonne de soldats, avec femmes et enfants, partit de Fort Dearborn. Elle avait à peine quitté l'abri des palissades que des centaines d'Indiens pottawattomie fondirent sur elle et en massacrèrent un grand nombre. Le sort du capitaine Wells fut particulièrement atroce : son cœur fut arraché et mangé. Cet événement paniqua toute la population de la frontière qui se mit à fuir en désordre, et la région du Niagara fut désormais prête à tomber dans l'escarcelle des Anglais et des Canadiens.

Un incident ultérieur les en empêcha. Le 12 octobre, le colonel américain Solomon Van Rensselaer, commandant de la milice de New York, traversa le fleuve et attaqua à Queenstown Heights, dans la péninsule du Niagara, au Canada. Le général Brock, qui conduisait la contre-attaque destinée à récupérer un canon perdu, fut frappé mortellement par une balle de mousquet. Bien que les Anglais se fussent acheminés vers la victoire lors de cet affrontement, leurs troupes se retrouvèrent sans chef.

Une nouvelle menace apparut rapidement le long de la Wabash pour l'unité britannique qui tenait Detroit. Une force de deux mille hommes du Kentucky était en marche. Les Indiens de Tecumseh les arrêtèrent en se servant des vents favorables pour mettre le feu à la prairie.

La météo s'en mêla, et l'hiver imposa un arrêt des combats le long de la frontière canadienne. Tecumseh utilisa ce répit pour obtenir des soutiens supplémentaires d'autres tribus. Son but principal n'était pas d'aider les Britanniques dans leurs combats – « une guerre d'hommes blancs » – mais de protéger les terrains de chasse sacrés pour ses frères rouges. Les dirigeants de Washington commencèrent à s'inquiéter de l'influence grandissante du chef Tecumseh. Ce n'étaient pas ses milliers de guerriers qui les préoccupaient, mais le fait que ces braves venaient de toutes les tribus du nord-ouest. Et si, en plus d'une guerre avec la Grande-Bretagne, l'Amérique se retrouvait confrontée à une révolte indienne générale ? Les États-Unis ne disposaient pas des moyens militaires pour y faire face. C'est un fait historique que les Britanniques ne réalisèrent jamais les atouts qu'ils avaient en main. Londres était loin, absorbée dans son combat pour sa survie contre Napoléon. Brock, qui avait vu l'avantage de se gagner Tecumseh comme allié, était mort, et le nouveau commandant britannique, le général Henry Proctor, était tout sauf diplomate.

Les combats reprirent le 22 janvier 1813. Proctor surprit des unités américaines sur la rivière Raisin et les mit en déroute. Trois cents Américains furent tués. Après ce désastre, le nouveau commandant de l'armée du nord-ouest des États-Unis, le général William Henry Harrison, gouverneur du territoire de l'Indiana et futur président des États-Unis, fut forcé de se retirer au Fort Stephenson. La voie étant donc libre pour une percée britannique en Ohio, le général Proctor marcha sur Fort Meigs, situé à l'embouchure de la rivière Maumee vers le lac Érié. Son effectif était de cinq cents soldats de l'armée régulière et cinq cents miliciens. Mais il pouvait compter sur Tecumseh et mille deux cents braves. Proctor bombarda le fort pendant quatre jours mais Fort Meigs tint bon. Le général Harrison fut informé qu'un groupe de mille deux cents hommes du Kentucky, sous les ordres du général Green Clay, était en route pour prêter main-forte à la garnison assiégée, et se précipita à leur aide avec ses troupes. Les hommes du Kentucky tombèrent dans un piège savamment posé par Tecumseh avant de pouvoir rejoindre Clay. Six cents miliciens furent tués ou capturés par les Indiens. Le chef shawnee découvrit que ses guerriers avaient commencé à massacrer leurs prisonniers, et intervint rapidement pour sauver de nombreuses vies d'Américains ce 5 mai 1813. Tecumseh fut indigné par l'indifférence de Proctor envers ce massacre, et lui jeta : « Vous n'êtes pas apte à commander, allez-vous-en et habillez-vous en jupons. » Ces mots allaient conduire à une profonde défiance entre le général britannique et le chef indien. Si Brock avait été fin diplomate et brillant stratège, Proctor n'était ni l'un ni l'autre. Il ne considérait Tecumseh que comme un être fruste, un sauvage sanguinaire, infiniment inférieur à sa classe et à son rang. Il fut très explicite là-dessus quand Tecumseh proposa de prendre le fort par la ruse. Devant ses officiers, Proctor hurla au noble chef qu'il ne permettrait jamais que ses soldats soient impliqués « dans ces sournoiseries à l'indienne ». Après cette insulte, Proctor leva le siège. Il dut être stupéfait lorsque la plupart des braves Indiens prirent le large, et que Tecumseh ne fit rien pour les en empêcher. Pour les Shawnee, cette affaire leur avait prouvé l'étendue de son racisme inné. C'était une guerre d'hommes blancs !

Malheureusement le plan grandiose d'une confédération indienne allait être réduit à néant. L'ouverture du drame se joua sur le lac Érié. Après une bataille navale décisive sur le lac, la flotte britannique des Grands Lacs se rendit. Proctor réalisa que, sans protection navale pour sa principale voie de ravitaillement, sa position sur la rive sud du lac Érié était devenue intenable. Tecumseh vola à son aide une dernière fois avec un millier de braves. Mais Proctor, qui n'avait jamais été un chef apte à prendre des décisions audacieuses, décida d'abandonner le front de la rivière, ainsi que Fort Detroit. Il choisit la vallée de la rivière Thames dans la province de l'Ontario pour sa retraite vers la péninsule du Niagara.

Entre-temps, Harrison avait rallié quelque quatre

mille cinq cents hommes, le gouverneur Shelby du Kentucky en avait rassemblé trois mille. Les derniers à se joindre au corps d'Harrison furent ceux qui jouèrent un rôle clé dans le drame qui se préparait. Le colonel Richard Johnson, membre du Congrès, et son frère James, avaient rassemblé sous leur bannière mille combattants contre les Indiens, à cheval, aventureux et impatients de « faire leur affaire à ces maudits Peaux-Rouges ». Le 27 septembre 1813, cette force pénétra en territoire canadien depuis l'île de Middle Sister. Proctor accéléra l'allure, et Harrison se lança sur ses talons.

Abandonner la frontière de Detroit, c'était aussi abandonner les alliés indiens qui avaient toujours combattu aux côtés des Anglais. Tecumseh argua avec le général britannique du fait que ne pas prendre position revenait à concéder virtuellement la perte de tout le territoire du Haut Canada. Il était bien conscient que ses mille braves ne feraient pas le poids dans une bataille ouverte contre les Américains, et qu'il ne pouvait pas retarder leur progression, mais il insista pour que Proctor prenne position, d'abord à la ferme de Matthew Dolson, puis de nouveau à McGregor's Creek, mais le général britannique lui coupa la parole et même plus, l'offensa en lui tournant le dos[1]. Proctor était en fuite et prompt à paniquer. Ce chef étroit d'esprit n'avait jamais considéré ses alliés indiens comme des combattants fiables pendant un affrontement avec une infanterie disciplinée ; de plus, estimait-il, ils n'avaient rien à défendre. Il se trompait sur ces deux points. Les Indiens étaient des guerriers de tout premier ordre, et, en abandonnant leur territoire à un ennemi, ils avaient autant à perdre que les fermiers blancs.

Il arrive un moment où même le meilleur des soldats est écœuré du combat et épuisé par la tension constante. Les compagnies britanniques avaient atteint cette

1. Proctor finit par passer en cour martiale et fut dégradé.

limite. S'y ajoutaient aussi la famine, les tempêtes, la pluie et le gel. « L'armée de Proctor » s'était réduite à quatre cents hommes de l'armée régulière, plus les mille braves de Tecumseh. Le manque d'hommes et de matériel (Proctor avait bêtement abandonné ses canons, sauf un, et toute sa poudre, à Detroit) affaiblissait la détermination du général, sentiment qui se communiqua vite à ses soldats déjà démotivés. De plus, il perdit le contrôle, non seulement sur le déroulement de la campagne, mais aussi sur ses hommes, et la conduite des affaires militaires revenait désormais au lieutenant-colonel Augustus Warburton.

Harrison, sur ses talons, apprit l'effondrement du moral du contingent britannique. Ils fuyaient si vite que « les molosses ne pouvaient même pas les rattraper... », selon la chanson, si vite qu'ils ne détruisaient pas même les ponts derrière eux. Mais pas Tecumseh. Il tendit une embuscade à McGregor's Creek. Ses braves rampèrent et se camouflèrent dans l'obscurité traîtresse des fourrés. La première unité de cavalerie américaine arriva sur la route et pénétra avec précaution dans le torrent. Certains maugréaient contre l'empressement du général à poursuivre l'ennemi. Ils étaient au milieu du cours d'eau quand, de la rive opposée, partit une volée de flèches qui envoya par le fond hommes et chevaux. Les Indiens réussirent à décocher une deuxième volée avant que les survivants ne se retirent sur la rive opposée, laissant des douzaines de cavaliers et de chevaux blessés se noyer. Pour Harrison il ne s'agissait que d'un contre-temps, car le gros de ses troupes attaqua avec tant de détermination et de furie qu'il délogea les braves de leur position sur les rives. Tandis que les Américains étaient dans l'eau jusqu'aux épaules, les Indiens tirèrent une dernière fois avant de disparaître sous les arbres.

Cette nuit-là, Tecumseh se sentit déprimé. Il avait une prémonition. « Que deviendront mes pauvres enfants ? » se lamenta-t-il auprès de son ami Oshawna, chef des Sioux et Chippewa. Assis avec eux autour du feu se trouvait un certain William Caldwell, autrefois capitaine des *Butler's Rangers*, qui commandait désormais sa propre unité de francs-tireurs appelés *Caldwell's Rangers*. Caldwell avait beaucoup d'estime pour les qualités de dirigeant de Tecumseh. Il savait que Proctor ne discutait plus de ses plans de bataille avec les Indiens, et que ces derniers considéraient Proctor comme un lâche, et ses soldats comme des hommes qui avaient perdu l'esprit combatif. Même l'historien officiel britannique partageait cette opinion. « L'infériorité numérique n'était pas le seul problème, écrivit Sir John Fortescue, car les hommes étaient profondément démoralisés. Pendant leur retraite ils se forgèrent la conviction, qui malheureusement se trouva justifiée, que leur commandant était plus préoccupé de la sécurité de sa famille et de ses propriétés que de celle de ses troupes. »

L'hiver canadien n'allait pas tarder. Il faisait froid cette nuit-là, autour des feux de camp des soldats britanniques épuisés. « Pendant combien de temps Proctor peut-il fuir comme ça ? Croyez-moi, Harrison nous forcera à l'affronter avant que nous arrivions à Moravian Mission. » Cela se révéla exact, tôt dans la matinée du 5 octobre 1813.

Harrison avait fini par rattraper les forces en déroute de Proctor. Les Américains étaient considérablement supérieurs en nombre, mais on pouvait facilement remédier à cela en appliquant la tactique d'embuscade de Tecumseh. Le lieu de l'affrontement était bien choisi : une route traversant un champ, avec un petit marécage au milieu, bordé d'un côté par la rivière, de l'autre par un marais encombré de végétation. Les emblèmes nationaux du Canada, les castors, avaient dû ici s'en donner à cœur joie. Ils avaient coupé la moitié d'une forêt et utilisé les troncs pour construire un barrage, qui avait inondé une bonne partie du terrain, ce qui avait considérablement réduit l'espace entre le bois et la rivière.

L'accès limité incita Harrison à ne pas jouer sur sa supériorité numérique. Mais il avait une autre bonne raison de ne pas engager toutes ses forces. Bien que les éclaireurs l'eussent informé de la position des Britanniques, qui bloquaient le passage, ils n'avaient pas réussi à découvrir les mouvements des mille braves de Tecumseh. Harrison en était très inquiet. Cela aurait été folie de sa part d'engager toutes ses unités avant de savoir où se cachaient tous ces « sauvages ». C'est la raison pour laquelle il confia la conduite du premier assaut au colonel Richard Johnson et ses mille fusiliers à cheval. Ils avaient ordre de s'élancer des deux côtés de la route et de déloger les quatre cents soldats britanniques, qui s'étaient déployés sur deux lignes au bord de celle-ci. Proctor avait installé son unique pièce d'artillerie bien en vue, un petit canon en bronze, mais sans munitions !

Le colonel Richard Johnson alla étudier la situation. Il découvrit que le terrain entre la rivière et le petit marécage au centre du champ était trop étroit pour une charge de front de ses mille hommes. Il sépara donc ses forces en deux et confia un bataillon à son frère, le lieutenant-colonel James Johnson, avec l'ordre de frapper les lignes britanniques depuis l'arrière, en faisant longer à son contingent le bord du grand marais qui semblait désert, sous le couvert de la végétation dense.

Au cours de sa longue retraite, Proctor avait à peine adressé la parole à Tecumseh, mais maintenant il avait besoin de lui. Les braves Indiens étaient le seul espoir entre l'ennemi et le désastre. À la faveur de l'obscurité, allié aux *Rangers* de Caldwell, Tecumseh déploya ses hommes en parfaite position d'embuscade, cachés dans les fourrés épais, derrière des troncs d'arbres au bord du marais des castors, à portée d'armes de la force qui devait passer par là pour attaquer la position de blocage des habits rouges de Proctor. Les tirs indiens frapperaient les bataillons de flanc, avec une efficacité à faire pâlir le Grand Manitou, qui ferait plus que rétablir le déséquilibre des forces en présence. Le piège était parfait, les Américains seraient décimés.

Pour les mille braves superbement camouflés au bord du marais, une heure s'écoula et rien ne se passa. Ils avaient bien vu des cavaliers solitaires (Johnson en reconnaissance) mais pas de grandes unités. Seul régnait ce silence si particulier aux forêts et aux lacs. Les braves étaient aussi immobiles que des statues, mais les hommes de Caldwell commençaient à s'agiter, impatients.

Le Destin, ou le Grand Esprit des Vents, intervint alors. Un phénomène naturel, habituel en automne, se produisit alors, qui allait décider de l'issue de la bataille. La nuit avait été caractéristique de la saison. La température avait chuté jusqu'à zéro, et le gel soudain avait paré les arbres d'un magnifique patchwork de couleurs. L'air s'était rapidement refroidi, mais pas l'eau du marais, qui avait gardé une température constante. Le jour se levait dans l'air glacé. Le soleil apparut et commença à chauffer la surface du marais, plus vite que l'air. L'eau s'éleva en volutes de vapeur. Mêlées à l'air froid, elles produisirent un excès d'humidité qui se condensa sur des particules de poussières microscopiques en suspension dans l'atmosphère juste au-dessus du sol. Ceci augmenta de nouveau le degré d'humidité de l'air au-delà du point de saturation, et il se forma instantanément un épais brouillard. Bien que le reste du champ de bataille fût resté relativement dégagé, les braves au bord du marais, pris dans le brouillard, ne voyaient pas à plus d'un mètre et n'auraient pas de cibles sur lesquelles tirer.

C'est précisément cet épais brouillard qui allait créer tant de chaos et causer tant de morts. Les braves plissaient les yeux pour le percer. Ils ne pouvaient que prier le Grand Esprit de leur envoyer du vent pour le disperser.

Mais ce matin d'octobre, le Grand Manitou n'écouta pas ses enfants.

C'est à ce moment que la cavalerie de Johnson déboula dans le champ pour charger les lignes des habits rouges.

Les Américains eurent l'avantage depuis le début. Pendant que les cavaliers de Johnson s'étaient rassemblés pour l'attaque, les Britanniques s'étaient préparés à tirer. Le premier rang s'agenouilla, le second attendit de faire feu par-dessus leurs épaules. Grâce au brouillard, les cinq cents hommes du colonel Johnson avaient réussi à passer sans encombres l'embuscade de Tecumseh. Animés d'une rage encore jamais vue dans cette guerre, ils traversèrent les lignes britanniques et passèrent sur son flanc gauche. La situation, déjà confuse, devint chaotique. La panique se répandit dans les rangs clairsemés de l'infanterie. Les Britanniques tirèrent deux fois, et se rendirent ! Il avait fallu moins de dix minutes pour déloger les habits rouges du champ. Sur les quatre cents soldats britanniques, seuls cinquante hommes du 41$^{e}$ régiment en réchappèrent. Mais tout cela n'était rien comparé à la confusion qui allait régner dans la zone de brouillard au bord du marais.

Tecumseh, qui avait observé la charge de cavalerie de Johnson depuis son poste d'observation dans un arbre, était complètement dégoûté par la couardise des soldats britanniques. Soudain, son attention fut attirée par un mouvement le long du flanc droit. Un second groupe de cavaliers, nombreux, progressait lentement au bord du marais, toujours dissimulé derrière l'épais brouillard. C'était l'unité sous les ordres du frère de Johnson, le lieutenant-colonel James Johnson. Tecumseh vit tout à coup bouger au cœur du brouillard. « C'est trop tôt, attendez ! » voulut-il crier. Mais à cause du bruit de l'affrontement avec les habits rouges, qu'ils entendaient sans voir, les braves n'attendirent pas son signal. Le plus plausible est qu'ils ne voulurent pas être pris pour des couards. Quelle que fut la raison, ils se précipitèrent avec leurs cris de guerre perçants, et, dans le brouillard épais, se jetèrent sur les cinq cents cavaliers de Johnson. Entraînés dans les volutes de brouillard, ces derniers tombèrent de leurs montures. Pris au dépourvu, ils devaient désormais défendre leur vie de leur mieux dans le froid et la brume. Soldats et braves se confondaient dans un combat d'ombres, jusqu'à tuer leurs compagnons. Ils firent usage des crosses de leurs mousquets, de hachettes, gourdins, couteaux de chasse, baïonnettes, bottes et poings nus. Il n'y eut pas de quartier. On entendait la voix de Tecumseh au cœur de la mêlée, qui encourageait ses guerriers. La boucherie était épouvantable, le marais rouge de sang. Ceux qui essayaient de s'enfuir étaient impitoyablement rattrapés et exécutés. Les blessés furent même scalpés vivants. Caldwell, le capitaine des *Rangers*, avait les mains pleines de sang après avoir jeté son mousquet et continué à se battre à la hachette. Soudain Tecumseh émergea de ce corps-à-corps barbare, les bras serrés contre sa poitrine. Quand il vit son ami Caldwell, il ouvrit les bras et montra un énorme trou dans sa poitrine. Le sang en jaillissait comme une fontaine, il avait de l'écume sur les lèvres, sans doute l'effet d'une blessure au poumon. Le grand guerrier s'affaissa lentement. Caldwell ordonna à deux Indiens de s'occuper de leur chef. Ils appliquèrent une poignée de boue sur la blessure pour étancher le flot de sang, puis le ramassèrent et disparurent avec lui dans la brume. On ne revit plus jamais le grand guerrier. Avec la mort de Tecumseh les braves ne perdirent pas seulement un chef, mais aussi leur désir de poursuivre la bataille. Ils disparurent dans le marais et la bataille de la rivière Thames se solda par une victoire américaine [1].

---

1. La guerre traîna encore un an. Après la défaite de Napoléon, les Britanniques renforcèrent leur présence au Canada.

Qui tua Tecumseh ? Cela resta une énigme pour l'Histoire. De nombreuses anecdotes circulent selon lesquelles son corps fut retrouvé, mutilé par les Blancs après la bataille. Il est presque certain qu'aucun Blanc ne revit jamais le corps du chef shawnee.

Tecumseh était le « noble Indien ». Il ne se départit jamais de son but, qui était de protéger la terre de ses ancêtres et de faire de toutes les tribus une seule et même grande famille. La résistance des tribus s'affaiblit après sa mort, et son rêve d'une nation indienne unie fut abandonné à jamais. La plupart des tribus émigrèrent à l'ouest du Mississippi. Il est étrange que des conséquences historiques aussi importantes aient découlé d'une bataille aussi insignifiante. Mais c'est souvent le cas dans l'Histoire. Alors que des hécatombes telles que celles des guerres napoléoniennes décidèrent de peu ou de rien, une rencontre de quelques centaines d'hommes, et un brouillard imprévu décidèrent de la destinée des guerriers des forêts et des plaines de l'Amérique du Nord.

On pourrait argumenter que si Tecumseh avait été victorieux à la rivière Thames, il est peu probable que le cours de l'Histoire en eût été modifié. Avec son opiniâtreté, le colon américain serait revenu, ses intérêts économiques auraient prévalu et les terrains de chasse sacrés auraient été intégrés dans les États-Unis d'Amérique blancs. Tecumseh, le « Météore » (en shawnee) vit dans le cœur de son peuple. Pour les Américains, il est resté un individu au destin des plus énigmatiques, et une figure symbolique de tout premier plan.

Qui [illegible] reste une énigme [illegible] Balzac [illegible] [illegible] dou[illegible] mulâtres [illegible] par [illegible] après [illegible] est une [illegible]

[illegible] égalité [illegible] quelque [illegible] autres [illegible] moins [illegible] fois [illegible] fortes [illegible] [illegible] des [illegible] ensemble [illegible] [illegible] ou [illegible] ont [illegible] la grande [illegible] guerre [illegible] [illegible] d'Amérique du Nord.

On pourrait [illegible] [illegible] [illegible] [illegible] Amérique [illegible] Américains [illegible] [illegible] de tout premier plan.

# 6

# Deux ponts à traverser
## *25 novembre 1812*

« Le plan qui réussit est audacieux, celui qui rate est téméraire. »

Karl von Clausewitz (1780-1831)
*La campagne de 1812 en Russie.*

Saint-Pétersbourg, 1812. « Informez votre empereur de cet avertissement clair et net : dès que la guerre aura commencé, l'un de nous, Napoléon ou moi, Alexandre, devra abandonner sa couronne. » Tels furent les termes du tsar Alexandre I^er^ de Russie devant le comte Caulaincourt, envoyé spécial de l'empereur Napoléon. Son conseil ne fut pas écouté[1].

1. En signant le traité de Tilsit de 1807, la Russie avait accepté de participer au blocus de l'Angleterre par Napoléon. Mais elle ne put poursuivre ses engagements. Son industrie reposait en grande partie sur l'exportation de bois de construction pour les navires (utilisé pour la construction de la flotte anglaise), et l'importation de produits manufacturés, tels que tissus et lainages, impossibles à se procurer autrement. En 1810, le tsar ordonna l'arrêt des importations d'articles de luxe français, et ouvrit en même temps ses ports aux vaisseaux commerciaux britanniques. Une guerre devenait inévitable.

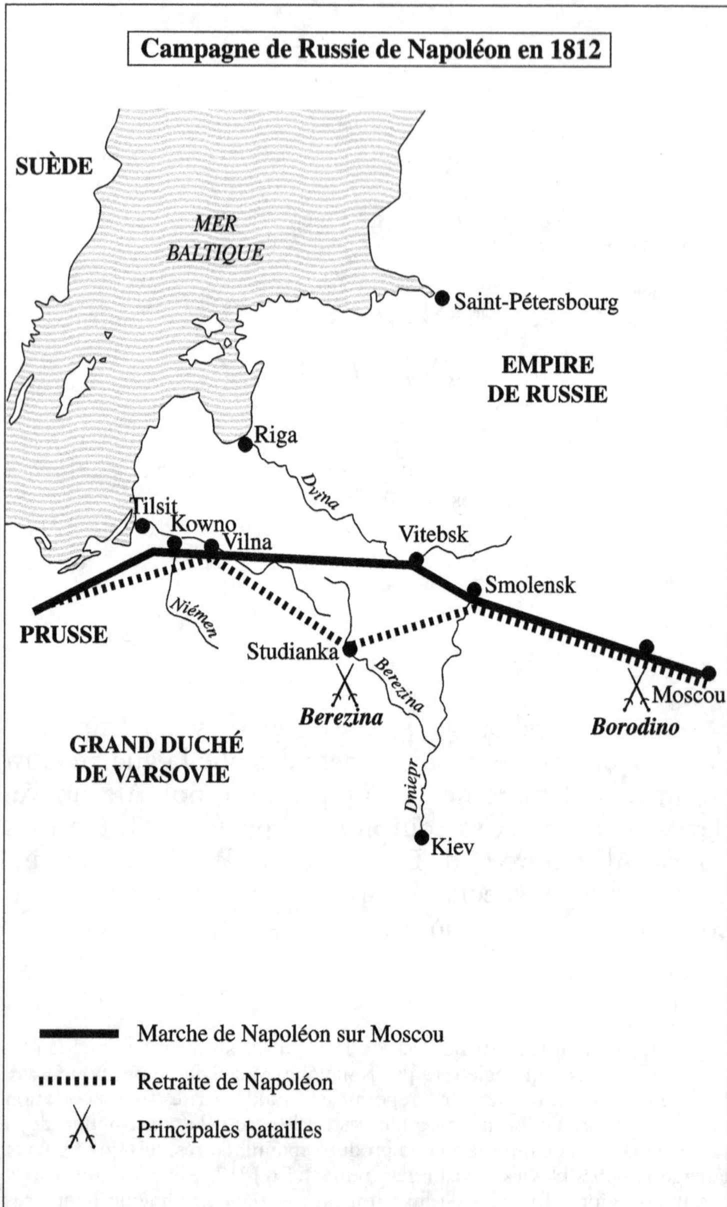
Campagne de Russie de Napoléon en 1812
SUÈDE
MER BALTIQUE
Saint-Pétersbourg
EMPIRE DE RUSSIE
Riga
Dvina
Tilsit
Kowno
Vilna
Vitebsk
Smolensk
Niémen
PRUSSE
Studianka
Berezina
Berezina
Moscou
Borodino
GRAND DUCHÉ DE VARSOVIE
Dniepr
Kiev
Marche de Napoléon sur Moscou
Retraite de Napoléon
Principales batailles

Le matin du 25 juin 1812, le plus puissant envahisseur du monde – quatre cent vingt-trois mille hommes avec mille cent cinquante canons – traversa le Niemen et envahit la Russie. Napoléon se lança ainsi dans un processus de guerre destructrice ; il aurait mieux réussi avec une armée réduite de moitié, mais de meilleure qualité. L'immense armée de 1812 n'était plus la Grande Armée de 1805. Sa force vive était composée des grognards, les soldats de l'armée régulière, mais aussi de nombreux régiments constitués de recrues étrangères dont il était difficile d'estimer la valeur au combat. Ses généraux – à l'exception notable de Murat, Ney et Davout – ne véhiculaient plus l'esprit d'Austerlitz, cette « charge à outrance », ni la rage de se battre et conquérir. Ils étaient jaloux de leurs positions mutuelles à la cour napoléonienne, et du montant des fortunes qu'ils avaient amassées par pillage en une décennie de conquête de l'Europe. Seule l'aura de Napoléon n'était pas ternie, puisqu'il n'avait jamais subi de défaite. Le comte Caulaincourt, avec sa grande expérience de la Russie en tant qu'ambassadeur de la France à Saint-Pétersbourg, essaya d'avertir son empereur :

« Sire, prenez garde à l'immensité des plaines russes et à l'épreuve qu'est l'hiver là-bas. »

Napoléon répondit sèchement : « Caulaincourt, vous vous voyez déjà gelé. Je n'ai aucune intention d'y rester si longtemps. »

Le plan de Napoléon était simple : aller droit sur Moscou et forcer le tsar Alexandre à plier devant ses exigences. Il sépara dans ce but son armée en trois colonnes qui avançaient en parallèle vers la capitale de la Russie. Face aux Français, trois colonnes russes bien loin de faire le poids, commandées par Barclay de Tolly et Bagration. En raison des intrigues à la cour du tsar, Benningsen et Koutousov, les deux meilleurs généraux, avaient été écartés du commandement. Heureusement pour le tsar et la Sainte Mère Russie, le maréchal

Koutousov, le plus dangereux adversaire de Napoléon, était resté conseiller militaire en stratégie.

Koutousov avait déjà affronté Napoléon en 1805. Le lendemain de la débâcle austro-russe d'Austerlitz, l'un de ses officiers avait parlé de l'empereur français en termes méprisants, et Koutousov l'avait remis à sa place : « Jeune homme, avait-il grommelé, qui vous donne le droit de railler l'un des plus grands hommes de l'Histoire ? » Il conseilla au tsar d'utiliser une stratégie de harcèlement constant pour que Napoléon ne puisse saisir l'opportunité d'amener au combat les armées russes moins puissantes. Des escarmouches, des raids éclair lancés par des unités de cavalerie sur les flancs des Français, combinés avec une tactique de la terre brûlée pour que l'adversaire ne puisse ni se nourrir, ni se loger, car les armées napoléoniennes vivaient essentiellement sur les ressources des pays qu'elle occupait. Cette stratégie fut bientôt payante. La fatigue et la faim commencèrent à réduire l'efficacité des Français, les recrues levées de force désertèrent en masse, et les attaques sporadiques ralentirent tant Napoléon qu'il perdit la course pour rattraper la force principale de Barclay à Vilna.

La première d'une série d'erreurs eut lieu dans cette ville. Au lieu de poursuivre avec détermination son ennemi principal, Napoléon, le faiseur de rois, passa quelques semaines à Vilna pour essayer de restaurer un royaume de Pologne qui lui serait acquis. On dit aussi que ce ne fut pas la seule raison de ce retard. Un des membres de la délégation polonaise était une femme d'une exquise beauté nommée Marie Walewska, et l'empereur tomba sous son charme [1]. Il retarda la progression de son armée pour l'amour d'une femme.

Depuis Vilna, la Grande Armée avança sans rencontrer d'opposition. Pour la première fois de sa carrière,

1. Elle lui donna un fils, Alexandre Joseph, qui devint ministre sous Napoléon III.

Napoléon se sentait mal à l'aise, en se remémorant le destin du roi guerrier suédois Charles XII, qui s'était laissé aspirer dans l'immensité russe avant de subir une cuisante défaite à Poltava. Tandis que Napoléon n'arrivait pas à rejoindre Barclay, son frère, Jérôme, ne réussissait pas à engager le combat avec la seconde colonne russe sous les ordres de Bagration. Napoléon lui envoya une note furieuse : « Comment puis-je faire la guerre de cette manière alors que vous compromettez le succès de toute la campagne ? » Il releva Jérôme de son commandement et confia ce dernier au maréchal Davout.

Entre-temps, la Grande Armée avait réussi à s'aliéner tout soutien éventuel que son empereur aurait pu obtenir des serfs russes qui venaient d'être libérés, car tous les villages laissés intacts par l'armée russe en retraite étaient systématiquement pillés, vidés de toute nourriture, exposant ainsi la population à la famine. Malgré cela, les conditions de vie de l'armée de Napoléon étaient devenues précaires. La Russie blanche, l'une des régions agricoles les plus pauvres d'Europe, ne pouvait se permettre de nourrir un demi-million de soldats. L'armée de Napoléon se contenta très vite de bouillie de seigle. Pour les chevaux, c'était encore pire. Napoléon avait violé la règle ancestrale de ne jamais entrer en campagne avant que les récoltes ne fussent prêtes. Plus de cinq cents chariots de fusils et leurs munitions avaient déjà été abandonnés en route, et bientôt une bonne partie de la cavalerie se retrouva sans monture. Pour ajouter à ses soucis, la dysenterie et la fièvre emportèrent des milliers d'hommes, les chevaux mouraient par escadrons entiers et les conscrits jetaient leurs armes pour rentrer chez eux.

Le 27 juillet, près de Vitebsk, Napoléon crut avoir coincé les deux ailes de Barclay de Tolly et Bagration, mais dans une manœuvre magistrale les généraux russes réussirent à s'échapper pendant la nuit. Le lendemain matin, Napoléon fondit sur un camp ennemi abandonné et désert. L'empereur conféra avec ses stratèges en chef, Berthier et Murat, qui lui conseillèrent vivement d'arrêter la campagne, de prendre des quartiers d'hiver précoces à Smolensk, et de poursuivre la campagne au printemps suivant. Napoléon se rangea un certain temps à cette proposition, mais deux jours plus tard il changea d'avis, avec cette observation incisive :

« J'ai trop enrichi mes généraux, ils ne pensent qu'aux plaisirs. Ils ne supportent plus la guerre. » Il voulait détruire les Russes, et trouvait inconcevable que le tsar Alexandre abandonne Smolensk ou même Moscou sans livrer bataille.

Il finit par rattraper les Russes à Smolensk. Il envoya le maréchal Junot de l'autre côté du Dniepr pour couper toute retraite sur la route de Moscou. Mais Junot tergiversa et, après un violent bombardement de deux jours, Napoléon pénétra dans une ville détruite, alors que Barclay avait réussi une fois de plus à lui tirer sa révérence. Avec la chute de Smolensk, Napoléon avait atteint le point de non-retour. Il envoya Ney et Murat chasser les Russes à Valutino, où Barclay les attira dans un piège et causa à ses poursuivants la perte de six mille hommes. Les maréchaux de Napoléon le pressèrent encore de mettre l'armée en quartiers d'hiver. Il refusa de nouveau, surtout après qu'il eut rencontré un émissaire du tsar.

« Pourquoi y a-t-il tant d'églises ? demanda-t-il au comte Balachov.

– Parce que notre peuple est très religieux, sire.

– Allons, plus aujourd'hui. Alors, dites-moi, quelle est la meilleure route pour Moscou ?

– Tous les chemins mènent à Rome, sire. Quant à vous, vous pouvez prendre n'importe quelle route, elle vous mènera à Moscou. Charles XII, le Suédois, a pris celle qui passait par Poltava. »

La menace était claire. Poltava avait marqué la fin de l'aventure suédoise : leur roi avait été vaincu par le tsar Pierre le Grand. Napoléon réalisa alors que son armée pouvait elle aussi disparaître dans l'immensité de la Russie, comme les eaux d'une rivière tumultueuse aspirées par le sable. Bientôt le temps changerait, et que se passerait-il ensuite ? Le temps dicta donc sa décision. Moscou, avec ses promesses de logements confortables et de nourriture en quantité, n'était qu'à quatre cents kilomètres.

« Le danger imminent nous force à avancer vers Moscou. J'ai repoussé toutes les autres options de mes conseillers. »

*25 août*. Le chef d'une troupe de soldats recrutés, l'Allemand Roeder, nota dans son journal : « Une décision a été prise. Nous avançons. Même si l'Empereur atteint Moscou, à moins qu'il ne puisse le premier porter une attaque décisive et mettre l'armée du tsar hors d'état d'agir, il ne pourra pas garder la ville cet hiver. » Ce même jour, le tsar finit par nommer commandant en chef le prince Koutousov, alors âgé de soixante-sept ans, et lui ordonna de prendre position, à l'encontre du conseil du général[1].

*7 septembre 1812, Borodino*. L'armée de Napoléon avait atteint les berges de la Moskova, qui n'était qu'à une journée de cheval de la capitale russe. Elle y trouva l'accès vers la ville bloqué. Koutousov avait bien employé son temps, ses troupes étaient bien retranchées. Derrière un formidable édifice en terre nommé la Grande Redoute, il avait installé vingt-sept pièces d'artillerie lourde. D'autres canons protégeaient cette éminence sur deux collines environnantes, et pouvaient prendre dans un tir croisé mortel n'importe quelle attaque. Derrière les collines, Koutousov avait posté ses cent vingt mille hommes et ses redoutables bataillons de cavalerie cosaque. Le froid de la nuit avait laissé place à un matin gris brumeux. Tandis que le maréchal Koutousov et ses hommes s'agenouillaient pour prier devant une effigie de la Vierge de Kazan, Napoléon, fiévreux,

1. Clausewitz écrivit : « Koutousov ne se serait pas battu à Borodino, où, de toute évidence, il ne s'attendait pas à vaincre. Mais le tsar l'y obligea. »

terrassé par un refroidissement, était assis dans sa tente, la tête entre les mains. Il venait de recevoir la nouvelle selon laquelle l'armée du maréchal Marmont avait été défaite par Wellington à Salamanque, en Espagne.

« Qu'est-ce que la guerre ? se demandait-il. Une tâche de barbares, où tout dépend du fait d'être le plus fort à un moment donné. » Quand le soleil fit son apparition, Napoléon sortit brièvement de sa tente. Son humeur se fit plus légère. « Le soleil d'Austerlitz », constata-t-il. Mais ce n'était pas le cas, le soleil était à l'est, et à l'est, il y avait les Russes. Il étudia les collines devant lui avec sa longue vue, puis se tourna vers son aide de camp, le général Rapp.

« Croyez-vous en notre victoire ?

– Certainement, sire, mais elle sera sanglante...

– Alors, ouvrons les portes de Moscou ! »

Sur ces mots, il donna l'ordre d'attaquer. Craignant que Koutousov, comme Barclay, n'essayât de s'échapper, l'empereur rejeta la suggestion du maréchal Davout d'avancer sur les Russes par une attaque sur leur flanc. Il ordonna au contraire un assaut en plein centre, sur le village de Borodino, couvert par les batteries russes de la Grande Redoute. Les canons tonnèrent. Les bataillons d'élite français s'élancèrent avec leur enthousiasme légendaire, prirent Borodino, puis se précipitèrent vers le sommet de la colline, sur les gueules béantes des canons de la Grande Redoute. Pris par surprise, les Russes, qui n'avaient jamais imaginé un assaut de front, furent délogés de la colline. Le maréchal Davout fut blessé au combat. Le maréchal Ney prit la colline stratégique de « Trois Jets de Flèche » et réduisit sa batterie au silence. Mais l'assaut sur les collines, d'une importance vitale, avait coûté de nombreuses vies et dégarni les bataillons français. Quand ses maréchaux lui demandèrent des renforts et que Napoléon hésita, l'impétueux Ney explosa : « Pourquoi ne retourne-t-il pas aux Tuileries et ne laisse-t-il pas ses généraux s'occuper de la bataille ? »

Koutousov saisit l'opportunité et lança une violente contre-attaque, qui repoussa les Français de la Grande Redoute. Pendant un moment l'issue de la bataille fut incertaine. Napoléon commanda à ses batteries d'envoyer un rideau de feu mortel sur la Grande Redoute, et Murat, assisté efficacement par Ney, conduisit ses cuirassiers dans une folle charge de cavalerie vers le sommet de la colline pour la reprendre. À 3 heures, l'issue de la bataille était décidée. Mais à quel coût ! Presque soixante-quinze mille hommes étaient morts, trois fois plus qu'à Waterloo[1] !

Le moment était venu de chasser les Russes et de les annihiler une fois pour toutes. Napoléon, qui avait toujours la Garde Impériale à sa disposition, refusa de la laisser aller au combat. « Je ne veux pas que ma Garde soit anéantie. Je ne risque pas ma réserve finale à huit cents lieues de la France. Qu'aurais-je pour me battre demain ? »

En 1805, au faîte de sa gloire, il n'aurait jamais hésité à prendre une décision audacieuse. Mais il hésita à Borodino. Ainsi Koutousov et ses Russes, lourdement éprouvés mais toujours combatifs, réussirent à quitter les lieux. Ce fut Murat qui résuma le mieux l'état d'esprit de tous ce jour-là : « Je ne reconnais plus le génie de l'Empereur. »

Borodino fut une victoire à la Pyrrhus, et Napoléon y perdit la campagne de Russie.

Au lendemain de Borodino, un prisonnier russe mit Napoléon en garde : « Sire, dans un mois, notre froid fera tomber vos ongles. » À son regret, l'Empereur ne prêta pas attention à ces paroles prophétiques. Il envoya Murat avec sa cavalerie pour entrer dans Moscou. Ils ne rencontrèrent plus d'opposition. Koutousov avait pris sa décision. « Tant que l'armée russe existera, nous garderons l'espoir de l'arrêter. Mais si l'armée est détruite, non

1. Pertes de Borodino : 28 000 Français et 45 000 Russes.

seulement Moscou, mais également toute la Russie périront. »

Si Napoléon avait cru qu'avec Moscou il avait capturé le cœur de la Russie, il fut amèrement déçu. Le vainqueur se dirigeait vers la ville, s'attendant à ce qu'une délégation de boyards vienne implorer la paix. Au lieu de cela, il découvrit les tours du Kremlin dans une mer de flammes. Rostopchine, le gouverneur de Moscou, avait ordonné que l'on évacue la population et que l'on mette le feu à la ville[1]. Napoléon avait conquis des ruines fumantes : plus de quartiers d'hiver ni de nourriture pour ses hommes affaiblis. Quand les flammes léchèrent le Kremlin et menacèrent son magasin de poudre, Napoléon fut obligé de quitter la résidence du tsar et de bivouaquer avec ses forces à l'extérieur de la ville.

L'empereur avait perdu la moitié de son armée. Et il se retrouvait devant la perspective d'un hiver qui approchait à grands pas, sans logements pour ses troupes, sans fourrage pour ses chevaux, sans pain pour ses hommes. Octobre était là, et la situation empirait de jour en jour. Il savait qu'un hivernage dans un Moscou stérile conduirait au désastre. C'est la raison pour laquelle il envoya une lettre au tsar, lui offrant la paix. Son offre resta sans réponse.

Le problème du tsar était de s'accrocher à son pouvoir. Montrer de la faiblesse, c'était perdre sa couronne. « La Russie est perdue, à moins d'un miracle », se lamentait-il auprès de son conseiller. Mais il était presque trop tard pour un miracle. Les Français étaient dans Moscou, c'était un fait. Le tsar ne voyait pas la chose sur laquelle comptait tant son compétent maréchal : un changement du temps.

1. On ne sait pas avec exactitude comment et quand le grand incendie a commencé. Certains historiens affirment que c'est le lendemain de l'arrivée des premières unités françaises à Moscou. Ce sont peut-être les Français qui l'ont causé par accident.

Koutousov avait été affaibli quand il avait perdu une grande partie de son armée, mais en tant que Russe il pouvait toujours compter sur un fidèle allié : « le général Hiver ». Cet allié éternel de la Sainte Mère Russie arriverait bientôt : après octobre vient immanquablement novembre. Koutousov, le vieux renard, mit à profit cette attente pour échafauder un plan génial. En déployant ses troupes sur le plus court chemin d'une retraite française prévisible, il pouvait forcer Napoléon à repartir par la route qu'il avait empruntée pour l'invasion, plus au nord. Une route traversant des campagnes désolées, sans espoir d'y trouver nourriture pour les hommes ou grain pour les chevaux.

Le 19 octobre 1812, Napoléon se retira de Moscou. Puis un incident et la météo se mirent de la partie.

*20 octobre*. Une estafette en provenance de Saint-Pétersbourg fit irruption dans le camp de Koutousov. L'ordre du tsar était on ne peut plus précis. « Attaquez Napoléon ! » Mais cette fois, le vieux maréchal refusa d'obéir à son monarque. Il savait ce que l'hiver russe pouvait faire à un ennemi qui se retirait.

Quatre jours après que Koutousov eut reçu du tsar l'ordre d'attaquer immédiatement, les éclaireurs russes du général Doctourov, en reconnaissance au sud-ouest de Moscou, repérèrent une colonne française, et l'identifièrent à tort comme un petit détachement à la recherche de provisions. En fait, Napoléon avait pris la direction du sud-ouest, ayant choisi la route la plus courte pour la Pologne, et les Russes étaient donc tombés sur son avant-garde, conduite par Eugène de Beauharnais. Doctourov découvrit très vite qu'il n'était pas en position d'affronter la force principale de Napoléon. Il installa ses quatre-vingt-quatre canons et plaça ses douze mille hommes dans les environs de Maloyaroslavets, à quelque cinquante kilomètres de Moscou, pour bloquer la retraite de la Grande Armée. Le

24 octobre se déclencha une bataille au cours de laquelle les Russes perdirent six mille hommes et les Français cinq mille, tandis que la ville était prise et abandonnée à la suite de cinq assauts consécutifs. Une charge française à la baïonnette décida de l'issue de la bataille. Koutousov arriva trop tard avec le gros de ses troupes et choisit de ne pas engager Napoléon dans un combat d'arrière-garde, mais il laissa derrière lui de quoi le bloquer.

Maloyaroslavets était une victoire française, mais de la pire facture. Napoléon était pressé. Avec l'hiver qui approchait, il ne pouvait se permettre de perdre du temps à se frayer un passage à travers les bataillons de Koutousov, qu'il pensait – à raison – postés tout le long de la route du sud. Cela le poussa à décider de conduire son armée sur la route du nord, plus longue mais plus sûre, en passant par Mozhaïsk et Smolensk. Exactement ce que Koutousov souhaitait qu'il fît.

Pour les Français, la situation devenait précaire. Napoléon quitta la ville avec cent huit mille hommes et cinq cent soixante-neuf canons, mais sans nourriture ni provisions. Ils partirent en espérant se ravitailler en route. Mais il n'y avait rien à grappiller, après les pillages de leur campagne d'été. La faim taraudait les soldats français, et des raids conséquents pour s'approvisionner étaient rendus impossibles par les patrouilles cosaques qui tuaient quiconque s'éloignait du gros de la troupe.

Les derniers jours d'octobre furent clairs, les nuits froides. La température descendit en dessous de zéro, les Français n'étaient pas préparés à cela. Napoléon, qui n'avait pas escompté passer l'hiver en Russie, avait laissé ses armées y pénétrer en tenue d'été. Quand le soleil se cacha derrière d'épais nuages et que la neige fit son apparition, la vraie souffrance commença. Le vent poussait de gros nuages de neige épaisse à travers les plaines, les chevaux et les hommes s'y enfonçaient, et les poteaux plantés pour indiquer la route ne se voyaient plus dans la tempête. Les hommes affamés et exténués se traînaient, la peur des cosaques au ventre. La température continuait à chuter sous le vent mordant. Les hommes souffraient de gelures et se protégeaient les pieds et le visage avec de la toile de sac.

« Il fait si froid que les corbeaux tombent du ciel complètement gelés, écrivit un grenadier dans son journal, nos narines et nos bouches sont pleines de glace, et les aiguilles de glace que le vent nous souffle à la figure nous rendent aveugles. Priez pour nous, car demain il sera peut-être trop tard et personne ne sait ce qui nous attend. »

Les soldats de la Grande Armée cahotaient dans un paysage dévasté. Beaucoup se servaient de leur fusil comme béquille. La colonne sans fin signalait vite son passage par de nombreux cadavres. L'armée avait perdu sa fierté. Les Cosaques pourchassaient impitoyablement ce qui en restait sur de petits poneys sibériens trapus accoutumés au froid mordant. Tout traînard rattrapé par ces terribles cavaliers était déshabillé et forcé à avancer, aiguillonné par les pointes des lances, jusqu'à ce qu'il tombe raide mort. D'autres étaient aspergés d'eau, attachés aux arbres et laissés là jusqu'à ce qu'ils gèlent. Les Français étaient encore très loin de Smolensk où ils espéraient trouver nourriture et couvert.

Le 10 novembre, cette « Armée de fantômes » y pénétra enfin. Mais une énorme erreur des intendants militaires la priva de nourriture, vêtements et munitions. Les unités de réserve avaient tout mangé, les vêtements d'hiver n'avaient jamais été commandés, et la poudre laissée dehors était devenue inutilisable. Une chose devint désespérément claire : il était hors de question de passer l'hiver dans cette ville exsangue, sans communications avec la France. Des rapports arrivaient, indiquant des concentrations de troupes russes, tant régulières qu'irrégulières (des partisans) sur la route du retour. Cinq jours plus tard, Napoléon ordonna que la retraite se poursuive vers l'ouest. Il fallait atteindre les États vassaux de la France en Allemagne, avant que le vrai froid russe ne leur tombe dessus.

Amputée après plusieurs affrontements, ou perdue dans les neiges de Smolensk, l'armée de Napoléon s'était réduite d'un demi-million à cinquante mille hommes. L'Empereur les prit personnellement en charge. Il fit brûler les chariots et atteler les chevaux rescapés aux quelques pièces d'artillerie qui lui restaient.

Le 14 novembre, Koutousov attendait Napoléon à Krasnoï. L'Empereur engagea les bataillons de sa Garde, jusque-là préservée, qui se précipita sur les lignes cosaques comme « une centaine de canonnières fondant sur une flotte de pêche », selon les termes du général russe Davidov.

Le 25 novembre, ce qui restait de l'armée napoléonienne atteignit les berges d'une large rivière, la Berezina, qui charriait des plaques de glace. C'était ici qu'attendait Koutousov, près du village de Studianka, au nord de Borizov. L'unique pont au-dessus des flots rapides et glacés avait été brûlé par les Cosaques, et l'eau était trop haute pour que l'on puisse traverser à gué. Un site parfait pour anéantir Napoléon. Une rivière impossible à franchir : les Russes étaient en position de mettre un terme une fois pour toutes au mythe de l'invincibilité du parvenu corse.

« La fin de Napoléon est irrévocablement écrite, c'est ici, dans les eaux glacées de la Berezina, que ce météore sera désamorcé », assura le général russe à ses troupes.

Napoléon était pris au piège. Une rivière infranchissable, des canons russes derrière lui et sur la rive opposée, une armée affamée et gelée en pleine débandade. Pour la première fois de sa brillante carrière, tous les éléments du désastre étaient rassemblés. Mais le pire à venir, c'était la météo.

Près du village de Studianka, Napoléon ordonna au général Eblé, commandant du génie, de construire deux ponts au-dessus des eaux glacées. La tâche était presque impossible pour ses sapeurs. Cependant, dans une preuve d'absolu dévouement à leur empereur, trois cents hommes du génie obéirent à son ordre. Faisant preuve d'un héroïsme inégalé qui confinait au pur suicide, ils bravèrent les eaux glacées et amarrèrent des piliers en bois qu'ils attachèrent ensemble avec des cordes. Les tabliers des ponts furent confectionnés avec les planches des chariots et celles arrachées aux murs de cabanes en rondins. Ces trois cents hommes se sacrifièrent (la plupart moururent gelés), car ils durent rester dans l'eau jusqu'au cou, au milieu des blocs de glace et des tirs de canon sporadiques. Ils travaillèrent la nuit à la lueur des torches. De fragiles structures en bois prirent forme, et le 26 novembre à la mi-journée, deux ponts enjambaient la rivière, exploit incroyable étant donné les moyens et les techniques de l'époque[1].

Ce même jour, une tempête de neige se déclara dans toute la vallée de la Berezina. Tous les balisages disparurent et le sol fut recouvert d'une couche de neige si épaisse que les pièces d'artillerie lourde s'enfonçaient jusqu'aux essieux. Mais cette tempête offrit aux Français un répit inespéré. Par un temps pareil, même la cavalerie russe ne pouvait lancer une offensive. Un grand nombre de Français, avec leur artillerie, réussit à traverser les ponts engorgés. L'opération se déroulait au compte-gouttes, environ cinq cents hommes à l'heure, car les ponts s'effondraient fréquemment et avaient besoin d'être consolidés en permanence. Le passage des chariots de matériel et des canons ralentit encore le passage. Le 27 novembre, d'autres Français réussirent à traverser, mais les structures avaient été si éprouvées que le passage devenait périlleux. Sous les coups de boutoir incessants des blocs de glace qui heurtaient les piliers et les milliers de pas, les ponts lâchèrent deux fois. Les hommes et les chevaux furent précipités dans les flots, mais, chaque fois, de nouveaux sapeurs plongeaient

1. Cent trente ans plus tard, les unités de panzers allemands qui atteignirent le site en trouvèrent les vestiges.

dans les eaux glacées pour les réparer avant de trouver une mort certaine.

Dans l'après-midi du 28 novembre, le vent qui avait fait tourbillonner des nuages de neige, et privé ainsi de toute visibilité les canonniers russes, tomba soudain, l'air fut de nouveau limpide. Les troupes de réserve du général Oudinot avaient alors terminé leur traversée. Il ne restait sur la rive opposée que le corps d'arrière-garde de Victor, qui protégeait l'énorme masse des traînards. Ce fut à ce moment qu'apparurent sur les hautes rives du cours d'eau les unités avancées de Koutousov sous les ordres du général Wittgenstein. Les boulets de canon commencèrent à frapper l'eau, les ponts en bois et les hommes. Les retardataires français, surpris à l'approche des ponts, paniquèrent devant la dévastation causée par ce bombardement au milieu de la foule. Les bataillons cosaques s'élancèrent vers les ponts encombrés et poussèrent bon nombre de Français à l'eau, où ils furent balayés par le violent courant ou écrasés entre les plaques de glace qui dérivaient. Très peu réussirent à traverser, et ceux qui se hissèrent, trempés, sur les berges se transformèrent en blocs de glace en quelques minutes.

Pendant que ce massacre se déroulait, un nouveau danger survint sous la forme d'un corps russe commandé par l'amiral Chitchganov, qui était tombé sur Napoléon par inadvertance sur l'autre rive de la Berezina. Les batteries de Napoléon furent sans égards pour les Russes, le champ qui descendait vers la rivière fut jonché de milliers de cadavres. Au même moment, la pression augmentait sur le corps de Victor sur l'autre rive, et les ponts furent rendus impraticables par des tirs de canon nourris de l'artillerie de Wittgenstein. Les tirs cessèrent soudain et la cavalerie de ce dernier s'élança en direction des ponts. Les Français qui restaient se précipitèrent en désordre pour traverser, glissant sur les planches brillantes de glace, tentant désespérément d'échapper aux lances des Cosaques. Ce fut alors que se produisit une chose terrible : devant eux, les ponts s'embrasèrent.

Napoléon était face à un terrible dilemme. Pour sauver ce qui pouvait l'être encore, il avait ordonné au général Eblé, chef de ses sapeurs, de mettre le feu aux ponts. Au même moment, il avait envoyé un message au maréchal Victor, lui enjoignant de sauver sa brave cavalerie en lui faisant traverser les flots tumultueux. Les cuirassiers poussèrent leurs montures dans l'eau et s'accrochèrent à leurs selles. Certains réussirent, mais la majorité échoua, entraînée au fond à cause des lourdes plaques d'acier des uniformes. Cette fuite ultime laissa des milliers d'hommes face à leur destin sur la rive opposée, où les Cosaques les chassèrent et les exterminèrent. (Après le dégel du printemps, les paysans russes retrouvèrent les corps de trente-six mille Français exécutés.)

Que les Français aient réussi à sauver quelque chose de ce désastre illustre le sacrifice des soldats du génie et les qualités de commandement de Napoléon. Là où d'autres chefs auraient échoué, ce dernier y a peut-être gagné sa plus grande bataille personnelle. Il avait sauvé une partie de ses forces. Mais quelles forces ! Le 29 novembre, l'Empereur envoya une dépêche à Paris : « Notre armée n'est pas bien belle à voir aujourd'hui. » Le marquis de Chambray fut plus emphatique : « La carrière de la Grande Armée, cette force qui a fait trembler l'Europe pendant deux décennies, s'est achevée sur les rives de la Berezina. Elle a cessé d'exister, au sens militaire du terme, son seul salut maintenant réside dans une fuite à corps perdu. »

Le pire était encore à venir. On qualifiait souvent la Russie de « Marmite du Temps », car elle démontrait la force de la nature et la vulnérabilité de l'homme. L'armée s'enferrait dans le monde implacable de l'hiver russe. Début décembre, un vent hurlant déferla dans les vastes plaines et la température chuta jusqu'à moins trente-deux. Ces courants de vent glacé frappaient les hommes de plein fouet. Ils paniquèrent d'abord, puis se résignèrent. Leur condition physique se détériorait, leur vision aussi, les gelures mordaient sur tout le corps. Le phénomène des « mirages d'hiver » ajouta encore aux pertes. Des poteaux en bois destinés à indiquer le chemin conduisaient droit dans d'énormes congères. Beaucoup commencèrent à souffrir d'hallucinations causées par le froid. Une catastrophe influa aussi grandement sur le moral des troupes. Dans l'armée napoléonienne, on utilisait des sortes d'agrafes accrochées à des boutons pour fixer le pantalon à la veste de l'uniforme. Dans le froid extrême, ces boutons devenaient friables et se désagrégeaient. Les soldats se retrouvaient avec le pantalon aux chevilles. S'y ajoutait la torture des vestes qui ne fermaient plus, causant des crampes d'estomac, la diarrhée, puis la mort.

C'étaient désormais des fantômes hagards qui progressaient au cœur de ce froid démoniaque, tout en se demandant pourquoi ils continuaient à avancer. Mais quand ils regardaient sur les bas-côtés de la route, ils y voyaient alors les traces sinistres de tous ceux qui avaient renoncé. Leurs camarades infortunés avaient vu des poteaux là où il n'y en avait pas, et s'étaient aventurés dans l'étendue blanche. Le chemin de la retraite était balisé par les corps raidis étendus dans la neige. S'ils trébuchaient, ils se relevaient tant bien que mal et repartaient en vacillant. Les survivants savaient qu'ils devaient marcher ou mourir. La neige, constituée de particules de glace, ne durcissait pas. À chaque pas, on s'enfonçait comme dans du sable fin, le visage piqueté de milliers d'aiguilles glacées. Impossible de détourner la tête des morsures du vent, car il fallait garder les yeux mi-clos rivés sur la silhouette de celui qui vous précédait, seul repère dans l'immensité, grognards de la Vieille Garde et jeunes recrues logés à la même enseigne. Si les jeunes étaient plus robustes, les plus âgés tenaient grâce à leur détermination. Leurs barbes étaient gelées, ils avançaient, bras ballants, incapables de soulever un fusil, bouche bée pour réussir à respirer. Ils sentaient le froid monter lentement dans leur corps. Encore un jour et une nuit, et ils seraient ravagés par les gelures. Quand ils réussissaient à trouver un abri pour la nuit, ils se serraient les uns contre les autres pour se réchauffer et découvraient souvent le matin qu'ils étaient allongés parmi des cadavres.

Le 4 décembre, les vestiges de l'armée pénétrèrent dans Smorgoni, près de Vilma. L'Empereur convoqua ses commandants.

« Je dois sauver ce qui peut l'être, et je ne peux le faire que de Paris. »

Sur ces mots, il délégua le commandement au prince Murat et fit ses adieux à ses généraux. Il partit pour Paris, accompagné de son ambassadeur, le comte Caulaincourt.

« Tout le monde devrait considérer les Russes comme un fléau, confia-t-il au comte, et la guerre contre la Russie est dans l'intérêt de la vieille Europe... » Il ajouta après une pause : « ... et de la civilisation. » Le 18 décembre, à la nuit, c'est un Napoléon vaincu qui entra dans Paris en passant sous l'Arc de triomphe, construit sur ses ordres pour célébrer la gloire d'Austerlitz. Le reste de son armée peinait dans le silence infini des forêts brillantes de glace. Beaucoup s'asseyaient dans la neige profonde et attendaient la fin, d'autres se pelotonnaient sous une couverture, sachant très bien que le lendemain ils seraient ensevelis dans un tombeau de neige. Aucun ne fut enterré. Ils restèrent dans les champs et les forêts, jusqu'au dégel, où ils servirent de nourriture à des milliers de corbeaux.

Le 13 décembre, un grand nombre de soldats en déroute et d'hommes de la cavalerie sans chevaux entrèrent dans la ville frontière de Kowno. Il devint très vite évident pour l'intendant militaire qu'il était hors de question d'envisager une distribution de nourriture organisée pour ces hommes à demi fous. Quand il essaya de mettre en place un centre de distribution, ses gardes furent écartés. Les hordes affamées se précipitèrent, pillèrent et se bourrèrent de nourriture jusqu'à vomir. Le pire sort échut à ceux qui éventrèrent les sacs de farine pour la dévorer à pleines mains et s'étouffèrent avec. Pour une raison inconnue, des soldats lancèrent leurs torches dans des barils d'huile et mirent le feu à l'entrepôt, privant ainsi les retardataires de toute nourriture. Mais ce n'était que le début. En fin d'après-midi, des maraudeurs repérèrent une cave remplie de centaines de tonneaux de cognac. Ils les mirent en perce, versèrent l'alcool dans des seaux et se saoulèrent à outrance. D'autres se contentaient de s'installer sous le robinet du tonneau et de laisser le liquide leur couler dans la bouche. Ensuite ils sortirent, trébuchèrent contre les congères et se retrouvèrent à cuver par terre. Tous ceux qui avaient des vêtements encore en bon état étaient déshabillés et laissés tels quels, à mourir gelés. Après avoir échappé aux Cosaques, ils furent condamnés à mourir de froid par leurs propres compagnons.

Vers minuit, une troïka qui transportait un coffre rempli d'or français arriva sous escorte. Les coffres et sacs furent déchargés au milieu de la place principale de la ville, entourés d'une garde armée. Mais la nuit était si froide que les gardes commencèrent à déambuler pour ne pas se geler les pieds, et pour tenter de grappiller quelque chose pour eux-mêmes. Il ne resta que peu d'hommes de garde et il ne fallut pas longtemps pour que le tas de sacs soit repéré par la cohue. Les gardes réussirent un certain temps à maintenir un semblant d'ordre avec leurs mousquets et baïonnettes. Les soldats en haillons s'amassaient autour des sacs quand des cris retentirent depuis l'entrée de la ville, et qu'on entendit le hurlement : « Les Cosaques ! » Les hommes commencèrent à courir en tous sens, cherchant à atteindre le pont sur le Niemen pour trouver refuge sur la rive opposée. Dans la confusion certains soldats, plutôt que d'affronter les Cosaques, débordèrent les gardes du trésor, les poignardèrent et fourrèrent autant d'or dans leurs poches que leur tissu usé jusqu'à la corde le permettait. Possédés par l'avidité, ils se mirent à s'entretuer. La fusillade approchait et les premiers Cosaques apparurent, sabre au poing. Comme le pont sur le Niemen était complètement encombré, de nombreux voleurs essayèrent de traverser le fleuve couvert de glaces flottantes. La plupart se noyèrent, entraînés au fond par l'or qui était dans leurs poches.

Ainsi périrent sans honneur les survivants de la Grande Armée.

« Ce n'est plus possible d'être aux ordres d'un fou », écrivit un Murat désillusionné dans son journal secret après qu'il eut atteint le refuge sûr de Gumbinnen dans l'est de la Prusse.

Le maréchal Berthier, chef d'état-major de Napoléon, dut se résoudre à ce compte rendu : « La totalité de l'armée est démantelée, y compris les quatre cents hommes qui sont tout ce qui reste de la Garde Impériale. Vingt-cinq degrés en dessous de zéro et une épaisse couche de neige au sol sont la cause de l'état désastreux de l'armée, qui n'existe plus. »

Napoléon écrivit pendant son exil à Sainte-Hélène : « La plus terrible de toutes mes batailles fut celle de Moscou. »

Le lendemain de la débâcle de la Berezina, le maréchal Ney envoya une courte note à sa femme : « Ce qui reste de l'armée marche en désordre. Ce n'est plus qu'une masse sans but, affamée et fiévreuse. Je couvre leur retraite. Plutôt que les balles russes, ce sont le "général Famine" et le "général Hiver" qui ont conquis la Grande Armée. » Trois semaines plus tard – le 14 décembre –, le même maréchal Ney conduisit l'arrière-garde au-delà du Niemen. Il disposait à peine de mille hommes en état de se battre.

Napoléon n'avait pas écouté les conseils des sages qui l'entouraient.

« Le général Hiver » avait fait le reste.

Un sourire ironique avait traversé le visage du prince de Talleyrand, éternel faiseur de rois qui échappa à la guillotine, servit quatre monarques et les trahit tous, quand il avait déclaré, après avoir lu la dépêche de Napoléon envoyée depuis les étendues glacées de la Russie : « C'est le commencement de la fin. »

Les survivants chanceux finirent par regagner Paris, en petits groupes, à la faveur de l'obscurité. Peut-être avaient-ils honte d'être encore en vie. « Ce fut le fantôme de la Grande Armée qui revint, écrivit le comte Philippe de Ségur. Et malgré tout, ils eurent le sentiment d'avoir été vaincus par la seule nature. »

Bien qu'il n'eût perdu aucune bataille de toute la campagne, l'invasion de la Russie par Napoléon s'avéra sa défaite la plus magistrale. Sa retraite de Russie déclencha des révoltes contre son régime d'oppression sur tout un continent. Quelques mois plus tard, quand il s'engagea dans sa plus grande bataille, à Leipzig, qui resterait dans l'Histoire comme « la Bataille des Nations », il ne se battait plus contre les Autrichiens ou les Russes, mais contre toute l'Europe.

La suite appartient à l'Histoire.

Une histoire qui allait se répéter précisément de la même manière, le long des mêmes routes et dans les mêmes villages, forêts et champs, conduite par un autre homme qui croyait pouvoir combattre une ennemi et les éléments, et qui n'avait pas bien suivi ses cours d'histoire.

Un « Napoléon avec un téléphone et un panzer ».

Cet événement eut lieu cent vingt-neuf ans après que le grand Napoléon eut traversé le Niemen et commencé sa progression funeste en Russie.

« Si la destruction de l'armée de Napoléon fut plus radicale qu'on ne l'aurait pensé, ce n'est pas faute d'avoir pénétré trop loin, mais cela tient à la période tardive durant laquelle a démarré la campagne, aux vies sacrifiées pour des questions de tactique, au manque de rigueur de l'intendance et, en dernier lieu, à son départ retardé de Moscou. » Karl von Clausewitz.

# 7

# La grande famine de la pomme de terre

## *septembre 1845-juillet 1849*

« La puanteur de la famine
Est tapie dans les buissons
Des tristes haies celtes. »

Desmond Egan.

En novembre 1844, le gouvernement britannique du Premier ministre sir Robert Peel fut informé qu'une maladie d'origine inconnue avait attaqué et détruit la majeure partie de la récolte de pommes de terre des États-Unis. Le rapport fut classé sans suite comme « la rouille de la pomme de terre américaine ».

Au milieu de l'été de 1845, la récolte de pommes de terre en Irlande promettait d'être très généreuse. Le temps avait été idéal, chaud et sec. À la mi-juillet, le *Freeman's Journal* était enthousiaste : « La richesse du pauvre, la pomme de terre, n'a jamais été aussi abondante. »

Mais les caprices du temps irlandais sont bien connus. Il pouvait faire grand soleil un jour, on sortait en chemise, et le lendemain, Dublin se réveillait au cœur d'un brouillard épais. La température chutait, il faisait froid et on ne voyait plus qu'à quelques mètres devant soi. Les gens essayaient péniblement de trouver leur chemin pour aller travailler, tout en chassant de leur esprit le malaise qui les envahissait. Que s'était-il donc passé ? On était en juillet, pas en février !

Les gens n'étaient plus des gens mais des silhouettes perdues dans le néant, qui rasaient les murs. Les Dublinois n'avaient pas été prévenus et durent se débrouiller tant bien que mal. Ils stockèrent du charbon chez eux pour chauffer leurs logements. Puis les pluies arrivèrent, du matin au soir, interminables.

La situation n'était pas meilleure à la campagne. Il pleuvait sur Galway, Kerry, Limerick et Donegal. Un déluge biblique, trois longues semaines de froid, de brouillard et d'averses. L'été 1845 était décidément inhabituel pour le fermier irlandais. Ses champs étaient gorgés d'eau, ses bêtes se noyaient et sa maison était inondée. Une situation irréelle dans un monde devenu fou.

Mais plus encore que les conditions de vie difficiles qu'il imposait à la population, le temps s'attaqua au plant de pomme de terre. Et cette dernière n'était pas protégée contre la pourriture, on ne découvrira comment y remédier que soixante-dix ans plus tard. Le monde scientifique de l'époque était impuissant. Le Dr John Lindley, autorité en la matière et professeur de botanique à l'université de Londres, déclara : « Une maladie terrifiante est apparue dans les plantations de pommes de terre irlandaises. Il n'y a pas de remède. Une grande calamité s'est abattue sur nous, et nous devons la supporter. »

Le 13 septembre 1845, l'article du Dr Lindley apparut dans la bible de l'agriculture, le *Gardener's Chronicle and Horticultural Gazette*. On y trouvait ceci : « Nous sommes au regret d'annoncer que le murrain de la pomme de terre s'est indiscutablement déclaré en

Irlande. Où ira ce pays si une pourriture généralisée de la pomme de terre se déclare ? »

Le journal n'imprima pas ce qu'il ne savait pas : ce n'était que le début des problèmes. Il s'était déjà produit plus d'une vingtaine de mauvaises récoltes par le passé, à cause du gel ou de la rouille, mais aucune ne fut aussi sévère que celle qui frappa l'Irlande à l'automne 1845.

Le coupable était un petit spore qui étranglait le plant de pomme de terre. Ce qui était tristement clair pour tous, c'était qu'avec ce changement de climat il n'y aurait pas de récolte faramineuse cette année-là. L'Irlande dépendait de la pomme de terre. Une année de mauvaises récoltes, et le petit peuple mourrait de faim avant le printemps, c'était certain. Pour la plupart, les gens se retrouvèrent avec une misérable réserve, pour un mois tout au plus, mais pas assez pour passer l'hiver. Les villageois savaient que des temps difficiles les attendaient. Pour tous, sauf les propriétaires terriens, car dès que les choses tournaient mal, ceux-ci prenaient le bateau pour aller se réfugier en Angleterre.

Avec le succès des guerres contre Napoléon, l'Empire britannique était devenu la plus grande puissance du monde, imposant sa *Pax Britannica* sur tous ses vastes dominions. Les plus opprimés étaient ses voisins des îles d'Émeraude. Les Anglais possédaient la terre, les Irlandais la travaillaient. Les propriétaires anglais imposaient leur loi, les paysans irlandais la subissaient.

Les relations entre propriétaires et métayers relevaient du cercle vicieux. Non seulement ces derniers manquaient d'argent pour augmenter la productivité, mais encore, comme ils étaient certains de voir leur fermage augmenté si sa production devenait plus abondante, ils se gardaient bien d'essayer d'améliorer la qualité de leurs « patates ». S'il y avait une succession de bonnes récoltes, le propriétaire augmentait immédiatement le fermage, puis refusait de le baisser par la suite, parce qu'il trouvait des plus désagréables d'amputer un revenu auquel il s'était habitué.

Le métayer, qui travaillait une parcelle trop petite pour subvenir aux besoins de sa famille, devait en général chercher du travail à l'extérieur pour payer son fermage. Ce combat permanent pour survivre rendait ces malheureux apathiques. D'indolents, ils devenaient ivrognes, leurs femmes se négligeaient peu à peu, et leurs enfants étaient pâles et chétifs. Ils retournaient sans cesse le couteau dans la plaie en mettant leur misère sur le compte de l'usurpateur anglais. Si un métayer se faisait expulser parce qu'il était mauvais payeur, cette réputation le suivait et il ne retrouvait jamais d'autre fermage. Il lui restait l'option de l'émigration, mais il n'avait pas les moyens de payer le voyage pour lui et sa famille.

Une population rurale, pauvre et découragée, opprimée par des propriétaires ne pensant qu'au profit, et non pas à améliorer leurs récoltes ; l'instabilité des conditions atmosphériques irlandaises, tous ces facteurs concouraient à annoncer un désastre prévisible. Planter des variétés différentes aurait été la précaution à prendre, mais le sens commun était oublié quand on touchait au profit. Ainsi l'Irlande ne disposait que d'une seule variété, et si celle-ci venait à pourrir, sa population était condamnée. Les premiers signes ne se firent pas attendre. En octobre 1845, le *Freeman's Journal* publia la lettre d'un prêtre d'une petite paroisse : « J'ai le regret de vous informer que la pourriture fait de terribles ravages dans des pommes de terre qui, il y a huit jours, étaient encore intactes. »

Le Dr Lindley, illustre botaniste, constata après son tour d'inspection de l'Irlande qu'en raison de la pluie continuelle, les pommes de terre étaient si gorgées d'eau qu'elles ne pouvaient en absorber plus, et donc pourrissaient.

Il est aujourd'hui avéré que cette maladie fatale de

la pomme de terre traversa l'Atlantique dans une cargaison de céréales venues d'Amérique. À cette époque, ses origines en étaient inconnues, car personne n'avait tenu compte de l'information transmise par les États-Unis. Le *Phytophthora infestans*, ou rouille de la pomme de terre, ne fut découvert qu'au XX^e siècle. Ce champignon se multiplie à une vitesse phénoménale, et possède un grand pouvoir destructeur. Les spores d'une seule pomme de terre infectée peuvent détruire des milliers d'autres plants en un laps de temps très court. Bien que la pluie ne soit pas la cause directe de la rouille, elle est responsable de sa progression, parce que sans humidité le champignon meurt et ne se multiplie pas. Les conditions climatiques de l'Irlande en 1845 offrirent les conditions idéales pour un développement rapide de la rouille.

Daniel O'Connor, Irlandais élu au parlement britannique, tenta de mettre en garde le gouvernement Peel pour qu'il prenne des mesures préventives, en s'adressant ainsi à la Chambre des communes : « Les gens ne sont pas responsables. Il a plu à la Providence de leur infliger cette calamité. »

Lord Heytesbury, lord-lieutenant d'Irlande, expliqua la situation d'un ton beaucoup plus détaché : « La saison a été si mauvaise et l'absence de soleil si remarquable que les pommes de terre ne sont pas arrivées à maturité. »

Cela montre que l'homme se souciait plus des bénéfices liés à la pomme de terre qu'au bien-être de ses sujets, quelle que fût leur position sociale. Quel plan entreprit-il pour aider les Irlandais, lui, le représentant du gouvernement britannique ? Si l'on peut en croire un article qui parut dans le *Freeman's Journal* du 29 octobre 1845, qui rapportait l'accueil glacial que réserva le lord-lieutenant à une délégation de notables irlandais : « Qu'ils crèvent de faim ! Tel fut l'esprit, si ce ne furent les mots, de la réponse donnée hier par le vice-roi anglais à la députation qui priait que la nourriture de ce royaume fût préservée, de crainte que le peuple périsse. »

Le Premier ministre sir Robert Peel avait déjà débloqué cent mille livres pour l'achat de maïs américain à destination des Irlandais. Cette décision aida à surmonter la première vague de famine au début de 1846. Mais une vive querelle se déclencha entre ses ministres, et le résultat fut que le cabinet bloqua toute nouvelle aide. Cette impasse ne lui laissa qu'une manière de combattre la famine : abroger les *Corn Laws*, un arsenal de lois protectionnistes garantissant le prix des céréales de provenance anglaise. Cette décision impopulaire divisa le gouvernement et causa la chute de Robert Peel[1]. Ou, comme le déclara le vieux duc de Wellington : « Les pommes de terre pourries sont cause de tout, elles ont mis Peel dans cette fâcheuse position. »

L'hiver arriva, et avec lui la faim. Une grande calamité frappait les villages. Il n'y avait plus de nourriture. Toutes les provisions de pommes de terre avaient été épuisées. Il y avait tant de malades, et si peu de ressources. Les jours passant, le désespoir augmentait. Les cours devant les manoirs calfeutrés étaient envahies de femmes en pleurs et d'enfants mourants. Les prêtres allaient et venaient dans la foule. Les villages se mouraient.

La rouille continua de plus belle l'année suivante. 1846 fut bien pire que 1845. Après un printemps clément, le froid s'abattit de nouveau sur l'Irlande, de Donegal au comté de Cork, et des records de pluie tombèrent sur l'île d'Émeraude depuis le comté de Kildare jusqu'à Galway. Les chemins de terre se transformèrent en mares de boue impraticables. Les transports furent bloqués, les secours alimentaires ne pouvaient plus arriver à destination. Dans les villes, les prix de la

1. Il fut impossible de former un autre gouvernement pour gérer la crise, et la reine Victoria refusa la démission de Peel.

nourriture s'envolèrent, sous prétexte que l'on en manquait cruellement. Entre-temps, la pluie continuelle détrempait les champs et le soleil, durant les quelques jours où il tenta de percer les nuages, n'eut pas assez de vigueur pour assécher le sol. Des orages violents et des pluies torrentielles détrempèrent le pays et propagèrent la rouille. Il fut bientôt évident que les gens ne seraient pas en mesure de survivre, à moins que des mesures immédiates ne fussent prises. Oui, 1846 était pire parce que des négociants sans scrupules achetaient tout ce qui était comestible et le mettaient sur le marché à des prix exorbitants, hors de portée des pauvres irlandais. Une foule désespérée mit à sac l'asile des pauvres de Listowel dans le comté de Kerry aux cris de « Du pain ou du sang ! ».

Charles Edouard Treveylan n'était officiellement que collaborateur du Président du Conseil. En fait, c'était lui qui détenait le pouvoir. Bien qu'il n'eût aucune considération pour les Irlandais, on lui donna autorité pour superviser le programme d'aide alimentaire de secours aux Irlandais (placé sous le contrôle du Trésor). Il refusa d'ouvrir les entrepôts de stocks de secours : « La seule manière d'empêcher les gens de s'habituer à dépendre des aumônes du gouvernement, c'est de mettre un terme à cette opération », déclara-t-il, puis il ordonna que les magasins du gouvernement soient fermés le 15 août. Il devint de par cette décision l'un des principaux protagonistes du drame irlandais qui allait se dérouler.

En août 1846, tandis que les champs de pommes de terre contaminées s'étendaient, on gardait quand même espoir : une partie mineure des cultures regorgeait de blé doré, qui aurait pu être redistribué pour soulager la famine. Cependant, en Irlande, le grain n'était pas considéré comme de la nourriture, mais comme de l'argent pour payer le fermage ! Que le ciel vienne en aide au paysan irlandais qui ne pouvait pas s'en acquitter : il était immédiatement expulsé avec la plus grande brutalité par le propriétaire, sous la protection de la loi.

Treveylan et ses compatriotes s'attirèrent la haine inextinguible des Irlandais quand ils refusèrent d'arrêter les exportations de blé d'Irlande. Il déclara qu'il n'interviendrait pas sur la loi de l'offre et de la demande : « Nous ne pouvons pas encourager l'idée d'interdire les exportations, le libre échange parfait est dans le cours normal des choses. »

Ainsi, en septembre 1846, de la nourriture était exportée de cette île affamée vers l'Angleterre et d'autres ports européens. Selon les documents officiels, au pic de la famine de 1846, l'Irlande expédia en Angleterre deux cent cinquante mille quarts de grain, sept cent mille centaines de livres d'orge et un million de quarts d'avoine et de farine d'avoine (T. Hayden, *Irish Hunger*). Un autre rapport (Edwards et Williams, *The Great Famine*) le confirme et estime les quantités exportées à dix-huit mille cent soixante-neuf tonnes de farine, huit mille neuf cent tonnes d'orge et cent deux mille neuf cent trente-huit tonnes d'avoine. Ainsi, tandis que les Irlandais mouraient de faim, les négociants anglais en céréales amassaient des fortunes.

Alexis Soyer, un célèbre chef cuisinier français, installa une soupe populaire devant les *Royal Barracks* de Dublin. Mais une soupe claire donnée par charité pouvait difficilement remplacer les repas où les travailleurs irlandais engloutissaient des kilos de pommes de terre. Tandis que le *Soup Kitchen Act* fournissait des repas à trois millions d'Irlandais, le secrétaire de Treveylan se fit remarquer avec cette déclaration :

« Il y a toute raison de penser que l'objet du *Relief Act* est grandement perverti et fréquemment appliqué uniquement comme un moyen d'augmenter le confort des basses classes, et d'assister les fermiers et employés, au lieu d'être, comme cela était prévu au départ, une provision pour ceux qui étaient dénués de tout. »

Treveylan alla même plus loin. Il déclara que « cette extravagance devait s'arrêter », car le contribuable anglais supportait entièrement le fardeau de cette famine. Toute aide initiée par le *Soup Kitchen Act* cesserait donc en septembre.

« C'est mon opinion qu'il en a été trop fait pour le peuple. À être ainsi traité, il est devenu pire, au lieu de s'améliorer. » Tout ce qui aurait pu être fait avait été fait, et il fallait laisser le reste à « *l'opération des causes naturelles* ». Charles Edward Treveylan fut ennobli pour ses travaux.

« Dieu seul sait quand ces choses vont se terminer, écrivit à son évêque un pasteur de campagne désespéré, car nous avons à peine entrevu le début de la misère qui attend notre peuple infortuné. »

Et ce fut la misère. Pour calmer leur faim, les gens firent des galettes de sciure de bois, grattèrent la colle des papiers peints et la firent bouillir pour épaissir la soupe. Les malades n'avaient pas besoin de médicaments, mais de nourriture, pour se rétablir. Les gens mouraient n'importe où : dans leurs taudis, le long des routes et dans les champs. La plupart des corps n'étaient pas enterrés et la hantise des épidémies grandissait chaque jour.

1847, ou, comme les Irlandais la nomment, « l'année noire », allait commencer. La famine avait porté le chômage à un taux inédit. L'été commença magnifiquement et on se mit à croire que le spectre de la faim s'éloignait définitivement. Mais un autre fantôme rôdait sur l'Irlande. Les gens affaiblis par la faim étaient la proie idéale des épidémies. La nation ne mourait pas seulement de faim mais devint aussi porteuse d'une maladie infectieuse mortelle, le typhus.

L'épidémie de typhus balaya toute l'île. Le Seigneur restait imperturbable devant les pleurs de ses enfants qui lui demandaient de pardonner leurs péchés, qui, croyaient-ils, avaient causé l'arrivée de cette nouvelle calamité. Le taux de mortalité augmentait sans cesse. Transmise par les poux, la maladie commençait par des vomissements, puis suivait une forte température avant que ne s'installe la gangrène. Les gens mouraient aussi de fièvres, véhiculées également par les poux. Et ce n'était pas tout, il y avait d'autres maladies épouvantables, telles que la dysenterie, la diarrhée infectieuse qui touchait en premier lieu les enfants qui mangeaient de vieilles feuilles de chou ou des navets impropres à la consommation pour calmer leur faim. Et bien sûr, il y avait l'œdème causé par la faim, qui faisait gonfler les membres et mourir.

Les quelques services d'hôpitaux qui accueillaient les malades sentaient le cadavre en décomposition, ce qui faisait fuir le personnel médical. Les vrais héros étaient les médecins et leurs aides bénévoles, ainsi que les prêtres. Leur courage était indescriptible, conscients qu'ils étaient des risques encourus au contact quotidien des patients et paroissiens contagieux.

Ne rien faire équivalait à une mort certaine. C'est pourquoi le pays entier se mit à bouger. Les gens quittaient leurs maisons et leurs champs. Ils auraient fait n'importe quoi pour échapper à l'horreur et trouver une vie meilleure. Cela conduisit au plus grand exode de masse de l'histoire européenne. L'immigration irlandaise en Amérique du Nord doit être considérée aujourd'hui comme l'effet principal de la Grande Famine. La réelle urgence de quitter l'Irlande se manifesta début 1847. Plus d'un quart de million d'Irlandais émigrèrent, et pas seulement les plus démunis, semant ainsi les ferments de la haine des Irlandais envers le gouvernement britannique, et donnant naissance au « sentiment irlandais ». Les survivants de cette terrible famine emportaient avec eux un instinct de survie et une volonté de faire fortune, mais seuls quelques-uns atteignirent ce qu'ils étaient venus chercher : une vie meilleure et le bonheur sur un nouveau continent. La plupart se retrouvèrent aussi pauvres qu'ils l'avaient été en Irlande, travaillant pour des salaires d'esclaves dans l'industrie en expansion, par exemple en posant des rails pour le chemin de fer, ou ils vinrent regarnir les rangs des régiments décimés pendant la sanglante guerre civile américaine.

Le voyage vers l'Amérique coûtait cher. Une famille de six personnes devait payer six livres pour le Québec et vingt et une livres pour New York. Le consul américain de Belfast s'excusait ainsi de la différence de prix : « Les gens de bien, qui ont les moyens, vont en Amérique, et en Amérique du Nord britannique les vauriens et les bons à rien. » La grande différence de prix décidait la plupart des Irlandais à aller d'abord au Canada, puis tout simplement à passer à pied la frontière américaine qui n'était pas gardée.

Des foules s'agglutinaient sur les quais. Les gens campaient durant des semaines, essayant d'obtenir des places. Des vendeurs malhonnêtes délestaient les pauvres de leurs économies avant de les autoriser à monter à bord. La traversée de l'Atlantique depuis les nombreux ports irlandais et anglais tournait au cauchemar. Dans les ponts de troisième classe surchargés, paradis des poux qui répandaient la maladie, les gens atteints de mal de mer se vomissaient les uns sur les autres, car ils étaient trop faibles pour atteindre le bastingage. Une âcre odeur d'urine omniprésente et de l'eau souvent non potable, les tonneaux où elle était stockée ayant servi à transporter du vinaigre, ajoutaient au calvaire.

Stephen de Vere, un jeune gentleman aisé de Limerick, embarqua pour le Canada et observa les passagers du pont inférieur pendant la traversée : « ... Ils sont tassés les uns contre les autres, sans lumière, sans air, dans la crasse, ils respirent une atmosphère nauséabonde. Ils sont malades, découragés, ceux qui sont fiévreux sont allongés sur des couchettes si étroites qu'ils ne peuvent même pas changer de position, et leurs râles dérangent tous ceux qui les entourent... » (C.Woodharn-Smith, *The Great Hunger*.)

Ils les appelaient bateaux-cercueils. L'*Elizabeth and Sarah* parti de Killala n'avait pas de toilettes, deux cent soixante-seize émigrants se partageaient trente-deux couchettes. Bon nombre ne survécurent pas aux rigueurs du voyage. Sur le *Larch*, parti de Sligo, cent quatre-vingts des quatre cent quatre passagers périrent en mer. Le voyage du *Loosthawk* prit plusieurs semaines, cent dix-sept personnes sur trois cent quarante-huit moururent. Ils ne succombèrent pas tous de la fièvre, parfois il y avait de l'alcool à vendre, et cela se terminait invariablement en combats sanglants et hommes jetés par-dessus bord. Le *Virginius*, parti de Liverpool, fit voile pendant neuf semaines pour traverser l'Atlantique. Sur quatre cent soixante-seize émigrants, cent cinquante-huit périrent en haute mer. L'*Agnes* arriva avec quatre cent vingt-sept personnes, mais il n'en resta que cent cinquante après la quarantaine, tous les autres moururent du typhus.

La *Montreal Gazette* appela à de strictes mesures gouvernementales pour endiguer « l'inondation des pauvres irlandais ». La crainte persistante que la fièvre ne fût introduite en Amérique du Nord contraignit le gouvernement canadien à construire une installation de quarantaine à Grosse Isle, sur le Saint-Laurent. Un témoin raconta que les immigrants les plus pauvres étaient jetés dans des barques, puis ramaient jusqu'à la plage où « ils rampaient sur le rivage et mouraient comme des poissons sortis de l'eau. » Cent neuf mille personnes arrivèrent à Grosse Isle au printemps de 1847. Deux mille cinq cents étaient atteintes de fièvre et furent enfermées en quarantaine dans des conditions épouvantables. À la fin de l'année, vingt mille étaient mortes des fièvres, sans jamais avoir vu la terre promise.

Les fermiers n'avaient plus de terre à travailler, le peuple d'Irlande ne pouvait plus payer les fermages. Une dureté implacable dans la collecte des loyers s'ajoutait à la faim. Les expulsions se succédaient. Cinq cent mille personnes furent chassées de leurs foyers en 1847. Un certain Christian Saint George, du Connemara, fit jeter ses fermiers dehors « sans même un haillon pour se couvrir », rapporta rageusement le capitaine Hellard, inspecteur de la *Poor Law* de Galway qui avait été envoyé pour appliquer la loi. Les toits étaient arrachés, les maisons démolies et les gens affaiblis par la faim étaient hébétés par cette brutalité. En représailles, des fermiers se rebellèrent et tuèrent seize propriétaires. Londres s'affola : le nouveau mouvement du Labour anglais des Chartistes n'était-il pas dirigé par Feargus O'Connor, un Irlandais ? Avec ces millions de chômeurs, que se passerait-il si l'étincelle de rage irlandaise venait à toucher les côtes anglaises ? Le gouvernement envoya en toute hâte quinze mille hommes de troupe supplémentaires pour s'assurer que cela ne risquât pas de se produire. La situation politique en Irlande s'échauffait à cause des cafouillages de Londres.

Si les métayers étaient désespérés, certains propriétaires locaux étaient au bord de la ruine à cause du manque à gagner des loyers qu'ils ne touchaient pas. Les locataires étaient morts, ou avaient émigré. L'explosion de la société était une menace sérieuse. Lord Clarendon, le nouveau lord-lieutenant d'Irlande, examina la situation avant d'envoyer un message urgent à sir George Grey, ministre de l'Intérieur, dans lequel il exprimait ses craintes que le pays ne fût confronté à une catastrophe absolue qui jetterait un éternel opprobre sur le gouvernement britannique. Sa mise en garde resta lettre morte.

L'année 1848 apporta de nombreuses révolutions en Europe. Il en alla de même en Irlande. On aurait pu croire qu'un fond de fatalisme paysan rendait les Irlandais résignés. Mais ce n'était pas le cas. En ces temps difficiles, les Irlandais avaient trouvé un but. S'ils vivaient présentement dans des conditions précaires, cela n'impliquait pas que ce serait éternel. Certains étaient prêts à secouer le joug de leurs propriétaires anglais. Ils n'attendraient pas plus longtemps pour le faire. Quatre hommes ouvrirent la voie : William Smith O'Brien, Thomas Francis Meagher, Charles Gavan Duffy et John Mitchel. Ils furent rejoints par bon nombre de paysans et de travailleurs qui vivotaient sans espoir d'emploi ou d'amélioration de leurs conditions de vie.

Mais enrager contre l'injustice était inutile. L'important était de choisir le moment opportun. L'année 1848 n'était pas favorable à une rébellion irlandaise générale. Les arrestations commencèrent avec la nouvelle loi sur les trahisons et crimes. John Mitchel fut condamné à quatorze ans de travaux forcés, Meagher et Duffy arrêtés et jetés en prison à Newgate. Dublin, Cork, Drogheda et Waterford tombèrent sous le coup du *Crime and Outrage Act*. Le 29 juillet 1848 le soulèvement irlandais se conclut sans effusion de sang, à Ballingarry, dans le carré de choux de la veuve McCormack, sur les amères paroles d'adieu de William Smith O'Brien : « Cela restera consigné dans les annales irlandaises : les gens ont préféré mourir de faim chez eux, ou s'enfuir en exil vers d'autres terres, plutôt que de se battre pour leurs droits et leur liberté. »

La mort revint avec la pluie silencieuse.

Les Irlandais craignaient Dieu, et étaient viscéralement catholiques. Tout ceux qui ne l'étaient pas étaient contre la loi de Dieu. Ce dernier avait toujours fait selon sa volonté : les vieux mouraient, les enfants venaient au monde. Mais cette fois c'était différent, les bébés étaient mort-nés, jeunes et vieux mouraient indifféremment. Parce qu'en 1848 la rouille de la pomme de terre frappait de nouveau.

La misère s'abattait sur tout le pays. Des files de créatures hagardes titubaient vers les ports, les bateaux et un vague espoir. La plupart ne voyaient pas au-delà de leur situation présente, et se demandaient comment survivre dans les prochaines heures, les prochains jours.

Abasourdis et silencieux, les gens traversaient le pays sans croiser âme qui vive, et plus ils marchaient, plus leur espoir s'amenuisait. Les taudis étaient vides, leurs portes, ouvertes. Il n'y avait qu'un paysage muet, tapissé des feuilles noircies des plants de pomme de terre. Le paysan irlandais avait abandonné sa maison et ses champs, déserté les plaines. Seule la pensée d'atteindre un bateau pour trouver refuge dans un autre pays l'empêchait de s'asseoir au bord du chemin pour attendre la mort. Même les prêtres se taisaient, ils ne savaient plus que dire pour réconforter les âmes.

Toute l'Irlande se lamentait, il circulait de nombreuses rumeurs de sorcellerie. La population, profondément croyante, se raccrochait au Christ, car il était le seul à porter un message d'espoir. Dans les paroisses dépeuplées on le priait, en serrant de vieilles reliques contre sa poitrine.

« Six créatures squelettiques, mortes selon toute apparence, étaient blotties dans un coin, sur de la paille souillée, en haillons, jambes nues. Je m'approchai et me rendis compte, en entendant un faible gémissement, qu'elles étaient toujours vivantes, en plein accès de fièvre – quatre enfants, une femme et ce qui autrefois avait été un homme. » Ainsi se lamentait un juge de paix irlandais devant le duc de Wellington, en le suppliant d'exposer la situation réelle à la reine Victoria.

Dans les champs, les feuilles pourries des pommes de terre qui n'avaient pas été ramassées couvraient l'Irlande d'un noir tapis funèbre. C'était la troisième année, et le pays avait été dévasté. L'écorce des arbres avait été arrachée et mise à bouillir pour faire de la soupe, ou mâchée telle quelle. Puis la chaleur avait tué les arbres dépouillés de leur écorce. Leurs silhouettes restaient d'éloquents témoins de l'horreur. Les champs avaient été retournés à la main, à la recherche du dernier navet, de la dernière carotte. Chats, rats, écureuils, tout avait fait office de nourriture. Quelques chiens terrifiés qui avaient échappé à la hache du fermier rôdaient dans ce monde désert. Chaleur et pluie, parasites et poux torturaient ces files d'épouvantails qui s'éclipsaient. Qu'y avait-il de pire que la faim ?

Tandis que de nombreux chroniqueurs relataient

d'atroces récits de la famine, d'autres tentaient de séparer le mythe de la réalité. La plupart en arrivaient à la même conclusion : la raison prédominante du désastre résidait dans l'incapacité de certains membres du gouvernement britannique à gérer la situation. La preuve que l'aristocratie anglaise en Irlande ne se comportait pas avec grand tact fut faite par un entrefilet dans la rubrique des potins sur la vie de la bonne société de Dublin. Au pic de la famine, l'épouse du maire de Dublin donna un bal splendide à Mansion House : « On dansa jusque tard dans la nuit et des rafraîchissements des plus recherchés furent servis à profusion. »

Après trois ans de crise continuelle, les Irlandais étaient si épuisés que même le plus infime incident était voué à déclencher une nouvelle catastrophe majeure. Cela se produisit dans les premiers jours de décembre 1848. Certains affirmèrent plus tard qu'il avait été causé par un marin débarqué de son navire-cercueil, d'autres affirmèrent que c'était par un miséreux qui venait d'Écosse. Cet homme essaya d'entrer de force dans un asile de pauvres de Belfast. Il n'y avait pas de place pour un mendiant de plus, et une bagarre éclata. Cela le mit en contact avec d'autres, à qui il transmit les germes de l'épidémie la plus mortelle de toutes, le choléra asiatique. La maladie se répandit dans tout le pays, et l'Irlande se retrouva en quarantaine absolue vis-à-vis du reste du monde.

Le *Central Relief Committee* annonça que « nous sommes vraiment au regret de déclarer qu'il n'est plus de notre pouvoir de distribuer nos bontés à nos compatriotes qui souffrent... » (Lord John Russel, nouveau Premier Ministre britannique.) Ainsi le gouvernement britannique décida que trop, c'était trop, et abandonna les Irlandais au principe de Treveylan de « *l'opération des causes naturelles* ».

Une odeur de pommes de terre pourries et de mort flottait sur tout le pays. Les plus pauvres étaient les premiers à mourir de faim. Et comme ils étaient les plus faibles, la maladie les frappait sans pitié. L'épidémie de choléra dura jusqu'au milieu de 1849. Les morts se comptèrent par milliers, et personne ne s'en occupait, ni ne montrait de compassion. L'île était jonchée de cadavres, et peu reçurent une sépulture chrétienne. Les volontaires aidaient à les ensevelir dans des tranchées creusées à l'abord des villages. Mais les Irlandais s'accrochaient et refusaient de disparaître totalement de la surface de la terre.

À l'automne 1849, la rouille de la pomme de terre finit par s'arrêter. Ce qui tua la maladie inconnue resta un mystère. Cependant, même si la famine cédait du terrain, ça n'en était pas rassurant pour autant. Il y avait eu trop de dégâts, trop d'horreur. Pire qu'une guerre impitoyable, c'étaient les forces démesurées de la nature qui avaient créé une telle désolation, plus destructrices qu'un millier de canons, sur une terre où des millions de gens avaient travaillé dur.

Il était grand temps de restaurer l'autorité. On craignait que l'Irlande ne se relève jamais de ce drame, et qu'elle soit à jamais une province agricole de l'Angleterre. Et même cela était loin d'être acquis. Pendant longtemps les productions agricoles de l'Irlande souffrirent des séquelles de ces années terribles, les campagnes et les champs ayant été laissés à l'abandon. Après la Grande Famine, le repeuplement des campagnes prit plus l'allure d'un sauvetage que d'une réinstallation. Il y eut quelques incidents et quelques procès, mais la plupart furent à sens unique, car la population était tout simplement trop faible pour s'opposer et se défendre. Trop faible en tout cas pour entreprendre « une journée de travail décente ». Ceux qui n'étaient pas encore partis voulaient s'en aller en Amérique, l'Eldorado.

Les morts dans les campagnes avaient été le résultat immédiat des années de Grande Famine, mais ce qui était presque aussi désastreux était le fait que plus de deux millions d'hommes et de femmes dans la force de l'âge avaient émigré et donc vidé l'île de ses forces vives. Un million et demi d'Irlandais immigrèrent aux États-Unis. Mais comme ce pays avait fini par mettre en place un cordon sanitaire très strict et refusait d'admettre les malades, l'émigration ralentit sensiblement. Ce fut peut-être cela qui sauva l'Irlande.

La tragédie s'était déployée dans toute son ampleur. Un champignon inconnu, combiné aux caprices du temps, avait presque détruit un pays. Un million d'habitants étaient morts dans des conditions atroces, et beaucoup de décès auraient pu être évités [1].

La négligence des officiels britanniques pour venir en aide à leurs compatriotes dans le besoin – une bonne partie étant le fait de l'incompétence de petits employés de l'administration [2] – et le manque de compréhension ou de compassion par les contrôleurs des fonds de soutien furent considérés comme un génocide par les Irlandais. Des hommes comme Treveylan compromirent les intérêts britanniques sur le long terme pour imposer leur propre vision de l'économie à court terme. Tout espoir d'une relation fraternelle avec leurs voisins fut enterré dans les champs de pommes de terre d'une île d'Émeraude.

Encore un acte de Dieu. Si le Seigneur était compatissant, il était aussi cruel et avait puni ses enfants irlandais. Ceux-ci ne réfléchirent jamais au fait que des

1. Dans un recensement effectué en 1841, la population irlandaise était de huit millions cent soixante-quinze mille cent vingt-quatre habitants. Mais un autre recensement effectué seulement dix ans plus tard indiqua une population de six millions cinq cent cinquante-deux mille trois cent quatre-vingt-cinq habitants. Si l'on déduit les chiffres de l'émigration et la croissance annuelle due aux naissances, on arrive à un total de plus d'un million de morts de la famine.

2. Leur incompétence n'était pas seulement réservée aux Irlandais, elle conduisit aussi à la mort des soldats anglais devant Sébastopol, pendant la guerre de Crimée, durant l'hiver 1855.

facteurs météo objectifs – pluie, brouillard et froid – combinés avec des pommes de terre non traitées étaient autant à blâmer pour leurs années de famine que le manque de compassion de l'extérieur.

La reconstruction de l'Irlande prit plus d'un siècle. Mais le souvenir de la Grande Famine reste dans le folklore irlandais, comme la haine pour ceux dont l'irresponsabilité – c'est leur sentiment – a conduit à l'un des plus grands drames de l'histoire européenne.

# 8

# La mort blanche

## *13 décembre 1916*

« *Walsche foch'n müassn mir giaghn*
*Es ischt ja s'schianste Wetter.* »
« Nous les Italiens nous devons aller au combat
Le temps est idéal pour ça. »
Chant du *Tyrolean Standschützen*, 1915.

De la neige, de la neige et encore de la neige. La tempête avait duré toute une semaine. Elle avait son côté positif, les artilleurs ennemis ayant dû rester dans leurs abris. C'était le vendredi 13 décembre, fête de Santa Lucia. Un jour de chance à coup sûr, moins froid que les deux dernières semaines, avec quelques rayons de soleil qui baignaient les glaciers immaculés et la vallée enneigée en dessous du 1er bataillon du 3e régiment de *Tyrolean Kaiserschützen*. Leur poste d'artillerie était situé à 3 300 mètres, bien que le bataillon fût posté plus bas, à l'endroit où le glacier rejoignait le rocher. Maintenant il fallait qu'ils vident leurs tranchées pleines de neige fraîche. Il y en avait plus de deux mètres, et à certains endroits la tempête avait accumulé des

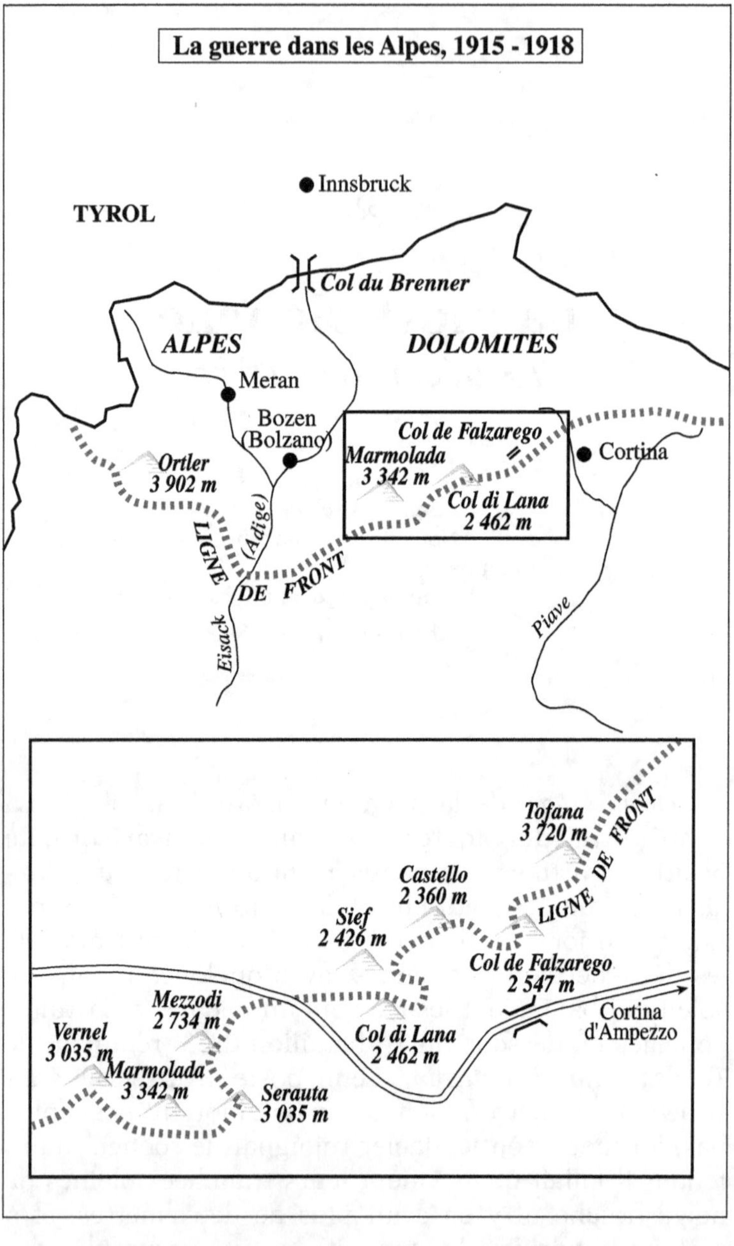
La guerre dans les Alpes, 1915 - 1918
Innsbruck
TYROL
Col du Brenner
ALPES
DOLOMITES
Meran
Bozen
(Bolzano)
Col de Falzarego
Marmolada
3 342 m
Cortina
Ortler
3 902 m
Col di Lana
2 462 m
(Adige)
LIGNE DE FRONT
Piave
Eisack
Tofana
3 720 m
Castello
2 360 m
Sief
2 426 m
LIGNE DE FRONT
Col de Falzarego
2 547 m
Mezzodi
2 734 m
Cortina
d'Ampezzo
Vernel
3 035 m
Col di Lana
2 462 m
Marmolada
3 342 m
Serauta
3 035 m

congères de six mètres. Elle était si poudreuse qu'elle ne restait pas sur la pelle. Tant pis, il faisait beau et tout était calme. Le reste des hommes traversa le tunnel de glace qui prolongeait la grotte servant d'abri anti-bombes, de réserve et de dortoir, et commencèrent à pelleter. Après une semaine sans mettre le nez dehors, un peu de travail n'était pas mauvais pour leur moral. Ils fumaient, pelletaient et plaisantaient. Ils ne firent pas attention au *foehn*, ce vent chaud qui soufflait en montagne, et qui commençait à faire fondre la neige. Ce changement soudain de température transforma les couches de neige des sommets en une masse instable, en suspension au-dessus du glacier, sans base pour supporter leur énorme poids. En d'autres termes, la préfiguration d'une catastrophe.

À 11 h 07, la sentinelle dans le bunker de rondins et de pierres empilées, situé juste en dessous de la ligne de crêtes, remarqua de la fumée provenant d'une position d'artillerie italienne au fond de la vallée. « *Diese Teppen* (ces andouilles), dit-il à l'homme qui tirait sur sa pipe, qui était aussi son voisin au village en bas dans la vallée. *Auf was schiassn's ?* (sur quoi tirent-ils ?) » Ils entendirent bientôt le sifflement aigu d'un obus qui dépassa la crête et alla se perdre au loin. Une autre fumée dans la vallée, et cette fois l'obus frappa un champ de neige à deux cents mètres en dessous du poste d'observation autrichien. « Ils se rapprochent », dit le fermier, désormais soldat de l'Armée Autrichienne Impériale de Sa Majesté. Sa plus grande inquiétude n'était pas la frappe de l'obus lui-même, mais les *schrapnels* mortels, ces éclats de rocher projetés avec force quand ils étaient touchés par le projectile. Il y avait eu plus de gens tués par ces éclats que par les balles ennemies.

Plus bas, dans le gros du bataillon, les hommes avaient aussi entendu l'explosion et levé les yeux vers le pan de montagne abrupt au-dessus d'eux. Ils avaient aussi vu un petit nuage blanc quand l'obus avait explosé dans la neige sans causer de dégâts, avant de recommencer à pelleter. Puis il y eut un troisième tir. Les hommes du haut ne le virent pas, et ceux du bas ne levèrent pas les yeux. Soudain, la terre se mit à trembler et toute la montagne à bouger.

Ceux qui ont observé le spectacle d'une avalanche et y ont survécu vous diront qu'ils ont vu la fin du monde. La force inimaginable des masses de neige dévalant les pentes, détruisant et ensevelissant tout sur leur passage. Il y en eut énormément pendant cet hiver de guerre, sur les plus hauts sommets d'Europe.

Les couches de neige situées juste en dessous du sommet se fragmentèrent en plaques qui se mirent à glisser, d'abord lentement, jusqu'à ce que toute la pente suive le mouvement. La masse prit de la vitesse, la pression augmenta et la fine neige poudreuse forma un nuage, qui se transforma en une vague bouillonnante haute de deux cents mètres, et accéléra jusqu'à atteindre trois cents kilomètres à l'heure. L'énorme pression atmosphérique qui précédait la masse fut le facteur mortel. Sa force incroyable agit avec la puissance d'une bombe[1]. Les tranchées furent comblées, les pièces d'artillerie s'envolèrent, les abris furent réduits en miettes. La plupart des hommes périrent sur-le-champ, écrasés par l'énorme pression ; certains moururent de froid, d'autres succombèrent peu après, étouffés par la poudreuse. Il y eut peu de survivants, qu'on appela « les miraculés ».

Le 13 décembre 1916, deux cent soixante-quatorze hommes et officiers du 1^er^ Bataillon des *Kaiserschützen* furent donc ensevelis sous un million de mètres cubes de neige. Il y eut soixante-trois disparus, qu'on ne retrouva jamais[2]. Ils furent les premiers à mourir, mais pas les derniers.

---

1. La pression d'une grosse avalanche est supérieure à cinq tonnes au mètre carré.

2. On retrouve encore aujourd'hui des corps bien conservés de soldats en uniforme de la Première Guerre mondiale un peu partout dans le glacier de la Marmolada.

Quand l'Italie déclara la guerre à l'Autriche, elle omit de prendre deux facteurs en ligne de compte. Tout d'abord, la résolution inébranlable du paysan tyrolien à défendre sa terre. Et ensuite, la météo. Rien n'est aussi instable que le temps en montagne. Il tombe parfois un mètre de neige en une seule nuit en plein mois d'août, des tempêtes glaciales imprévues balayent alors les glaciers et les parois rocheuses, avec des éclairs attirés par la moindre parcelle de métal, le brouillard enveloppe sommets et parois et cause de nombreuses chutes mortelles. En été, le plus grand danger provient des chutes de pierres causées par la pluie. En hiver, la neige entraîne des avalanches meurtrières.

Au début de la Première Guerre mondiale en 1914, l'Italie était l'alliée de l'Autriche et de l'Allemagne. En accord avec son principe de « *sacro egoismo* », elle changea de camp quand les Alliés lui offrirent la possibilité de récupérer des territoires. En particulier dans les provinces montagneuses autrichiennes de Carinthie, de Salzbourg et du Tyrol, cette trahison déclencha une fureur qui s'ajouta à un « *vaterländisches Gefühl* » (amour de la patrie).

« *In diesem Lager Osterreich !* » (L'Autriche dans ce camp !) redevint le cri de guerre déjà usité un siècle auparavant. La population mâle des provinces alpines – ceux qui n'avaient pas déjà été appelés pour faire face aux Russes à des milliers de kilomètres du Tyrol –, depuis l'écolier de quinze ans jusqu'aux vétérans de soixante-dix ans, prit les armes pour défendre ses maisons et ses villages. Elle portait fièrement son chapeau traditionnel avec la plume de coq et l'edelweiss, ses officiers élus arboraient sur leurs pointes de col l'aigle tyrolien. Cependant la situation semblait désespérée. Dix-sept mille hommes restant de l'armée de réserve autrichienne, plus vingt-quatre mille paysans non entraînés qui s'étaient constitués en quarante-cinq *Standschützenbattalione* (bataillons de défense), étaient appelés à défendre une frontière montagneuse de trois cent cinquante kilomètres, face à des troupes fraîches de huit cent mille soldats italiens[1].

Le général Cadorna, *supremo* italien, était bien conscient que les irréguliers n'abandonneraient pas le Tyrol sans combattre, et qu'il devait s'attendre à des affrontements d'arrière-garde désespérés à chaque point qu'il avait choisi pour sa percée dans le cœur de l'Autriche. Mais il n'était pas soucieux outre mesure, ses troupes étaient vingt fois supérieures à celles de l'ennemi, ses canons dix fois plus nombreux. Il décida d'attaquer sur deux fronts : le long de l'Isonzo pour libérer la *mare nostro* (notre mer) – l'Adriatique –, et tenter une percée simultanée le long de la vallée de l'Eisack, puis passer le col du Brenner pour fondre sur Innsbruck. Même ceux qui le critiquaient durent admettre que son plan présentait des avantages évidents. Cadorna savait que prendre Innsbruck serait son coup de maître, à la fois psychologiquement et stratégiquement, alors que l'Autriche ne pouvait compter que sur ses irréguliers pour stopper la progression de ses armées. S'il pensait que son invasion serait une simple promenade de santé, les *Tyrolean Stanschützen* avaient une surprise pour lui. Les jeunes et les vieux dont les grands-pères avaient repoussé avec succès l'armée napoléonienne dans ces vallées et montagnes en 1809 étaient déterminés à faire la même chose aux *Welschen*. Ils tinrent parole.

Chaque village forma une compagnie, puis élut son capitaine, en général l'aubergiste ou le maire. Les hommes prirent leurs fusils utilisés en temps de paix pour braconner et partirent à la guerre en chantant leur chanson de *Landesschützen* :

---

1. Le décompte exact des forces autrichiennes sur le théâtre tyrolien était de deux bataillons de réserve tchèques et sept slovènes, un bataillon de *Kaiserjäger* et *Kaiserschützen* autrichiens, plus les régiments d'infanterie 14 et 59. 17 000 hommes en tout, pour 350 km de front. Le 19 mai 1915, cette force fut augmentée de 24 000 irréguliers des quarante-cinq bataillons de *Landschützen*.

« *Und will der Feind ins Land herein, und solls der Teufel selber sein,*

*Dann ruhen uns're Stutzen nicht, bis dass das Auge bricht...* »

(« Et si l'ennemi pénétrait sur notre terre, même si c'était le diable lui-même,

Nos fusils n'auraient pas de repos jusqu'à ce que nous soyons tous morts... »)

Aux premiers mois de la guerre, les troupes étaient vulnérables au grand péril des montagnes, du temps. Sans tranchées appropriées, sans abris contre la furie des éléments, les sentinelles devaient passer des semaines sur les plus hauts sommets. Mais le *Tyrolean Wall* tint bon, l'héroïsme était indescriptible et les « *Tirolesi* » ne bougeaient pas d'un pouce. Ils n'avaient pas besoin d'un général pour leur ordonner de se battre. Ils étaient sur les crêtes, et il y avait en bas dans la vallée leurs femmes, leurs enfants et leurs fermes. Ils se battaient, mouraient, mais gardaient leur position. Il existe d'innombrables anecdotes narrant leur courage extrême. Sepp Innerkolfer, célèbre guide de haute montagne autrichien, conduisit un groupe de chasseurs alpins dans une cheminée rocheuse verticale du Tofana pour réduire au silence un nid de mitrailleuse italien. Premier de cordée, il atteignit le sommet, envoya une grenade sur la position italienne et fut touché par une balle. La cheminée était si étroite que sa chute aurait entraîné celle de toute la cordée. Alors il se laissa tomber de la paroi pour sauver leurs vies.

Il était rude de combattre dans ces conditions. Les chemins qui conduisaient aux positions serpentaient souvent parmi les troncs d'arbres, des cordes fixées à la paroi permettaient le passage, ou empruntaient des fissures équipées de pitons. Les sentinelles s'encordaient aux rochers pour ne pas risquer des chutes qui pouvaient aller jusqu'à mille mètres, d'autres descendaient en rappel sur des saillies étroites de la paroi, empilaient quelques rochers pour se protéger et de ce nid inexpugnable visaient soigneusement l'ennemi. Les observateurs, postés aux sommets, subissant les rafales du vent glacé, claquant des dents, surveillaient les mouvements de l'adversaire. Ni la tempête, ni le danger ne pouvaient les détourner de leur devoir sacré. Les historiens se référèrent ensuite à cette guerre dans les montagnes comme « une ligne de front dans le rocher et les glaces ». Pasubio, Paternkofel, Ortler, Marmolada, Rauchkofel, Tofana, Sexten, Innichen, Moos, et Sillian. L'un des combats les plus meurtriers eut lieu à Col di Lana, que les Italiens rebaptisèrent vite Col di Sangue, la *Montagne Sanglante*.

La raison pour laquelle les Italiens choisirent cette montagne haute de 2 462 mètres pour leur tentative d'invasion demeure un mystère aujourd'hui. Il aurait été bien plus facile de la contourner, mais peut-être un général italien cherchait-il un lieu symbolique. Si c'était le cas, on peut dire qu'il le trouva. Au début, le sommet était défendu par une douzaine de gardes-frontières tyroliens tout au plus, jusqu'à ce qu'une compagnie de *Kaiserschützen* locaux ne se précipite en renfort. Au cours de 1915, le haut commandement italien envoyait bataillon après bataillon d'*Alpini*, le corps d'élite de chasseurs alpins. À la fin octobre 1915, vingt-quatre bataillons d'*Alpini* avaient été engagés pour prendre un sommet d'une valeur stratégique douteuse. Aux cris d'« *Avanti Savoia !* », ils s'élançaient sur les pentes abruptes. Les *Kaiserschützen*, qui avaient survécu au bombardement d'artillerie, tiraient sur tout ce qui ressemblait à un Italien depuis leur tranchée. Les infirmiers s'activaient, pansaient les blessures pour que les soldats puissent continuer à tirer à vue, même s'ils saignaient abondamment. Les ennemis touchés roulaient le long de la pente, arrêtés seulement par les entrelacs de fil de fer barbelé. Lors d'un assaut final héroïque, les *Alpini* s'élancèrent et s'accrochèrent à la dernière ligne de barbelés, à vingt mètres à peine de la défense autrichienne sous le sommet.

La compagnie de *Kaiserschützen* sous le commandement du *Hauptmann* Konstantin Valentin considérait le sommet du Col di Lana comme lui appartenant en exclusivité. Elle avait creusé des tunnels dans le rocher et s'était installée « pour toute la durée de la guerre ». Le prêtre du bataillon venait le dimanche délivrer les saints sacrements. Ensuite ils se tenaient la main et chantaient : *Zu Mantua in Banden*, l'hymne du Tyrol à la gloire d'Andreas Hofer, valeureux héros du pays, qui s'était élevé contre le pouvoir de Napoléon. Cela leur insufflait courage et confiance.

Tandis que la guerre faisait rage pour la possession des sommets, la vie continuait dans la vallée. Les femmes prenaient en charge les travaux de la ferme, coupaient l'herbe et le bois, rentraient le foin. Le dimanche, les femmes et les filles des combattants se réunissaient devant l'ancienne chapelle de *Zur allerseligsten Jungfrau der Verteidigung* (Notre-Dame de la Défense) que les Italiens appelaient « *Alla beata vergine della difesa* ». Selon la légende, les féroces Langobards avaient envahi la vallée. Les villages furent mis à sac, et tout semblait perdu quand la Madone fit descendre un épais brouillard des montagnes. Les Langobards attaquèrent. Lorsque le brouillard se leva, les gens de la vallée de Montaneler découvrirent que les guerriers brutaux s'étaient entre-massacrés. Et maintenant ils récitaient la même prière « *Heilige Jungfrau, steh uns bei...* » (« Sainte Vierge, reste à nos côtés... »). La Madone leur offrit un signe de sa compassion. Il se mit à neiger en juillet sur les hauts alpages et les sommets, ce qui entraîna un arrêt temporaire des combats. Une partie des hommes redescendit dans la vallée pour passer la nuit en famille.

Les Tyroliens avaient mis à profit les mois d'été pour monter le bois qui leur avait servi à construire les abris les plus hétéroclites qui fussent, ancrés au-dessus des précipices. Ce travail fut effectué tôt le matin, quand les nuages étaient accrochés aux parois montagneuses et occultaient la vue des guetteurs de l'artillerie italienne. Certains abris prenaient l'eau, qui coulait des glaciers, parfois jusque dans les châlits. Pour se protéger des obus et des caprices du temps, les hommes commencèrent à creuser des tunnels dans la montagne. Ils y installèrent des bancs en bois, des tables, des râteliers à fusils. Ils s'y réfugiaient, jouaient aux cartes, mangeaient leur soupe ou réparaient leurs pantalons tandis que les obus frappaient les parois et que leurs éclats fendaient l'air. Les magasins étaient bourrés de barbelés, boîtes de munitions, cordes d'escalade, bougies, haricots et lard, bottes en feutre à semelles de bois et lourds manteaux en peau de mouton pour les sentinelles. Il pouvait très bien geler en dehors des mois d'hiver, et le temps devenir épouvantable, même en juillet, août ou septembre.

Il fallait bien plus d'hommes pour monter les provisions que pour combattre l'ennemi. Le travail des porteurs était très dangereux. Ils devinrent des cibles faciles sur les pentes dénudées pour les tireurs d'élite embusqués. Les porteurs regardaient avec appréhension les milliers de rochers en équilibre précaire qui les surplombaient. Ils faisaient le signe de croix, puis entamaient leur ascension. Certains arrivaient, d'autres non. Ceux-là devenaient des statistiques militaires : « *15 août, Gran Langazuoi, quatre porteurs, chute de pierres*. » Il existe des milliers de ces rapports laconiques dans les archives militaires autrichiennes.

Ils aménageaient des voies sur des parois verticales, avançaient une prise après l'autre, encordés, les pieds dans le vide avec trente kilos sur le dos. Ils tendaient des câbles de pic en pic et montaient les charges à la main, ou installaient des moteurs pour faire fonctionner des monte-charge. Qu'importe le système, il fallait que les provisions arrivent et que les blessés redescendent. En brancard, et c'était la souffrance assurée à chaque pas, mais elle était infiniment moindre que l'horreur d'être expédié depuis une plate-forme et descendu par câble au-dessus d'un vide béant de mille mètres. Ceux qui pouvaient marcher, bras en écharpe ou tête bandée, repartaient à pied avec ordre de remonter le jour suivant avec des provisions.

Le général Cantore (qui fut tué sur le Fontana), commandant des *Alpini*, ordonna un bombardement d'artillerie concentré sur la Col di Lana. Sur le *Stützpunkt 2 250* (position fortifiée à 2 250 mètres), la première ligne de défense, située à deux cents mètres sous le sommet. La pluie d'éclats de toutes tailles était si dense qu'au soir du 22 octobre il ne resta que trois survivants. Cette nuit-là, les Italiens avancèrent sur cette position cruciale et le destin des défenseurs autrichiens du sommet arriva à sa conclusion prévisible[1].

Le 7 novembre 1915 fut un jour funeste à Col di Lana. L'artillerie italienne déversait son tir de barrage concentré sur le sommet, causant de nombreuses pertes dues à des éclats de rocher qui fusaient dans les tranchées. À midi, l'artillerie stoppa soudain et un bataillon italien d'*Alpini* grimpa tels des chats dans les fissures des parois. Les quelques Autrichiens qui avaient survécu aux tirs d'artillerie opposèrent une résistance héroïque à l'aide de balles, baïonnettes, crosses de fusils, pelles et poings nus. À 15 heures, tout était fini, et les derniers défenseurs s'enfuirent par l'autre versant de la montagne. Ceux de la vallée virent un drapeau italien voltiger au sommet.

« *Der Italiener ischt ob'n* » (« L'Italien est là-haut »). Tout le monde savait ce qui se passerait si l'on permettait aux Italiens de rester là-haut : la vallée deviendrait un piège mortel. Le capitaine des *Kaiserschützen*, Konstantin Valentin, rallia tous ceux qui pouvaient encore marcher et tenir un fusil. Dans la lumière déclinante du soir ils s'élancèrent sur la paroi presque verticale, de surplomb en surplomb, bravant le feu des Italiens. Cette

1. Bon nombre de ces récits émanent du père de l'auteur, officier dans l'un des bataillons de *Kaiserschützen* de 1915 à 1918. Blessé près de Col di Lana, il passa le reste de la guerre sur la Marmolada.

nuit fut riche en actes d'héroïsme. Un garçon de quatorze ans se jeta sur une grenade et se sacrifia pour sauver la vie de ses camarades. Un fermier de soixante-douze ans, dont tout le monde disait qu'il était trop vieux pour traire une vache, se hissa de rocher en rocher et lança une grenade dans un nid de mitrailleuse. Sous couvert de l'obscurité, le *Hauptmann* Valentini conduisit trente hommes dans une charge à la baïonnette. Sa horde hurlante délogea les *Alpini* du sommet. À 10 heures, le drapeau autrichien flottait de nouveau sur le sommet de Col di Lana. Le 26 novembre, les *Alpini* firent une nouvelle tentative. Cette fois, les Autrichiens avaient retenu la leçon. Ils avaient remplacé les murets de pierres par des sacs de sable qui absorbaient une partie des tirs d'obus et mirent fin aux ricochets. Quand les *Alpini* gravirent la paroi, les *Kaiserschützen* firent les morts, les laissant approcher à moins de dix mètres, avant de les arroser d'une pluie de grenades à main. Ceux qui furent touchés tombèrent face contre terre et restèrent inanimés sur le calcaire blanc noirci par l'explosion, les autres glissèrent dans les pierriers jusqu'en bas des pentes.

La quantité d'*Alpini* martyrs tombés devant les tranchées du sommet augmentait de jour en jour. Le 16 décembre, le major Grandolfi conduisit le bataillon *Alpini Belluno* pour leur plus intense tentative de reconquête du sommet. L'attaque fut repoussée et causa d'horribles pertes. « *O dio mio, Ajuto !* », les cris des blessés pris dans les barbelés furent entendus jusque tard dans la nuit. Les Autrichiens ne pouvaient pas faire grand-chose pour soulager leurs souffrances. L'année tirait à sa fin et les premières neiges enveloppèrent les corps meurtris de leur manteau blanc.

Le décompte officiel des pertes italiennes pour cette montagne dans les six mois de 1915 fut établi selon ce qui suit : cent quatre-vingt-dix-neuf officiers blessés, cent quatre tués, plus quatorze disparus ; cinq mille cent soixante soldats blessés, mille cinquante tués, plus quatre cent trente-cinq disparus. Il faut donc se poser la question : comment des soldats peuvent-ils « disparaître » sur une seule et unique montagne ? La réponse est évidente : ensevelis par une avalanche.

Il neigea depuis la frontière suisse jusqu'aux Dolomites, de l'Eisack (Adige) jusqu'à l'Isonzo. Chaque montagne, chaque tranchée furent ensevelies sous de la poudreuse. Les sentinelles étaient toutes blanches, et comme elles devaient rester immobiles pour échapper aux yeux perçants des tireurs d'élite, elles ressemblaient à des bonhommes de neige. Seules des bouffées de fumée de pipe montraient qu'elles étaient vivantes. L'occupation principale des soldats sur la chaîne des Alpes, *Alpini* et *Standschützen* confondus, était de pelleter la neige. Sentiers, tranchées, échelles, positions d'artillerie, tout était recouvert de masses de neige. S'approvisionner devenait un problème majeur. Les porteurs n'arrivaient plus à passer les congères, et une ascension qui normalement prenait une journée par beau temps en demandait désormais trois. Les colonnes qui apportaient les provisions indispensables, progressant dans la poudreuse, devaient changer leur homme de tête tous les dix mètres. Des glaçons pendaient aux fils de communication et les hommes devaient escalader des pentes verglacées pour réparer les inévitables ruptures. Sur les vastes glaciers des régions de l'Ortler et de la Marmolada, les crampons étaient aussi vitaux que des bottillons. Des ponts de neige fragiles qui enjambaient des crevasses sans fond cédaient sous le poids des mules et des hommes, les entraînant dans des accidents mortels.

Avec les importantes chutes de neige et la mauvaise visibilité, la guerre des montagnes connut un répit. Il y eut quelques actions mineures, comme celle d'une patrouille de *Kaiserschützen* du *Fähnrich* (insigne) Mikosch. Une douzaine d'hommes avaient perdu leur chemin dans la tempête. Pendant des heures, ils avaient erré parmi des congères, parfois plus hautes qu'un homme, et étaient à bout de forces quand ils arrivèrent à un groupement de huttes. Complètement épuisés, ils se précipitèrent dans la plus proche, où ils entendirent les respirations lourdes d'hommes endormis. Ce fut alors que le *Fähnrich* remarqua un pardessus d'hiver du 62e régiment d'infanterie italien. Ils s'étaient retrouvés par inadvertance en plein milieu de tout un bataillon de réserve ennemi ! Un garde les repéra et donna l'alarme. Les Autrichiens lancèrent des grenades dans les huttes et s'échappèrent sur les pentes abruptes.

En février 1916, le temps s'était suffisamment amélioré pour reprendre l'attaque. Un bataillon d'*Alpini* était déployé en une longue ligne aux abords de Col di Lana quand un soldat leva les yeux et vit un nuage sombre près du sommet, comme ceux des violents orages d'été. Il hurla un avertissement. Une masse gris-bleu dévala la pente en grondant, sifflant et tourbillonnant... puis tout fut silencieux, d'un silence de mort : 341 soldats italiens furent ensevelis sous vingt mètres de neige compressée. La nature avait eu le dernier mot, l'attaque à Col di Lana fut suspendue pour un mois.

Après une année de combats acharnés, souvent au corps à corps, à des altitudes de plus de 3 000 mètres, les *Schützenbattalions* s'accrochaient à la ligne de front des montagnes et les Italiens n'avaient pas progressé d'un pouce sur le sol sacré tyrolien. Le printemps étant sur le point de faire fondre la neige dans les vallées, les Italiens entreprirent un nouveau genre de guerre alpine. Quand ils ne réussissaient pas à prendre un sommet d'assaut, ils creusaient un tunnel dans la montagne sous les positions autrichiennes.

Le colonel Tarditi, commandant des deux bataillons d'*Alpini* engagés dans le secteur de Col di Lana, donna l'ordre au lieutenant-colonel Peppino Garibaldi de creuser un puits de mine qui conduirait jusqu'au sommet. Pendant deux mois, les Autrichiens entendirent des bruits de foreuses sous leurs pieds. Les Italiens avaient installé un gros compresseur sous un surplomb, et creusaient une cheminée dans la montagne. Quand ils arrivèrent juste sous le sommet, ils créèrent des embranchements avec de petites chambres à l'extrémité. Le 12 avril, les Italiens avaient terminé leurs excavations. Dans la seule nuit du 15 au 16, les chambres furent bourrées de cinq tonnes de nitrogélatine.

Cette même nuit, la 5e compagnie du 2e régiment de *Kaiserjäger* du capitaine Adalbert Homa, épuisée, fut remplacée par la 6e compagnie du même régiment sous le commandement de l'*Oberleutnant* Anton von Tschurtschenthaler.

*17 avril 1916*. Une aube grise se leva sur les Alpes. Soudain, l'enfer se déchaîna : cent cinquante canons tirèrent sur le sommet de Col di Lana. À 14 h 27, l'*Oberleutnant* Anton von Tschurtschenthaler envoya le rapport suivant :

« Au commandant du bataillon K & K, du commandant de Col di Lana. De 5 heures à 9 heures, artillerie légère, après 9 heures, artillerie lourde sur notre position. La ligne de tranchées est totalement bombardée, tout comme notre position de retraite. Abri de la compagnie a reçu coup au but. Abris souterrains inutilisables à cause lourd nuage de soufre. Situation désespérée, n'envisage pas de solution. En cas d'attaque ennemie nous ferons tout notre possible. Avons besoin de soins et de brancardiers, urgent. Ce rapport n'est pas envoyé dans la panique mais relate les faits. Je demande assistance immédiate. Tschurtschenthaler, *Oberleutnant*. »

Le bombardement meurtrier s'arrêta aussi soudainement qu'il avait commencé. À 22 h 30, le sommet fut tout à coup illuminé par de puissants projecteurs placés sur les pics environnants. « Quelque chose se prépare, hurla Tschurtschenthaler, tous aux abris ! »

À 23 h 30, des explosions secouèrent toute la région. Les gens de la vallée, horrifiés, virent trois flammes géantes s'élever dans le ciel. Le sommet de Col di Lana se désintégra et des milliers de tonnes de rochers s'éparpillèrent, déclenchant d'innombrables chutes de pierres, dont l'une emporta un convoi de mules chargées de ravitaillement. Le sommet avait disparu, remplacé par un cratère de cent mètres de diamètre. Cent cinquante *Kaiserjäger* périrent dans l'explosion. Un seul d'entre eux, dans les tranchées, en réchappa. La force de l'explosion le catapulta en l'air et il atterrit plusieurs centaines de mètres plus bas dans les branches d'un arbre. Il erra pendant deux jours avec une jambe cassée. Ceux qui le trouvèrent, en sang et en loques, crurent être tombés sur un fantôme.

Ce fut un miracle que quelques *Kaiserjäger* eussent réussi à survivre. Tschurtschenthaler et quelques-uns de ses hommes se trouvaient dans une caverne sur un pic secondaire, dont la sortie était à l'opposé de l'endroit de l'explosion. Mais une chute de pierres avait bloqué l'ouverture. Sans lumière, suffoquant dans les vapeurs de soufre, ils s'écorchèrent les mains pour se frayer un passage. Au bout de quelques heures, ils réussirent à passer, pour se retrouver devant les fusils d'un commando d'*Alpini* qui avaient fini par prendre possession de Col di Lana. Cette victoire démontra le non-sens de la guerre en haute montagne.

Le combat pour Col di Lana terminé, le cœur de la bataille en montagne se déplaça vers la région de l'Ortler, où les Autrichiens tenaient le Cima di Campo (3 480 mètres) et le Königspitze (3 800 mètres). L'été 1916 était chaud et sec, un temps idéal pour monter du matériel sur les pentes raides et désolées vers les positions des sommets et renforcer ainsi le dispositif d'artillerie. Les problèmes de ravitaillement étaient multiples. Il fallait dix porteurs pour approvisionner un combattant en nourriture et munitions. Sur les sentiers rocailleux, on ne pouvait tabler que sur les mules et la force des bras pour porter les canons et les caisses d'obus, de barbelés, de balles et de provisions. Le déplacement sur les glaciers n'offrait aucun abri face aux fusils ennemis, le manque d'oxygène transformait la marche en torture. À quoi s'ajoutait la réverbération du soleil sur la neige, qui occasionnait brûlures et cécité temporaire. Mais le plus grand danger venait des chutes de pierres.

Le 14 août, sous un ciel de plomb, une longue colonne d'*Alpini* avec leur caravane de mules montait vers le col de Falzarego, chargée de canons. La progression était ralentie par les lourdes charges des mules et la difficulté du terrain. Le temps changea, le soleil plongea derrière un gros nuage noir et il se mit à pleuvoir. L'averse rendit le chemin glissant, les animaux eurent du mal à avancer. Le sentier se transforma vite en torrent. La colonne fit halte, les hommes soulagèrent les animaux de leur fardeau et s'assirent. L'averse s'arrêta enfin et un soleil radieux refit son apparition. Le *capitano* donna l'ordre de reprendre la marche.

Mais la pluie avait fait son œuvre. L'averse avait emporté la fine couche de terre qui recouvrait les empilements de roche des étroits sentiers escarpés qui menaient aux sommets. Un seul obus explosa près de la crête. Quelques pierres se détachèrent et en l'espace d'un instant une vaste surface de pierres et de rochers fut déstabilisée. Le monde s'effondra pour les hommes de la colonne... un pan entier de montagne s'effondra sur les soldats malchanceux. Leurs cris se perdirent sous des masses de rochers de la taille d'une maison qui écrasèrent les mules et les hommes : deux cent cinquante-huit hommes et quatorze canons furent emportés dans la vallée, leurs corps mutilés ensevelis pour l'éternité sous un million de tonnes de pierres.

*Région de la Marmolada, automne 1916.* Les unités autrichiennes avaient transformé en ruche cette montagne de 3 342 mètres, célèbre pour son énorme glacier. C'était désormais une ville de glace souterraine, un labyrinthe de passages, de positions d'artillerie, un hôpital de campagne, des postes d'observation et des réserves. On avait installé des dortoirs pour les compagnies, une cuisine et un standard téléphonique. On avait placé des planches au-dessus des crevasses, les plus petites fissures de la surface du glacier servaient de nid de mitrailleuse. Mais beaucoup furent victimes des ponts de neige traîtres, et, même aujourd'hui, plus de quatre-vingts ans plus tard, le glacier géant recrache encore ses victimes. Sous les champs de neige escarpés juste sous le sommet étaient embusqués les artilleurs. Un système complexe de paniers sur câbles, surnommés cercueils volants, leur fournissait le nécessaire pour survivre sur ces hauteurs désolées. Les duels d'artillerie quotidiens avaient peu d'impact sur les hommes dans les cavernes de glace, et toute attaque sur le glacier lisse comme un miroir droit dans le champ de tir des mitrailleuses fixes aurait été équivalente à un suicide.

À la mi-novembre 1916, il commença à neiger. Les avalanches dévalaient comme des chutes d'eau sur les positions dans la vallée, autour de Schulderbach. C'était bien pire pour les caravanes de ravitaillement. Jour après jour, les porteurs devaient emprunter des sentiers tortueux, dans un chaudron de sorcière plein de tempêtes et de rafales de neige. Il n'existe pas de décompte de ceux qui y laissèrent leur vie, gelés, écrasés, ensevelis sous la neige. Début décembre 1916, la couche de neige était si épaisse que tout ravitaillement des sommets devint impossible. Heureusement les réserves étaient pleines et les munitions ne manquaient pas. Ceux qui n'étaient pas obligés d'être dehors s'abritaient dans la douzaine de huttes en bois qui avaient été construites pendant les mois d'été, bien à l'abri des bombardements ennemis, mais pas des avalanches.

C'était le jour de la fête de Santa Lucia, le 13 décembre 1916. Les hommes de la 2e compagnie avaient pelleté de la neige toute la journée. Ils étaient trempés et fatigués, s'étaient déshabillés et glissés dans les châlits de leurs cabanes bâties sur la pente qui conduisait à la ligne de crêtes. Le père Martin Metschik, prêtre du 1er bataillon du 3e régiment des *Kaiserschützen*, raconta ce qui se produisit :

« J'étais en compagnie de mon bon ami Hercule dans un abri près d'un précipice. Il avait commencé à neiger en novembre, ce qui occasionnait des avalanches plus meurtrières que la guerre. Ce matin-là, aux environs de 5 h 30, nous entendîmes un bruit d'avalanche. Nos hommes furent surpris en plein sommeil dans les cabanes sur la pente du Gran Poz. Les cris des blessés nous firent réaliser qu'un drame venait de se produire. Le premier abri où nous parvînmes, celui de notre commandant Rudolf Schmid, qui était bâti directement contre la paroi, était recouvert d'une épaisse couche de neige compressée dure comme du ciment. Il fallut sept heures pour le dégager. Il fut de ceux qui eurent de la chance. Il ne restait rien des cabanes de la 2e compagnie, juste une coulée de glace qui indiquait le trajet de l'avalanche. La pression de l'air avait transformé une autre série de cabanes situées sur le trajet de la coulée monstrueuse en une masse de décombres écrasés qui dépassaient d'une montagne de neige mêlée de blocs de glace et de grosses pierres. Nous avons pelleté quatre jours, toujours sous la menace de nouvelles avalanches. Nous n'avons trouvé que des corps brisés avec des faces bleuies. Le quatrième jour, nous avons abouti dans une caverne de glace naturelle où sept soldats s'étaient réfugiés. L'un d'eux était mort, un autre à moitié gelé, mais il en restait cinq en bonne santé. Ils avaient perdu la notion du temps. Un des soldats me raconta qu'il pensait être resté enseveli seulement vingt-quatre heures [1]. »

L'ennemi, qui tenait l'autre face, n'était pas mieux loti. L'histoire du lieutenant Tullio Minghetti du 7e bataillon d'*Alpini* était similaire à celle du prêtre autrichien.

« C'était la nuit de Santa Lucia (le 13 décembre) et je pensais à ma famille, chez moi. Nous étions treize

---

1. D'après un récit du père Metschik, le 14 décembre 1956, sur les survivants de la guerre de la Marmolada, et consigné dans *Die Marmolata, Kaiserschützenbund*, Vienne, 1972.

dans l'appentis abritant le moteur de notre système de câbles. La chance a voulu que je sois du côté sud du petit abri, ancré par deux câbles d'acier au rocher solide de la paroi qui tombait à la verticale jusqu'au Val Ciampi d'Arei. Soudain je sentis une pression terrible dans mes oreilles et crus que ma tête allait exploser. Les bougies s'éteignirent. Puis on entendit un craquement infernal, tout l'abri fut secoué et j'entendis nettement claquer un des câbles qui venait de lâcher. "C'est fini, maintenant nous tombons", fut ma première pensée. Mais ce ne fut pas le cas. La neige envahit la pièce, je fus projeté contre la paroi. Je cherchais désespérément à respirer. Je creusai jusqu'à avoir les mains en sang, et me ménageai un étroit passage. Je réussis à sortir la tête et fus atterré de découvrir que la moitié de notre abri manquait, et se balançait de façon inquiétante au-dessus de l'abîme. Loin en dessous, là où l'horrible avalanche avait terminé son parcours mortel, je remarquai un gros tas de neige, la tombe de ma compagnie... » (Tullio Minghetti, *I figli dei Monti Pallidi*, Legione Trentina.)

Il y a quelque chose à retenir de ce combat pour la possession des « territoires d'altitude ». Les deux camps étaient déterminés à oublier les leçons apprises par les montagnards qui étaient passés par là avant eux. Et cependant, malgré toutes leurs erreurs, les *Schützen* et les *Alpini* se débrouillèrent plutôt bien. Dans un conflit se déroulant à de telles altitudes, il était impossible de faire une distinction entre un gagnant et un perdant. Au final, trois ans de souffrances et d'effusions de sang ne servirent à rien. Les gains de territoire étaient nuls. Ainsi en avait décidé la nature.

Italiens comme Autrichiens avaient compté sans la montagne. Les deux tiers des pertes de cette guerre alpine meurtrière furent infligés par les seuls éléments. L'homme peut vaincre son semblable. Mais quand il est confronté aux forces déchaînées de la nature, il est impuissant.

Seule la montagne décide qui vivra ou qui mourra.

# 9

# La semaine où les panzers ont gelé

*5 décembre 1941*

> « Notre sergent nous avait dit que l'hiver arrivait. Mais qui aurait pu penser qu'il allait être si terrible ? »
>
> Lettre d'un soldat allemand sur le front de l'Est, décembre 1941.

L'*Obergefreiter* Otto Schiele, 4e compagnie, 3e bataillon d'infanterie de la division 31, prend dans sa poche une page du *Völkischer Beobachter*. Elle date de plusieurs mois.

« *Und was hat unser fescher Herr Hitler heute für uns ?* » (Qu'est-ce que notre beau M. Hitler nous a réservé aujourd'hui ?) demande le soldat Hans Wallner, un Viennois, assis dans un coin en maillot de corps, occupé à attraper ses puces. Après six mois en Russie, il n'a pas beaucoup de considération pour son Führer. Et les autres partagent son point de vue, agglutinés devant le foyer du seul abri resté debout dans le village dévasté.

Otto Schiele déplie la page portant le gros titre « Le

## Position de l'armée allemande, Moscou, 5 décembre 1941

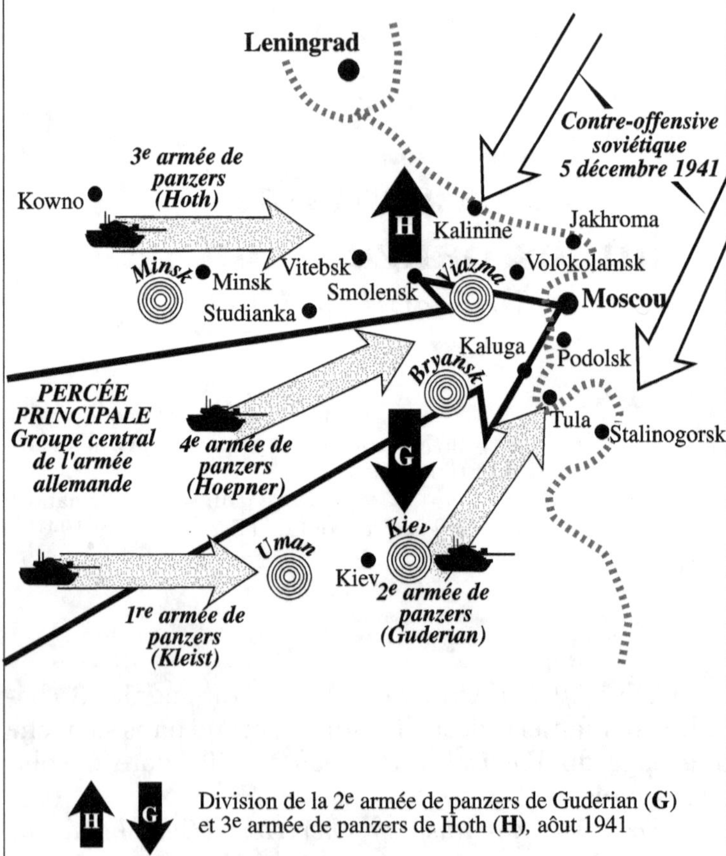


Division de la 2e armée de panzers de Guderian (**G**) et 3e armée de panzers de Hoth (**H**), août 1941

Ligne de front, 5 décembre 1941

**Armées soviétiques encerclées et anéanties**

2 juillet Minsk : 4 armées
5 juillet Uman : 3 armées
14 sept. Kiev : 5 armées
oct. Viazma/Bryansk : 8 armées + 1 groupe de combat

discours émouvant du ministre de la Propagande Joseph Goebbels : *Kampf bis zum letzten Mann und der letzten Kugel !* (Battez-vous jusqu'au dernier et jusqu'à la dernière balle !) ». Puis il en déchire un petit bout et sort de son autre poche une pincée de *machorka* (tabac russe), mélangé à du foin pour durer plus longtemps, et se roule une cigarette. Il inhale profondément la fumée, puis passe la cigarette à la ronde. Une bouffée d'air glacé ranime le feu. Un soldat vient de claquer la porte, il porte un casque d'acier, son pardessus est saupoudré d'une fine couche de glace. Son visage est couvert de petits glaçons. « *Scheisse*, il gèle, ce soir. »

« Quoi de neuf ? » demande le soldat Wallner.

« *Wachtablösung*, saloperie de changement de tour de garde, voilà ce qu'il y a de neuf ! »

« J'ai compris, maugrée Wallner qui va chercher ses vêtements. Je crois que je vais arrêter ce boulot et prendre de longues vacances. J'accepterai même de ne pas être payé. » Il rajoute couche sur couche de chaussettes et pulls. « Gardez-moi quelque chose pour le petit déjeuner. *Heisser Kaffee, Butterbrot mit Honig, ein weiches Ei.* » Il débite sa tirade d'un ton amer, prend son fusil et sort dans la nuit. La température est descendue à moins quarante-deux. Il fut retrouvé le lendemain matin, raide comme un bout de bois. Il n'avait probablement pas souffert, il avait juste dû s'endormir et mourir gelé.

On peut affirmer avec exactitude que le 5 décembre 1941 restera dans les annales de la guerre moderne comme le jour du sacrifice de l'infanterie allemande. Ce jour là, la 31e division d'infanterie montra un sens du devoir comparable à celui des soldats de la charge héroïque de Ney à Waterloo, ou des hommes de Pickett à Gettysburg.

Ce fut un changement de la météo qui décida du cours des événements. À une heure du matin, par une nuit de pleine lune, la température était descendue à moins quarante-six. Les hommes portaient deux ou trois paires de caleçons longs, et tout ce qu'ils pouvaient s'empiler sur le corps. Certains avaient des vêtements rembourrés pris sur l'ennemi. Les bottes en feutre étaient particulièrement prisées, mais on ne pouvait s'en procurer que sur les Russes morts. L'attente exaspérante, dans un froid insupportable, mettait les nerfs à rude épreuve. Au-delà de la forêt baignée par le clair de lune, on entendait le ronronnement de moteurs de tanks à l'arrêt.

« Ce ne sont pas les nôtres, ce sont les leurs ! » fit remarquer sèchement un vieux caporal.

« Ils ne tombent donc jamais en panne d'essence ? » râla un nouveau venu.

« Ils en ont tellement qu'ils pourraient même se faire frire le cul ! »

L'attente arriva soudain à son terme. En arrière, un gradé bien au chaud dans son camion radio avait décidé de ce qu'il adviendrait de son bataillon dans l'heure suivante. Pour un soldat allemand aux portes de Moscou, tout valait mieux que de geler sur pied et de s'écrouler comme un glaçon. Les sergents aboyèrent « *Auf marsch-marsch !* » Les hommes prirent leurs fusils et commencèrent à avancer dans la neige. Mal nourris, avec des vêtements et des armes non adaptés à l'hiver russe, sans soutien d'artillerie, les soldats de l'infanterie allemande s'enfoncèrent dans la neige jusqu'à la taille, leur souffle gelant à peine sorti de leur bouche. Puis l'ennemi ouvrit le feu, les hommes se cramponnèrent plus fort à leurs fusils et continuèrent d'avancer au devant des éclats de lumière. Leur marche s'apparentait plus à des chutes répétées entrecoupées de quelques pas qu'à l'avancée d'une armée, et encore, uniquement pour ceux qui y arrivaient. Les sergents hurlaient des encouragements que les hommes n'entendaient pas dans le vent qui mugissait et les sifflements des balles. Ils avançaient tête baissée, comme si cela pouvait les protéger. Malgré le froid à glacer les os, ils transpiraient sous l'effort, l'épuisement et la peur. Maudissant leurs fusils, ils tapaient à coups de poing sur les sécurités coincées par le gel pour essayer d'ouvrir les culasses. Ils maudissaient « Ivan » et son fusil conçu pour le froid, qui apparemment ne se bloquait jamais. Mais il fallait continuer à avancer coûte que coûte, sous peine de geler instantanément en cas de chute. La suite ne fut qu'une vaste hécatombe. Des trous apparurent un peu partout, les hommes étaient simplement avalés par l'immensité blanche. Mais ils avançaient toujours.

En milieu de matinée, le ciel d'un gris de plomb fut balayé d'un coup, comme le rideau qui se lève sur une tragédie grecque. Les soldats de la 31e firent preuve d'une bravoure qui alla bien au-delà du devoir. Quand toutes les ressources de la technologie moderne furent épuisées, les hommes continuèrent, mus par leur volonté de survivre. La 31e division d'infanterie enfonça les lignes ennemies et arriva à moins de huit kilomètres de son but.

Et ce fut la fin, elle ne put plus avancer.

LE GROS DE L'ARMÉE RUSSE STATIONNÉE EN RUSSIE OCCIDENTALE DOIT ÊTRE DÉTRUIT PAR UNE SÉRIE D'OPÉRATIONS AUDACIEUSES MENÉES PAR DES OFFENSIVES DE BLINDÉS. IL FAUT EMPÊCHER LA RETRAITE ORGANISÉE D'UNITÉS INTACTES DANS L'IMMENSITÉ DE LA RUSSIE.

Telle était la directive d'Hitler, *Führer Befehl n° 21*, dictée le 18 décembre 1940, appelant à la destruction de l'Union soviétique. L'assaut allemand, du nom de code *Fall Barbarossa*, qui commença à l'aube du 22 juin 1941, fut déclenché par un conflit irrémédiable entre le concept fanatique de suprématie raciale et la volonté d'une révolution mondiale menée par les travailleurs.

Hitler méjugea la combativité des soldats russes mal entraînés et, plus encore, l'assise politique du despotisme de Staline [1]. D'un autre point de vue, la conviction de Staline qu'Hitler n'agirait pas irrationnellement en entamant une guerre avant d'en avoir terminé une autre était une erreur capitale. Le tsar rouge n'ignorait pas le potentiel allemand, mais n'imaginait pas ses projets immédiats. Cependant, le 5 mai 1941, un mois avant l'assaut, il s'adressa ainsi aux diplômés de l'Académie militaire russe : « L'éventualité d'une attaque allemande dans le futur ne peut pas être écartée. Soyez préparés à parer à n'importe quelle éventualité. »

Quand cela se réalisa, ce 22 juin 1941, l'ensemble du système de défense soviétique était incroyablement mal préparé. Malgré les conseils de prudence des super espions russes Richard Sorge et Kim Philby, et de Golikoff, chef du directoire de l'intelligence militaire, Staline préféra faire fi de ces avertissements. Il accusa même Sorge d'être un agent double à la solde des Allemands. À midi ce premier jour, après que les Allemands eurent détruit des centaines de tanks et occupé de nombreuses villes frontières russes, le maréchal Timochenko transmit les ordres spécifiques de Staline au général Boldin, commandant de son unité avancée :

> AUCUNE ACTION NE DOIT ÊTRE ENTREPRISE CONTRE LES ALLEMANDS SANS QUE NOUS N'EN SOYONS AVERTIS. LE CAMARADE STALINE A INTERDIT À L'ARTILLERIE D'OUVRIR LE FEU SUR LES ALLEMANDS.

Dans une telle confusion, même la puissance du colosse russe n'avait aucune chance, étant donné qu'une guerre offensive moderne, comme une charge de cavalerie du XIXe siècle d'ailleurs, était gagnée par ceux qui arrivaient sur place les premiers et les plus nombreux. Staline avait plus de tanks, d'avions et sans doute plus

---

1. Un mois après le début de la campagne, Halder, le chef d'état-major d'Hitler, écrivit : « Toute la situation démontre clairement que nous avons sous-estimé le colosse russe. »

d'hommes que son adversaire, mais les divisions de l'armée Rouge n'étaient pas entraînées, et dispersées de la Mongolie-Extérieure jusqu'à la frontière polonaise. Les stratèges militaires prudents, comme le maréchal Toukhatchevski, avaient essayé d'alerter Staline des dangers inhérents à cette situation, mais leurs voix avaient été cruellement réduites au silence en 1937, pendant les sanglantes purges de l'armée.

Hitler, réalisant la position difficile du tsar rouge, commit une erreur stratégique. Plutôt que de suivre la tactique de Napoléon et de concentrer ses forces sur un seul front, il divisa ses forces en trois fourches. Au nord vers Leningrad, au centre vers Moscou et au sud vers le grenier à blé de l'Ukraine et les champs de pétrole de la mer Caspienne dont il avait besoin pour alimenter sa vorace machine de guerre. Il ne disposait ni des hommes ni des engins pour une opération de cette envergure. Cependant, cela dura cinq mois. Rien ne semblait pouvoir stopper les panzers d'Hitler. Sinon un miracle.

L'été 1941 était chaud et sec, les températures grimpaient au-dessus de quarante, ce à quoi les armées allemandes n'étaient pas habituées. Les routes de Russie étaient recouvertes d'une fine poussière qui bouchait les radiateurs et les filtres à air, faisait surchauffer les moteurs des tanks et cloquer leur peinture. Comme dans toute guerre depuis des temps immémoriaux, c'étaient les soldats de l'infanterie qui souffraient le plus : ampoules aux pieds, intérieur des cuisses à vif à cause de la transpiration. Tout était couvert d'un fin nuage de poussière soulevée par les unités motorisées. Dans les forêts, les hommes étaient attaqués aux bras par des insectes suceurs de sang. L'eau potable devint un sérieux problème. Les Russes, en se retirant, avaient jeté des animaux morts dans les puits pour contaminer l'eau. Celle-ci fut donc rationnée, et les camions-citernes censés ravitailler les panzers en essence durent être convertis en transporteurs d'eau. Les médecins avaient donné des ordres stricts pour que l'eau ne fût bue qu'après avoir été bouillie, mais la chaleur, la poussière et la fumée de cordite firent que beaucoup mésestimèrent le danger. Quand la soif prenait le dessus, ils buvaient de l'eau contaminée et tombaient malades – transgression qui en conduisit plus d'un en cour martiale.

La chaleur avait d'autres conséquences, qui s'avéreraient d'une grande importance les mois suivants. Lourdement chargé de tout son matériel de guerre – ceintures de munitions, mitraillettes et tubes de mortier, matériel médical – le fantassin était ralenti par tout poids supplémentaire. Bon nombre d'hommes se débarrassèrent de leurs pardessus d'uniformes ou de leurs lourdes vestes et continuèrent en chemise. Pourquoi pas ? Leur Führer leur avait promis une victoire rapide, ils seraient chez eux bien avant Noël.

La Russie ne ressemblait en rien à la France, avec ses paysages bucoliques, ses routes parfaites que l'on pouvait suivre à l'aide des excellentes cartes touristiques Michelin. On y allait très facilement en train depuis Cologne et Coblence. Mais la Russie ! Tout y prenait des proportions différentes, il fallait multiplier les distances par dix, l'écartement des rails était plus grand[1], ce qui réduisait à néant l'utilité des wagons de marchandise allemands. De plus, les partisans avaient fait sauter les rails et les ponts sur le long trajet qui séparait Berlin et Leipzig de Smolensk et Kiev. Et il y avait le climat, toujours le climat, bouillant en été, humide en automne. Ils ne connaissaient pas l'hiver. Pas encore. La plupart en avaient entendu parler, mais ne l'avaient jamais vécu.

La première phase de *Fall Barbarossa* s'était déroulée conformément aux plans. À la mi-juillet 1941, les deux tiers de la distance vers Moscou avaient été

1. Par ordre du tsar, pour isoler la Russie du reste de l'Europe et prévenir toute ambition militaire de son cousin, le Kaiser allemand.

parcourus par les armées de panzers de Hoth, Hoepner et Guderian. L'Union soviétique avait subi des pertes à une échelle inédite. Trois millions de Russes avaient été faits prisonniers et dix-sept mille tanks capturés ou détruits. Cependant la clé de l'effondrement du bolchevisme ne se trouvait pas dans l'action militaire, mais dans la politique. Ce fut là qu'échoua Hitler. Il perdit une bonne occasion en Ukraine, avec sa population rurale décimée par les purges sanglantes de Staline. Les visées politiques de l'Allemagne, qui étaient de retourner la population de ce grenier à blé contre la dictature bolchevique, furent contrecarrées par le comportement brutal des SS envers la population civile. Des informations sur des exécutions de masse dans les territoires conquis et sur les milliers de morts des camps de prisonniers allemands se répandirent dans toute la Russie.

Le 19 juillet, au paroxysme de la bataille pour Smolensk, Hitler communiqua son *Führer Befehl n° 33*. Il allait démontrer sa plus grande erreur stratégique. Tandis que les panzers de Hoth étaient envoyés au nord pour aider à l'attaque de Leningrad, les formations motorisées de Guderian furent détournées de leur avance sur Moscou, et redirigées vers le sud pour encercler une force russe importante qui tenait Kiev. Hitler pourrait y faire un autre million de prisonniers, ce qui rendrait son génie militaire digne d'entrer dans le livre des records des conquêtes. Afin d'obtenir cette victoire spectaculaire, bien que dénuée de sens, il négligea les trois facteurs vitaux qui avaient vaincu Napoléon : l'espace, le temps, et la météo.

Malgré les protestations des généraux d'Hitler, tel Heinz Guderian, le plus compétent de ses généraux de panzers, qui essaya en vain de persuader son Führer d'annuler ce plan téméraire qui devait inexorablement conduire à une campagne d'hiver, « le plus grand génie militaire depuis Jules César » n'écouta pas son prophète.

« Moscou ? Seuls des cerveaux sclérosés, obsédés par des idées appartenant au passé, verront une utilité quelconque à prendre Moscou », réprimanda-t-il. Il refusa aussi d'écouter son propre commandant en chef, le général Halder, qui nota dans son journal : « Il [Hitler] ne veut pas tenir compte des rapports de force. Pour lui, le nombre des prisonniers de guerre est une preuve concluante de la supériorité de l'Allemagne. » À cause de cette obsession d'Hitler, l'objectif principal de *Fall Barbarossa*, une percée concentrée de trois armées de panzers sur Moscou, fut différé. Quatre précieuses semaines furent perdues à se consacrer à des objectifs secondaires.

Les Allemands accordant moins d'attention au secteur central, le maréchal Timochenko avait réussi à évacuer plus d'un demi-million d'hommes avec leur équipement du piège qui encerclait Smolensk. Il les utilisa pour renforcer le périmètre défensif autour de Moscou. Au lieu d'affronter deux cents divisions soviétiques, la prochaine attaque allemande se retrouverait devant trois cent soixante divisions, de quoi ébranler la stratégie de *Blitzkrieg* d'Hitler.

La phase finale du plan d'Hitler impliquait la prise de contrôle total de la Russie européenne. Pour réussir, il fallait prendre le centre politique du système soviétique – Moscou. L'attaque sur la capitale russe devait être conduite avec une progression simultanée des trois armées de panzers. Ce qui aurait pu être réussi au cours d'un juillet sec devint aléatoire dans un octobre humide. L'Allemagne pouvait déployer une force respectable, mais avec un soutien logistique réduit. Les agresseurs n'avaient rien appris de leurs victoires faciles, et grandement sous-estimé l'effet de la guérilla ou l'influence de la météo. Les partisans russes défendaient leur terre avec talent et une sauvagerie fanatique. À la consternation des Allemands, des civils armés sans expérience militaire concevaient des attaques d'une efficacité redoutable sur des lignes de chemin de fer, des ponts et des dépôts de matériel. L'essence et les munitions mettaient longtemps à arriver sur le front. Il ne manquait plus que l'arrivée du mauvais temps, et l'offensive prévue par les Allemands serait sérieusement perturbée. Hitler ignora tous les pièges éventuels et ordonna que l'avancée vers Moscou reprenne le 2 octobre 1941 – presque jour pour jour à la même date que Napoléon, à la différence que ce dernier décida de se retirer de la ville afin d'échapper à l'hiver qui s'approchait.

C'était la nuit, plutôt chaude pour cette époque de l'année. Les hommes étaient déployés à la lisière de la forêt, et se reposaient sur leurs tapis de sol. Certains regardaient le ciel, d'autres fumaient, leur cigarette dissimulée dans leurs poings. Personne ne parlait. Il était 4 h 20. Encore quarante minutes d'attente. Un jeune conducteur de tank lança avec assurance à son sergent, un vétéran des batailles de chars à Sedan et Smolensk : « *Herr Feldwebel,* que diriez-vous d'un bon repas sur la place Rouge, avec du schnaps et du caviar, disons, dans un mois ? » Le sergent, qui était revenu de tout, se contenta de hausser les épaules. *Pauvre gosse, tu ne comprends vraiment pas ?*

Le *Hauptmann* Detlef von Wagenburg, capitaine de l'unité, qui s'était engagé en 1939 pour ses « *Führer und Vaterland* » devait préparer ses tanks. Quelque chose lui trottait dans la tête. Pendant la campagne en France, il avait roulé sur des grandes routes goudronnées au cours d'un été sec et doux, il était ravitaillé grâce à un réseau de chemin de fer sophistiqué. Alors que dans ces étendues immenses, les intendants étaient confrontés à d'énormes problèmes d'approvisionnement. Et ses tanks devaient emprunter une route indiquée sur une carte stratégique établie à Berlin, mais qui n'existait pas... ou devait d'abord être construite. Il lui fallait en plus composer avec ce colonel narcissique qui saluait tout le monde d'un « *Heil Hitler !* » tonitruant et faisait des tournées pour expliquer aux commandants d'unités que le *Reichskommissar* pour Moscou attendait déjà (à Coblence !), que la *Wehrmacht* avait les meilleurs chefs militaires (ce qui était exact) et, le plus important, qu'ils pouvaient toujours compter sur le plus brillant stratège de l'Histoire, leur Führer inspiré, qui, grâce à son génie, avait tout pensé et tout organisé jusqu'au moindre détail. Il avait ordonné de mettre toutes les ressources de la production de la *Gross Deutschland* à la disposition des troupes. Elles ne manqueraient de rien, les panzers auraient toutes les munitions et l'essence nécessaires pour atteindre Moscou.

La ligne d'horizon où se trouvait l'ennemi n'était plus bleuâtre, et les contours commençaient à se distinguer. Le *Hauptmann* Detlef von Wagenburg regarda sur l'autre rive du cours d'eau et ne vit qu'une étendue infinie. « *Erste Kompanie*, prête pour le départ ? »

Les moteurs des tanks démarrèrent. Tel un grondement d'apocalypse, tout le front explosa. La fumée des projectiles, puis des gerbes de terre s'élevèrent dans le ciel. Le sol trembla. L'artillerie allongea la portée du tir. Les tanks se mirent en marche. Le *Hauptmann* avait pris place dans la tourelle du char de tête, une mallette de cartes à la main. Mais il n'en avait pas vraiment besoin, car tous dans l'escadron connaissaient la direction : vers l'est, en direction du soleil levant, et de Moscou ! Ses tanks écrasaient les champs de seigle et d'avoine. Le premier village auquel ils parvinrent avait été rasé. Les tanks ne s'arrêtèrent pas, il n'y avait rien à faire. La machine de guerre fonctionnait toute seule.

L'avancée simultanée des trois armées de panzers perça le périmètre de défense extérieur de Moscou. Huit cents kilomètres de ligne de front étaient à feu et à sang, et des milliers de panzers écrasaient tout sur leur passage. La Seconde Armée de Panzers du général Guderian enfonça le front de Briansk du maréchal Yeremenko. Elle traversa rapidement les champs de mines et les masses de l'infanterie soviétique.

Le *Hauptmann* était debout dans la tourelle ouverte de son panzer Mark IV. Il était l'avant-garde allemande chargée de réduire l'artillerie russe au silence. Il contemplait le village en ruine quand des vagues d'infanterie russe sortirent du bois. Elles étaient suivies de quelques tanks monstrueux hors d'âge. Une énorme flamme orange sortit du long canon d'un panzer, et frappa droit au but. Les shrapnels explosèrent et blessèrent les soldats. Les tanks allemands firent cracher leurs mitrailleuses et dégarnirent les lignes russes. Les Allemands dans les panzers entendaient les sifflets des commissaires bolcheviques qui lançaient leurs soldats sur les blindés allemands. Une mitrailleuse antichar se mit à arroser leurs flancs. Un panzer partit en flammes, un autre tomba en avant dans un cratère de bombe. Les pertes dans chaque camp étaient sévères. La bataille fit rage quarante minutes avant que l'attaque russe ne prenne fin.

Le même scénario se reproduisait tout autour du périmètre extérieur de Moscou. Des vagues d'attaques suicidaires et des combats d'une résistance fanatique eurent lieu avant que la ligne russe ne fût enfoncée. Un groupe de traînards soviétiques en fuite se cacha dans un bois près d'un village dont ils ignoraient le nom, ce qui était d'ailleurs le cadet de leurs soucis. Ils avaient jeté leurs fusils. Ils auraient fait n'importe quoi pour échapper à cette pluie d'acier qui balayait leur régiment. Il y avait des morts absolument partout. Une patrouille de cavalerie allemande avait failli avoir raison d'eux quand ils étaient à découvert, et bon nombre avaient été achevés à coups de sabre. Il n'en restait que cinq sur une compagnie de cent vingt.

Ils virent des ombres émerger d'une clairière dans les bois. « Baissez-vous », chuchota celui qui s'était proclamé leur chef. Une des ombres s'arrêta et pointa son fusil dans leur direction. « Ce sont les nôtres, ce sont les nôtres ! » hurla l'un des déserteurs. Il se mit à sauter en l'air avec de grands moulinets des bras. Les balles le fauchèrent et le projetèrent contre un arbre. Pourtant, c'étaient des Russes, il n'y avait aucun doute ! Ces hommes se précipitèrent vers les quatre survivants, les alignèrent et les exécutèrent. Oui, c'étaient bien des Russes, mais pas n'importe lesquels. Un escadron du NKVD (la très redoutée police d'État soviétique) chargé de traquer les déserteurs.

C'était la panique ! Le major général K.F. Telegin, chef du district de défense de Moscou, et conseiller de Staline quant à la situation militaire près de la capitale, s'était concentré sur la percée soudaine de Guderian au sud. Ce qui se passa ensuite fut une surprise totale : le 5 octobre, deux pilotes de retour d'une mission de reconnaissance rapportèrent avoir repéré des colonnes ennemies qui avançaient sur la chaussée de Varsovie à Maloyaroslavets, lieu de la bataille historique de 1812. Cela semblait impossible. Telegin vérifia sur sa carte : les panzers de Guderian étaient indiqués à deux cents kilomètres de Kaluga, pas à Maloyaroslavets, et dans la direction d'Orel. Le général appela le commandant des forces aériennes de Moscou pour ordonner une autre sortie de reconnaissance. Quand les avions revinrent, les panzers allemands avaient déjà atteint la rivière Ugra près de Juchnov, à moins de cent soixante kilomètres du centre de Moscou. Telegin n'osa pas appeler directement Staline, il savait trop bien que celui qui apportait de mauvaises nouvelles était envoyé dans un bataillon suicide – s'il avait de la chance. Mais il fallait qu'il l'annonce à quelqu'un. Il appela le maréchal Chapochnikov, qui lui aussi était dubitatif. Quelques instants plus tard, Poskrebichev, le secrétaire personnel de Staline, lui téléphona, puis il eut Staline lui-même en ligne.

« Alors, Telegin, qu'est-ce que c'est que cette histoire ?

– Camarade Generalissime, des unités nazies avancées sont sur l'Ugra.

– C'est confirmé ?

– Oui, camarade Generalissime.

– Hum ! » grommela Staline.

Puis il raccrocha. Telegin frissonna. Son téléphone sonna de nouveau. Cette fois, c'était l'âme damnée de

Staline, le très redouté Lavrenti Beria, qui hurla et tempêta, traitant le général de provocateur et propagateur de fausses rumeurs. Quand Telegin se défendit et insista sur le fait que le colonel Sbytov, commandant du district des forces aériennes, avait confirmé la nouvelle, les hommes de Beria arrêtèrent Sbytov. Alors que tout le front de Moscou menaçait de céder, le général commandant du district de défense de Moscou devait consacrer son temps et son énergie à sauver un colonel de l'armée de l'air du peloton d'exécution.

Ce qui s'était passé était très simple. Les 3e Panzers de Hoth et les 4e Panzers de Hoepner avaient enfoncé le front ouest de Koniev et leurs colonnes de tanks fonçaient sur les chaussées de Mozhaïsk et de Varsovie dans un mouvement de tenaille autour de Viazma. Ils avaient atteint une position très au-delà des forces principales de Koniev et menaçaient le *Front de Réserve* du maréchal Budienny, la position de défense ultime autour de Moscou.

Sur un pont de la chaussée de Varsovie encombré de femmes et d'enfants en fuite, des sapeurs fixaient en hâte des charges explosives. L'une d'elles explosa prématurément. Le tablier explosa au centre et envoya aux cieux des centaines de réfugiés. Le pont détruit retarderait l'avancée allemande d'une douzaine d'heures tout au plus, mais il condamnait irrémédiablement les tanks et canons russes à rester de l'autre côté.

Après seulement sept jours de combats acharnés, l'affrontement atteignit son paroxysme dans le grand mouvement de tenaille autour de Viazma et de Briansk. Après un assaut meurtrier, les tanks de Guderian investirent Orel. Quand le général Yeremenko donna l'ordre de la contre-attaque, celle-ci se termina en tentative désespérée de rallier Moscou. Ce fut l'échec, et l'armée soviétique de Briansk fut condamnée.

Le 7 octobre, les panzers de Hoepner et Hoth firent leur jonction et le piège se referma. Dans cette poche se retrouvaient six armées russes, cinquante-cinq divisions, six cent soixante-trois mille hommes, mille deux cent quarante-deux tanks et cinq mille quatre cent douze canons. D'interminables colonnes de prisonniers s'étirèrent sur les routes boueuses.

Les cent cinquante derniers kilomètres de la route de Moscou étaient encombrés de réfugiés. La *Luftwaffe* était aussi passée par-là. Les fugitifs devaient contourner les cratères de bombes, les tanks détruits, les cadavres de chevaux. Parfois la foule était retenue aux barrages routiers du NKVD, qui contrôlait les identités. Les femmes sans permis de voyage étaient enrôlées d'office pour creuser des tranchées antichars. Les hommes dans la même situation étaient abattus sur-le-champ.

Le général G.V. Baluchin avait assisté aux combats les plus durs depuis juillet. Il avait conduit sa division dans une charge héroïque devant Smolensk pour stopper deux divisions de panzers et permis à ses hommes de se retirer sur une nouvelle position défensive. Le maréchal Budienny en personne l'avait décoré pour ce fait héroïque. La division de la garde de Baluchin tenait désormais le secteur nord de Spas-Demensk. Au matin du 5 octobre, une formation de panzers surgit soudain du brouillard. Les tanks se divisèrent en fourche, se mirent à cracher le feu et débordèrent rapidement les lignes de Baluchin. Le toit de son QG partit en flammes, sa ligne de téléphone fut coupée. Sans communications, à travers l'épaisse fumée, il était impossible d'évaluer la situation. Ses positions avancées avaient été attaquées de flanc, ses lignes principales enfoncées. L'infanterie allemande derrière des panzers avait coincé les unités de Baluchin dans plusieurs poches d'où elles ne pouvaient s'échapper, à moins qu'il n'agisse aussitôt et n'appelle à une retraite immédiate vers la berge de la rivière suivante. Il n'avait pas l'autorité pour le faire, mais sans retraite tous ses hommes et leur précieux équipement seraient perdus. Ignorant l'objection de son commissaire politique, Baluchin donna l'ordre de se retirer. Avant qu'il n'eût atteint les ligne d'Ugra, près de Juchnov, sa voiture fut arrêtée à un barrage du NKVD. Un véhicule s'avança, dont jaillit un capitaine du NKVD. Il sortit une feuille de sa mallette : « Général Baluchin, vous êtes relevé de votre commandement, sur ordre du Comité de Défense de Moscou. »

Le général ne semblait pas comprendre. Le capitaine du NKVD toisa cet officier qui était son supérieur. « Baluchin, vous n'êtes plus général. Rendez votre arme. » Il fit un geste vers ses deux gardes qui pointèrent leurs fusils mitrailleurs vers Baluchin.

« Grigori Baluchin est condamné à mort pour sa lâcheté face à l'ennemi. La sentence sera immédiatement exécutée. »

Baluchin demanda à fumer une dernière cigarette, ce qui n'était pas autorisé, mais le capitaine se rappela que cet homme était un héros, dont il connaissait la réputation. Puis les gardes l'entraînèrent sur le bas-côté de la route...

Malgré le danger imminent, Staline gardait son calme. Le jour de l'exécution de Baluchin, il prit deux décisions. La première fut d'appeler le général Joukov, qui avait bloqué l'avancée allemande sur Leningrad, et la seconde, de lui ordonner de se rendre à Moscou. Quand l'avion du général atterrit, on le conduisit directement auprès de Staline, alité à cause d'une grippe, dans sa *datcha* près de Moscou.

« Notre front ouest rencontre de sérieuses difficultés. Je veux que vous alliez vous rendre compte de la situation et me fassiez un rapport. Vous avez toute autorité. »

Dans une aube grise, rayée de quelques flocons de neige, Joukov prit la route dans une voiture banalisée. Il n'avait pas dormi de la nuit et était si fatigué qu'il devait demander au chauffeur de s'arrêter de temps en temps pour qu'il fasse quelques pas autour du véhicule afin de lutter contre le sommeil. Son premier arrêt fut au QG du front de réserve de Budienny, mais personne ne semblait savoir où se trouvait ce dernier. Joukov alla ensuite à Juchnov, qu'il connaissait bien, car c'était sa ville natale. Il finit par rencontrer le maréchal Budienny, très désemparé, près du pont d'Ugra. Joukov, bien que simple général, ordonna au maréchal de défendre la chaussée de Varsovie avec toutes les forces qui lui restaient. Puis il alla à la recherche des autres commandants du front, Koniev, Boulganine (qui devint le Premier ministre de Khrouchtchev) et Sokovski. Ils l'informèrent que le front était « fluide », euphémisme pour « débandade complète », et qu'ils n'avaient « aucune information concluante sur les positions actuelles des Allemands ». Joukov fit ce qu'il y avait de mieux à faire, il entreprit de les découvrir lui-même. Ce qu'il constata n'était pas rassurant. La totalité de l'anneau défensif autour de Moscou ressemblait à une passoire. Dans la nuit du 8 octobre, Joukov appela Staline. Il lui relata simplement la vérité. Les 16ᵉ, 19ᵉ et 20ᵉ armées de Koniev ainsi que le Groupe d'Attaque Boldin étaient encerclés, de même que les 24ᵉ et 32ᵉ armées de Budienny. Six cent cinquante mille hommes et des milliers de tanks et de canons étaient perdus. Le 11 octobre, Staline nomma Joukov commandant en chef du nouveau Front de Moscou.

« Quel est votre avis, général ?

– Oublions Koniev, Yeremenko et Budienny, qu'ils essayent de s'en sortir par leurs propres moyens. Nous devons tout concentrer sur une ligne de défense interne autour de la capitale, Camarade Staline.

– De quoi avez-vous besoin ? demanda Staline.

– De cent divisions et de deux cents tanks. »

Staline opina du chef, et Joukov ne put s'empêcher de se demander où Staline pourrait bien récupérer cent divisions et deux cents tanks.

Ce fut la seconde décision de Staline en cette journée fatidique. Il avait encore un as dans sa manche, un super-espion, en la personne du Dr Richard Sorge, correspondant à Tokyo du *Frankfurter Zeitung* allemand. Fin août, lorsque la situation était devenue critique, Staline avait eu besoin d'une réponse à une question vitale : pouvait-il risquer d'utiliser ses réserves de Sibérie et par là même ouvrir la porte à une invasion japonaise ? Sur ses ordres, le Centre de Moscou câbla au Dr Sorge :

EN RAPPORT AVEC LA GUERRE GERMANO-SOVIÉTIQUE, QUELLE EST LA DÉCISION DU GOUVERNEMENT JAPONAIS CONCERNANT NOTRE MÈRE PATRIE ?

Sorge mit en action son réseau d'informateurs. Il en avait au sein du gouvernement japonais, et dans le comité d'organisation du réseau ferroviaire de Mandchourie, ligne essentielle pour le ravitaillement d'une force d'invasion. Il eut une confirmation définitive lors d'un dîner avec Ott, l'ambassadeur d'Allemagne, qui confia à Sorge que « ces damnés Japs ne veulent pas entendre parler de se ranger derrière notre traité pour attaquer l'Union soviétique. Leurs plans de guerre sont concentrés sur un contrôle maritime du Pacifique ».

Le 4 octobre 1941, le Dr Sorge ordonna à Max Clausen, son opérateur radio, d'envoyer un message codé au Centre de Moscou. Il fut transmis à Staline sur-le-champ[1]. Le texte précisait que les Japonais ne se considéraient pas liés par les termes du Pacte Tripartite (l'axe Berlin-Rome-Tokyo signé en septembre 1940) :

EN AUCUNE CIRCONSTANCE LE JAPON NE DÉNONCERA SON PACTE DE NON-AGRESSION AVEC L'UNION SOVIÉTIQUE. SON PLAN STRATÉGIQUE PRÉVOIT UNE AVANCÉE DANS LE PACIFIQUE SUD, RIEN DE PLUS. L'EXTRÊME-ORIENT SOVIÉTIQUE PEUT ÊTRE CONSIDÉRÉ À L'ABRI D'UNE ATTAQUE JAPONAISE, DU MOINS JUSQU'À LA FIN DE L'HIVER, IL N'Y A PAS LE MOINDRE DOUTE[2]...

1. Ce fut le dernier envoi de Sorge, qui fut arrêté le lendemain par la police secrète japonaise.

2. Le pacte de neutralité entre le Japon et la Russie fut signé en avril

Sur la foi d'un unique télégramme de Tokyo [1], Staline fit un pari. Alors que les panzers allemands approchaient des portes de Moscou, le dictateur méfiant joua le destin de son pays sur la foi du message codé d'un agent. Staline rédigea alors l'ordre suivant :

> À L'ARMÉE D'EXTRÊME-ORIENT. TOUTES LES TROUPES DE SIBÉRIE, DES RÉPUBLIQUES D'ASIE CENTRALE, LES UNITÉS DES CAMPS D'ENTRAÎNEMENT AU KAZAKHSTAN ET EN OUZBÉKISTAN DOIVENT ÊTRE ENVOYÉES À MOSCOU LE PLUS RAPIDEMENT POSSIBLE, EN UTILISANT TOUTES LES LOCOMOTIVES ET WAGONS DISPONIBLES, SANS TENIR COMPTE DES MESURES DE SÉCURITÉ EN VIGUEUR DANS LES CHEMINS DE FER...

Avec cet ordre, Staline dégarnissait sa frontière d'Extrême-Orient de toutes ses forces défensives. Ce fut le début du plus grand trafic ferroviaire de tous les temps. Depuis les voies qui longeaient les frontières avec la Chine, la Mongolie et la Sibérie, les trains convergeaient sur la ligne principale du Transsibérien, en direction de l'ouest, parfois si près les uns des autres que les conducteurs de locomotive suivaient les lumières rouges du dernier wagon du train qui les précédait. Cinquante, soixante, cent trains par jour, tous pour la même destination : Moscou. Ils transportaient des canons et des tanks. Et des hommes, énormément d'hommes. Quatre-vingts divisions. Un million de soldats, des formations d'élite, bien équipés et habitués aux dures conditions de l'hiver sibérien. Ils portaient des uniformes blancs, avaient des fusils et des tanks blancs – le T-34 flambant neuf, une machine plus

---

1941, et l'attaque d'Hitler sur l'Union soviétique en juin surprit autant les Japonais que les Russes. C'est la raison pour laquelle ils n'informèrent jamais Berlin de l'attaque qu'ils prévoyaient sur les États-Unis.

1. Cette information finit par être confirmée par Kim Philby, l'espion de la Russie à Londres.

puissante que le matériel dont disposaient les Allemands[1].

Le 11 octobre, le jour où le général Joukov devint commandant en chef du secteur central, deux armées russes de plus furent encerclées, pour nourrir l'obsession d'Hitler de faire des prisonniers : encore six cent soixante mille hommes.

Dans la nuit du 12 octobre il se mit à pleuvoir interminablement.

La capitale russe était devenue la ligne de front. Cent mille Moscovites furent appelés aux armes. Quarante mille garçons et filles de moins de dix-sept ans aidèrent un demi-million de femmes et de vieillards à creuser une tranchée antichar longue de quatre-vingt-dix-huit kilomètres. Bon nombre moururent de froid, n'ayant sur le dos que les vêtements qu'ils portaient chez eux quand ils avaient été réquisitionnés. Des ballons antiaériens furent gonflés et placés devant le théâtre Bolchoï et sur la place Rouge, les grandes avenues furent transformées en parcours d'obstacles avec des barricades de sacs de sable, et des hérissons de rails soudés à chaque intersection. Les berges du fleuve et le parc Gorki furent truffés de batteries antiaériennes. Les hommes furent tirés de leurs usines et enrôlés dans des « bataillons de travailleurs volontaires ». Chaque homme reçut un fusil et cinq balles, avec ordre de résister et de mourir. La loi martiale fut déclarée, les « ennemis de l'ordre » exécutés sans autre forme de procès. La définition de cet « ordre » ne fut jamais précisée.

La ville était en proie à la panique. Le 17 octobre, la capitale fut évacuée de ses « éléments socialement importants ». Seule la gare de Kazan qui desservait Gorki et l'Oural était encore en service[2]. La place devant

1. D'après E. Durschmied, *La Logique du grain de sable*, éditions JC Lattès, 2000.

2. La plupart des troupes venant de Sibérie s'arrêtaient aux faubourgs de la ville pour protéger le secret de l'opération.

la gare était encombrée de milliers de réfugiés. Les membres « socialement importants » du parti attendaient patiemment, assis sur leurs valises. Les petites gens de Moscou contemplaient en silence les flottilles de voitures remplies d'officiels qui quittaient la ville en hâte. Quiconque tentait de s'enfuir sans autorisation officielle était exécuté immédiatement par les patrouilles du NKVD. Ils ne furent d'ailleurs pas les seuls à mourir des mains du NKVD à cette période. Ses commandos spéciaux vidèrent les prisons de leurs détenus et les exécutèrent dans la cour. Quand il n'y eut plus de place dehors, ils les tuèrent dans leurs cellules. On brûlait en hâte des cartes du parti, on pillait les magasins. Le cercueil de Lénine fut retiré de son catafalque et évacué de la ville [1]. On entendait des coups de feu dans les rues. Des patrouilles isolées du NKVD furent tuées, et leurs armes utilisées pour tuer d'autres policiers haïs par la population. Des membres du NKVD arrachaient leurs insignes et tentaient de se cacher, avant d'être eux-mêmes rattrapés et tués par leurs collègues.

Le ciel nocturne au-dessus des tours monumentales du Kremlin était zébré des salves de la défense antiaérienne, le centre de la ville recouvert du linceul de fumée causé par les explosions des bombes des chasseurs allemands. Les femmes et les enfants se pressaient dans la station de métro Maïakovski pour s'abriter. Le corps diplomatique fut évacué à Kuibychev et le Kremlin abandonné. Tout ce qui restait dans les splendides salles de réception, sous les coupoles dorées, c'étaient les cartes d'état-major du maréchal Chapochnikov punaisées sur les murs. On ne sut jamais si Staline quitta la capitale. Fin octobre, sans plus de précision sur la date, il fut photographié dans un hôpital de Moscou en train de rendre visite au général Yeremenko, blessé.

Et il continua de pleuvoir... de Smolensk à Orel, de Viazma à Kalinine. Les rivières Oka et Ugra se

1. A.M. Samsonov, chroniqueur soviétique officiel.

transformèrent en torrents tumultueux, et les routes de campagne poussiéreuses devinrent des rivières de boue où l'on enfonçait jusqu'aux essieux... la hantise de toutes les armées de conquête depuis la nuit des temps. Les transports de troupes allemands s'enlisaient, les chevaux s'enfonçaient jusqu'au ventre, et les soldats devaient avancer à pied. Chaque pas devenait un combat, la boue aspirait les bottes et consumait les forces.

L'avancée allemande était malgré tout irrésistible, et le bourbier n'arrêta pas totalement les panzers à chenilles. Mais « la ruée sur Moscou » se transforma en « allure de tortue ». Les seules routes solides, les chaussées de Mozhaïsk et de Varsovie, s'effondrèrent sous le poids de l'armée allemande. Les panzers de Guderian investirent Kaluga le 23 octobre, ceux de Reinhardt prirent Kalinine le 16 octobre, et la ligne de défense ultime à Mozhaïsk fut traversée par les panzers d'Hoepner le 18 octobre. Mais la progression s'effectuait à allure très réduite.

Le corps des 40e panzers du général Stumme se dirigeait sur Ruza. Son objectif était d'envelopper Moscou par le nord-ouest. Mais avec ce bourbier – et les hurlements continuels sur le commandant du front depuis le QG du Führer n'arrangeaient rien – ses panzers étaient coincés. Il avait dû se résoudre à employer tout un régiment d'infanterie, comme s'il n'avait rien de mieux à faire, à abattre une forêt pour construire un plancher de troncs sur la boue, afin qu'il pût se faire ravitailler en essence et en munitions pour ses unités avancées – par char à bœufs et charrette à cheval !

« Encore une semaine... rien qu'une semaine de temps clément », priaient les commandants de panzers allemands. La décision qu'Hitler avait prise en juillet de faire beaucoup de prisonniers en Ukraine et le retard occasionné s'avéraient aujourd'hui très coûteux.

Il pleuvait. Le *Hauptmann* Detlef von Wagenburg était dans la tourelle de son Mark IV et secouait l'eau de sa casquette noire. Il étudiait la ville devant lui à la jumelle. Mozhaïsk était censée être une ville clé dans le périmètre de défense soviétique, cependant elle semblait abandonnée. Wagenburg examina des séries de photos prises la semaine précédente. Deux ponts presque accolés, l'un pour le trafic routier, l'autre pour le trafic ferroviaire. Il était vital d'en récupérer au moins un qui fût intact. Le *Hauptmann* leva le bras et indiqua l'horizon devant lui. Les panzers, en rang par deux, entrèrent dans la ville inconnue dont tous les panneaux indicateurs avaient été détériorés. Ils ne rencontrèrent qu'un silence inhabituel. Les maisons étaient abandonnées, le clocher de l'église avait été décapité. Sur la place principale, ils firent le tour du rituel monument à la gloire du socialisme, une jeune fille portant une faucille et un travailleur brandissant un drapeau. Il y avait à côté une stèle commémorant la grande bataille livrée par Napoléon le 26 octobre 1812. C'était pratiquement à cette date que celui-ci s'était retiré pour tenter d'échapper à l'emprise de l'hiver russe. L'avant-garde allemande ne rencontra aucune résistance jusqu'à ce qu'elle parvienne à une barricade de rails soudés. En face, le pont, toujours debout ! L'infanterie dégagea le passage et quatre panzers filèrent sur l'autre rive pour former une tête de pont.

« Commandant de l'unité avancée au régiment. Pont intact et en notre possession, je répète, pont intact.

– De quel pont parlez-vous ?

– Le pont de la route de Mozhaïsk.

– Quoi... ? Quel pont ? »

Puis il y eut un instant de silence, et une voix incrédule reprit :

« Répétez, quel pont avez-vous pris ?

– Le pont de la route de Mozhaïsk. Demandons soutien.

– Félicitations, *Herr Hauptmann*. Restez là. Le régiment arrive immédiatement. »

Soudain, le tank de tête repéra trois véhicules russes qui s'approchaient de la rivière à toute vitesse. Qu'est-ce que mijotaient les Russes ? Ce fut seulement à cet instant que le capitaine allemand entrevit la raison pour laquelle la ville n'était pas défendue et pourquoi tout était si calme. Non seulement son propre QG avait été surpris par son avance fulgurante, mais aussi les Russes, qui étaient totalement ignorants de l'effondrement de leur ligne de front. Voilà pourquoi le pont n'avait pas été détruit ! Le conducteur de la première voiture devait avoir découvert quelque chose d'inhabituel, parce qu'il freina brutalement. Trois tanks allemands mirent aussitôt les véhicules russes en joue, et ils furent désintégrés.

Devant les quatre panzers s'étendait une grande route droite. Ils étaient à cent kilomètres de Moscou. On leur ordonna de rester sur leur position.

C'était un mois d'octobre relativement clément, la boue exceptée. Le bourbier et l'état lamentable du matériel avaient mis la machine de guerre allemande au point mort. La fine poussière de l'été et les immenses distances avaient malmené tout l'équipement. Les moteurs des tanks étaient fatigués et les canons en fin de course. Sur cinq tanks qui démarraient, quatre tombaient en panne. Les pneus des camions de ravitaillement étaient lisses et dérapaient sur les routes boueuses. Il n'y avait ni pièces de rechange, ni munitions. Et surtout, pas d'essence. Mais la guerre n'était pas que tanks et canons, il y avait aussi les soldats, qui étaient des hommes. Et ces derniers, quand ils étaient épuisés, ne pouvaient pas être réparés avec des pièces de rechange. Le général Guderian lança une demande urgente pour obtenir des réservistes. Hitler accepta. Il enverrait cinq cents hommes. Cinq cents, pour remplacer les centaines de milliers qui reposaient dans la terre russe !

Le 19 octobre, Staline avait réuni les membres du Politburo et du Conseil de la défense de l'État pour déterminer s'il fallait poursuivre la défense, ou abandonner la capitale. Au même moment, le Groupe de l'Armée

Centrale du général von Kluge finit par stopper dans le bourbier. Ce dernier n'avait pas la moindre idée des démons qu'il allait convoquer lorsqu'il dut aviser l'OKW (*Oberkommando des Wehrmacht*, le QG d'Hitler) :

> DOIS ATTENDRE QUE LE GEL SOLIDIFIE LES ROUTES POUR QUE MES PANZERS PUISSENT AVANCER.

Hitler fut fou de rage. S'arrêter maintenant ? Alors qu'il restait trois jours pour arriver à Moscou... Cela confinait à la haute trahison. Il demanda une progression immédiate. Lors d'une percée finale, la 3e division de panzers et la 258e division d'infanterie s'avancèrent sur la chaussée Rosslavi, encore praticable, et traversèrent la rivière Nara près de Naro-Fominsk. À partir de là, ils se déployèrent rapidement derrière la ligne de défense russe principale. Moscou était désormais menacée aussi par le sud-ouest. Dans une tentative de la dernière chance pour contenir les Allemands, les commandants soviétiques lancèrent des milices militaires de travailleurs formées à la hâte contre les agresseurs. Ces milices furent écrasées, ceux qui ne furent pas tués jetèrent leurs fusils et se rendirent aux cris de « *Voyna kapuut – Krieg kapuut !* » (C'est la fin de la mère patrie, la guerre est finie !). Heureusement pour la Russie, une telle attitude défaitiste ne se propagea pas sur toute la ligne de front.

Et les soldats allemands continuaient de patauger vers l'avant. Comme d'autres soldats cent trente ans plus tôt, ils commençaient à souffrir de la faim. Les cuisines de campagne étaient à l'arrière, coincées dans la boue. Les uniformes étaient humides et raides de boue. Et les ordres étaient invariablement de continuer à avancer.

La guerre avait ses hauts et ses bas, et pour l'invincible *Wehrmacht*, le point crucial n'allait pas tarder à être atteint. Tout comme la tentative d'une percée échoua au nord de la capitale, celle de prendre l'important centre industriel de Tula fut stoppée net. La bataille fit rage. Les Soviétiques employèrent pour la première fois la puissance de feu des lanceurs de fusées *katioucha*[1].

Les Allemands avaient prévu une attaque surprise sur Tula le 29 octobre. Mais les plans militaires, comme von Clausewitz l'avait clairement expliqué, résistaient rarement au contact avec l'ennemi. Tula, ville industrielle hérissée de cheminées et bâtie de logements ouvriers, était située à cheval sur la voie principale pour l'accès à Moscou par le sud. L'attaque fut menée par la 2e armée de panzers de Guderian, qui avait été engagée dans des actions qui l'avaient retardée, et ralentie par la condition des routes et une logistique défaillante. Pour cette raison, l'attaque initiale échut à l'infanterie, dont la 2e compagnie du lieutenant von Oppen, qui se cassa les dents devant les milices d'ouvriers déterminés.

Dans la ville, la vie était rude. Tula avait été bombardée et mitraillée pendant des semaines. Les entrepôts avaient brûlé, les rations de nourriture s'amenuisaient de jour en jour. Bientôt les gens se battirent pour une pomme de terre, un rat ou une souris. On fabriquait du pain avec une mixture de farine d'os et de sciure de bois. Dans les parcs, on prenait l'écorce des arbres pour la faire bouillir. En dépit des pluies de bombes, les femmes allaient chercher de l'eau aux conduites endommagées ou à la rivière. Dans les abris souterrains, à la lueur des bougies, les gens vivaient, travaillaient et mouraient. Il arrivait de plus en plus de blessés et de morts du front. Le fracas des bombes ne cessait jamais, et des bataillons d'ouvriers combattaient les panzers avec des grenades et des fusils. Il fallait les arrêter. Le seul espoir de survie était de maintenir ouvert l'étroit passage pour Moscou. Les ponts étaient détruits, mais bientôt la rivière gèle-

1. Plus connues sous le nom d'*orgues de Staline*, ces fusées d'une efficacité redoutable étaient lancées depuis des camions. Tirées en salves, elles arrosaient une vaste zone à chaque tir.

rait, c'était le dernier espoir, car la nourriture pourrait être acheminée dessus [1].

L'attaque des panzers allemands ne se déroulait pas mieux que celle de l'infanterie. La tentative de prendre Tula par surprise avait échoué. On leur ordonna de tenir leur position jusqu'à la suite de l'offensive ou jusqu'au gel. Dès ce moment, le génie des panzers, l'inventeur du *Blitzkrieg* moderne, le colonel-général Heinz Guderian, dut mener ses attaques à cheval car ses munitions et ses convoyeurs de carburant étaient bloqués dans la boue à cinquante kilomètres à l'arrière du front. Il ne lui restait que trente-cinq pour cent de ses tanks pour se battre, le reste était complètement embourbé. Son soutien d'artillerie devint aléatoire car la plupart des obus s'enfonçaient dans la boue sans exploser. Et, humiliation suprême, une milice d'ouvriers mal organisés avait arrêté l'offensive de son infanterie d'élite. Une chose devenait évidente : c'était la faute du climat. Et de la fatigue des soldats. Après six mois de combats incessants, de très lourdes pertes, ceux qui restaient n'avaient plus l'énergie de mener l'offensive jusqu'à la victoire finale. L'avancée sur Moscou par le sud était terminée. *Oui, mon Führer, c'est vous qui nous avez mis dans cette pagaille.* Pas assez de tanks, pas assez d'obus, pas assez d'hommes. Et le temps ! *Nous avions lu les Mémoires de Napoléon, mais vous, vous n'avez pas voulu écouter quand nous avons prévenu de faire attention au temps... et maintenant, nous sommes le cul dans la merde...*

Staline insista pour que le défilé traditionnel du 7 novembre sur la place Rouge se déroule normalement. L'idée était de s'en servir pour remonter le moral de la population. Il appela Joukov pour s'assurer que ce jour-là aucun bombardier allemand ne viendrait perturber les cérémonies. Joukov le lui confirma. Les

1. Comme ce fut le cas pendant le siège de Leningrad, où tout le ravitaillement arriva par le lac Ladoga pris par les glaces.

troupes qui défilaient sur la place Rouge par un vent glacial ne pavoisaient pas, cependant elles réconfortèrent les Moscovites. Mais quel était vraiment l'état des troupes sur le front russe ? Le lieutenant Vladimir Sobel, commandant de compagnie, écrivit début novembre : « Nous avons traversé la chaussée Orel-Tula. Quatre-vingts pour cent de mon unité a déserté. Tout le monde dit que la guerre est perdue. À moins que l'hiver n'arrive très vite, nous sommes fichus. » Il fut tué le 12 novembre devant Tula.

Le général von Bock, commandant du Groupe de l'Armée Centrale Allemande, avait prié pour que le gel arrive. Mais le gel impliquait bien plus qu'un sol ferme pour une attaque de panzers. Cela voulait dire l'hiver à la mode russe. Il demandait des vêtements pour se protéger, et du matériel spécial pour que la machine de guerre puisse continuer à fonctionner. Et cela, les Allemands ne l'avaient pas. Que ce fût pure inadvertance ou divine inspiration de leur génial Führer qui pensait que le manque d'équipement d'hiver aurait aiguillonné ses armées vers de confortables quartiers d'hiver à Moscou reste discutable. Le fait est qu'Hitler ne tint pas compte de l'expérience désastreuse de Napoléon. Mais l'histoire n'était pas le point fort d'Hitler. Assuré d'une victoire éclair après les succès faciles de la campagne d'été, il avait donné instruction à l'intendant général de fournir un équipement d'hiver à soixante divisions seulement, qui seraient les troupes d'occupation après l'effondrement de l'État bolchévique. Il y avait de plus la question d'une huile spéciale pour grand froid. Tout ce qui était mécanique, des moteurs de tanks aux gâchettes des fusils, avait besoin d'une huile qui pût résister à des températures inférieures à zéro. Il était inconcevable de se demander si la mitrailleuse voudrait bien fonctionner quand on était en plein combat.

Berlin fut soudain saisi de panique. « Et si nous ne pouvions pas prendre Moscou avant que le froid ne s'installe... ? » Les chefs du parti durent se résoudre à considérer l'impensable, et réalisèrent à quel point leurs soldats n'étaient pas préparés à supporter une campagne d'hiver en Russie. Dans une tentative de dernière minute, le ministre de la Propagande Joseph Goebbels appela la population allemande à un ultime sacrifice : donner ses vêtements d'hiver. L'opération fut baptisée *Aktion Winterhilfe für das Ostheer*. L'Allemagne vida ses armoires et des millions de gants, tricots et pardessus furent apportés dans des centres de collecte dans toutes les villes d'Allemagne, où ils restèrent car le réseau de distribution était hors service. Le trafic routier vers la Russie était bloqué par la boue, les partisans faisaient sauter les ponts ferroviaires et le matériel roulant était insuffisant pour fournir aux combattants munitions et vêtements d'hiver. L'armée allemande n'était pas prête pour l'hiver russe. Et soudain, il fut trop tard.

Dans la deuxième semaine de novembre, l'hiver s'abattit. Le 12 novembre, la température descendit à moins quinze, et le lendemain à moins vingt. Les Allemands furent pris par surprise. Avec le froid, quelque chose d'autre arriva : quatre-vingts divisions fraîches de Sibérie, et des centaines de nouveaux tanks de combat T-34, infiniment supérieurs à tout ce dont les Allemands disposaient. Ces derniers ne l'avaient jamais soupçonné. Le 17 novembre, par un matin couvert, ils goûtèrent pour la première fois au courage sibérien. Dans les prémices d'une escalade vers l'horreur, deux régiments de la 44$^{e}$ division de cavalerie mongole attaquèrent sur les champs gelés. La 107$^{e}$ division d'infanterie allemande ouvrit le feu en terrain découvert. Pas un seul attaquant ne survécut : les deux mille hommes et deux mille chevaux moururent dans ce qui fut probablement la dernière charge de cavalerie de masse de l'Histoire. Tactiquement, l'opération n'avait pas de sens, mais elle se révéla une incontestable réussite psychologique. Non seulement elle prouva l'absence de pitié de Staline envers ses troupes pour gagner ne fût-ce qu'un infime avantage sur l'ennemi, mais elle montra les vastes réserves d'hommes dont il disposait. Ce bain de sang impitoyable donna naissance au mythe des « hordes de Staline » et devint le sujet de conversation dans toutes les tranchées allemandes.

Le 13 novembre, Halder, le chef d'état-major d'Hitler, convoqua les commandants des groupes armés et leur exposa le plan d'Hitler pour l'assaut final. Un commandant osa s'élever contre ces ordres. Le général Heinz Guderian décréta que cette fois la chance avait tourné pour la *Wehrmacht*. Il fallait s'arrêter avant que la folie d'Hitler ne les détruise tous. Il savait d'expérience que toute attaque menée aussi tard dans l'année était vouée à tourner au désastre. On ne pouvait se permettre de perdre des milliers d'hommes et une quantité impressionnante de précieux matériel [1].

« Comment croyez-vous que nous ferons démarrer un moteur de tank par moins vingt ? Les pistons sont gelés, l'huile est un bloc de glace solide, et les gâchettes de nos fusils sont enrayées. Gardez votre vin rouge et envoyez plutôt à mes gars des manteaux d'hiver matelassés. » Guderian faisait allusion à un convoi de vin français, envoyé par un officier d'intendance en France comme geste de bonne volonté pour Noël qui approchait. Il arriva sur le front de l'Est sous forme de glaçons rouges. Hitler admonesta le héros de France pour son attitude défaitiste. Les arguments de Guderian furent écartés et l'attaque sur Moscou fixée au 15 novembre.

L'élément de surprise ne jouant plus, les Allemands rencontrèrent une résistance bien plus dure. Les ponts sautaient, les routes étaient minées. Durant la nuit, les tankistes avaient entretenu des feux sous les véhicules pour que les moteurs puissent repartir le lendemain.

Sur les mille kilomètres de la ligne de front, les engins démarrèrent – pas tous, seulement ceux des

1. En fait, leur offensive téméraire allait leur coûter 155 000 hommes, 800 panzers et 300 canons.

tankistes qui avaient entretenu leur feu. Les douze Mark IV de l'unité du *Hauptmann* Detlef von Wagenburg se mirent en mouvement. Leur objectif immédiat était la rive opposée de la Nara, puis Podolsk, à trente-quatre kilomètres du centre de Moscou. « Prenez les ponts, et tenez-les », fut l'ordre émanant de la division.

« C'est toujours pareil, prenez les ponts, formez une tête de pont... hier la Protva, aujourd'hui la Nara, demain, qui sait ? Et que diraient-ils d'un soutien d'infanterie pour mes tanks ? pensait le *Hauptmann*. Tant que nous sommes en mouvement, tout va bien, mais les ponts m'obligent à mettre mes tanks en travers de la route pour la bloquer. Et là, nous sommes à l'arrêt. N'importe qui peut grimper sur le tank et balancer une grenade à l'intérieur. »

Le tank de tête franchit la colline. Juste devant le pont, qui n'avait pas sauté, comme ils l'avaient craint. « Avancez ! » hurla le capitaine dans son micro. Il n'alla pas plus loin. Le sol explosa tout autour de lui. Tous les fusils du monde semblaient pointés sur son ridicule escadron. Et cette fois, les projectiles ne venaient pas de pauvres petits fusils, mais de la gueule de redoutables canons antichar de 76 mm. Heureusement, ils n'atteignaient pas leur but. C'était probablement des recrues fraîches jetées dans la bataille sans entraînement, car tout passait bien haut au-dessus des tanks. Une rafale de mitrailleuse arrosa son tank. Le *Hauptmann* rentra la tête et referma le capot de la tourelle.

« Allons-y, au pont ! » hurla-t-il. Ses panzers dévalèrent la colline, les chenilles dérapant sur la glace. Ils firent feu, atteignant quelques cibles. Les Russes ripostèrent et touchèrent le troisième panzer, mais les autres continuèrent leur course vers le pont en crachant leurs projectiles meurtriers. Des silhouettes suspendues aux poutrelles d'acier fixaient des sacs de charges explosives. Une rafale de la mitrailleuse du panzer, et les silhouettes firent un vol plané avant de s'écraser sur la glace. L'effet de choc psychologique de la charge folle des tanks décida de l'issue de l'affrontement, plus que la puissance de feu elle-même. Le canon antichar se calma peu à peu avant de s'arrêter complètement quand le premier tank arriva sur le tablier du pont. Les autres tanks s'arrêtèrent et pointèrent leurs canons sur la batterie de 76, mais la trouvèrent abandonnée. « Des bleus, ils ont fichu le camp », grimaça le conducteur.

« Ce sont peut-être des bleus aujourd'hui, mais ils vont apprendre. Et alors, qu'est-ce qui se passera ? » répliqua le sergent. Il sauta de son panzer. « Dépêchez-vous de déployer le drapeau avant que notre propre *Luftwaffe* ne nous tombe dessus. » Un drapeau rouge orné d'un *swastika* fut déplié dans la neige. Leur escadron de tanks était désormais la plus proche présence allemande de la capitale russe. Le *Hauptmann* étudia la situation. Ils n'avaient pas de soutien au sol, et la nuit arrivait à grands pas. Une attaque des troupes russes dans l'obscurité, et son unité serait balayée. Quelle course folle ! Ses réservoirs d'essence étaient presque vides, il pouvait peut-être faire encore une dizaine de kilomètres, mais n'avait presque plus de munitions. S'il avançait sans tirer, ses tanks seraient réduits en miettes. Il n'y avait qu'un seul aspect positif : entre le Kremlin et lui, il n'y avait aucun pont à franchir...

Toute guerre a son épisode du « combat ultime ». Sparte eut Leonidas et ses trois cents hommes, Custer était à Little Big Horn, et l'heure de gloire venait d'arriver pour « les Vingt-huit de Panfilov ». Tout avait été calme dans ce secteur nord-ouest du front, et c'est la raison pour laquelle le haut commandement soviétique n'avait posté que des défenses minimales pour défendre la Volokolamsk – la route de Moscou. Soudain, le flanc fut percé et toute la ligne commença à céder. Les unités d'infanterie se retiraient, l'artillerie abandonnait les batteries et tout le monde s'enfuyait, afin d'éviter de se retrouver face aux terribles panzers. La dernière ligne céda. Dans la lumière déclinante de la fin du jour, les troupes se rassemblaient à l'arrière, où elles seraient recomposées en unités de combat. Mais les commandants avaient besoin d'un peu de temps pour y arriver. Les troupes en fuite remarquèrent à peine la petite unité groupée à l'intersection de la route Volokolamsk.

La nuit avait été froide, il avait neigé et le sol était gelé. Temps idéal pour une attaque de panzers. Les vingt-huit Russes s'abritaient derrière des murs et dans des maisons. Ils essayaient de percer le brouillard glacé, bien conscients que l'ennemi arriverait bientôt. Les ordres du QG de la division avaient été on ne peut plus explicites : « Tenez la position, et ne vous retirez pas ! » En tout cas, ils ne pouvaient pas se rendre. On racontait que les Allemands pendaient les commissaires et déshabillaient les hommes pour les laisser mourir de froid. Vingt-huit hommes – certains trop jeunes pour se raser, d'autres bien au-delà de l'âge de la retraite, tout ce qui restait d'un bataillon entier de la division du major-général Panfilov – avaient été postés là pour défendre l'intersection vitale de Volokolamsk. On leur avait fourni un petit canon antichar, que les Allemands appelaient un « heurtoir de porte bien poli », sept obus, trois douzaines de grenades à main et cent bouteilles de bière remplies d'essence bouchées par un chiffon enfoncé dans le goulot : l'arme des partisans, le cocktail Molotov. Ils entendirent bientôt le grondement annonciateur d'une colonne de tanks. Le premier Mark III émergea du brouillard. Les engins ne semblaient pas attendre d'opposition et n'étaient même pas en formation tactique, tant ils étaient sûrs de l'effondrement de la ligne de front russe. Ils n'étaient plus distants que de deux cents mètres quand les deux tanks de tête se déployèrent et tirèrent quelques obus sur l'immeuble décrépit à l'intersection. Le petit canon antichar camouflé tira à bout portant, et les deux chars furent touchés. Puis un coup dans le mille les transforma en métal tordu. Les autres tanks bondirent en avant, insensibles aux balles de fusils et au feu de la mitrailleuse. Cinq tanks essayaient de déborder la position défensive sur le flanc, mais les défenseurs avaient un avantage : leur vitesse. Deux hommes se précipitèrent et lancèrent des cocktails Molotov sur un tank avant d'être fauchés. Le premier tank avait atteint les ruines, mais d'autres cocktails furent lancés d'un trou d'obus dans le mur. Le liquide coula dans la tourelle entrouverte, et une flamme s'éleva. Un autre tank s'arrêta et les hommes sortirent de leur véhicule en feu. Ils furent fauchés par les balles avant même d'avoir atteint le sol. « *Za Rodinu... Za Stalina...* » (Vive la patrie, vive Staline !) D'autres hommes s'élançaient, leurs bouteilles à la main, et un tank de plus fut enveloppé d'un nuage de feu. Un combattant qui s'apprêtait à lancer son cocktail se transforma en torche vivante après qu'une balle eut fait exploser la bouteille. Il trouva néanmoins la force de se hisser sur un tank, de dégoupiller une grenade et de la lancer dans la gueule du canon du Mark III. Quatorze panzers furent détruits de cette manière avant que les Héroïques Vingt-huit de Panfilov ne fussent réduits au silence. Leur chef fut le dernier à mourir. Il se glissa sous un panzer avec une grappe de grenades et se fit ainsi exploser.

À Moscou, des centaines de trains arrivaient de Sibérie et déversaient leurs cargaisons d'hommes vêtus de blanc. Ce n'étaient pas tous des troupes d'élite. On donnait à certaines divisions de Mongolie mal entraînées une bonne rasade de vodka, puis on les envoyait au front avec l'ordre de dégager un passage dans les champs de mines pour les unités sibériennes mieux équipées et entraînées. Les Mongols attaquaient et mouraient. Mais beaucoup d'Allemands mouraient aussi, pas uniquement d'ailleurs sous les balles ennemies. Le 27 novembre, le thermomètre indiqua moins quarante. Les Allemands n'avaient ni pelisses, ni bottes de feutre. Les Russes avaient les deux. Leurs bottes étaient un peu trop grandes, ce qui leur permettait de les bourrer de paille ou de papier journal. Les Allemands portaient des

*Knobelbecher*, des bottines à semelles cloutées très ajustées, le plus sûr moyen d'avoir les pieds gelés. L'uniforme gris foncé du soldat allemand se détachait sur le paysage blanc de l'hiver alors qu'un Russe pouvait rester dans la neige pendant des heures avec sa tenue blanche fourrée, sans geler ni être repéré. Il portait également des mitaines en fourrure. Les Allemands, eux, des gants en laine qui rendaient leurs doigts trop raides pour actionner une gâchette, si le fusil ou la mitraillette daignait toutefois fonctionner ! Leurs armes, qui n'avaient pas été préparées pour l'hiver, s'enrayaient souvent. La plupart des véhicules aussi étaient gelés, et les boîtes de vitesse cassaient. Les ressorts des mitrailleuses craquaient comme de petits glaçons. Ce même 27 novembre, le général Halder, chef d'état-major des Allemands, écrivait : « *Wir sind am Ende unserer personellen und materiellen Kräfte* » (Nous avons atteint la limite de notre résistance et de notre matériel.) [1].

Burzevo, cinquante-cinq kilomètres de Moscou. Une compagnie de la 258e division d'infanterie avait trouvé un abri dans un bunker sur un camp d'entraînement militaire. Avant l'arrivée des Allemands, les fermiers des environs l'avaient utilisé pour y stocker leurs poulets. Ils n'y étaient plus, mais leurs puces étaient encore là. Les soldats dormaient entassés comme des sardines. Ils mettaient des briques dans leur feu, les enveloppaient ensuite de chiffons et les posaient sur leurs mitrailleuses. C'était la seule manière de les empêcher de s'enrayer. Trente hommes de la compagnie souffraient de gelures graves.

Les hommes de garde venaient de rentrer du froid et enlevaient leurs bottines pour se réchauffer les pieds quand les Russes attaquèrent avec un escadron de T-34. Les obus antichars allemands rebondissaient sans faire le moindre dégât sur les machines qui avançaient à toute

1. Halder, Journal du 27 novembre 1941.

vitesse. Les énormes tanks écrasaient les haies et les clôtures. Derrière chaque ruine se tenait un Allemand, attendant l'infanterie russe, jamais très éloignée des tanks. Des silhouettes blanches apparurent dans la neige. Des rafales de trois mitrailleuses envoyèrent les troupes russes dans l'autre monde. Mais les tanks continuèrent inexorablement, puis s'arrêtèrent sur la place principale, les canons pointés dans toutes les directions. Le commandant des tanks avait sans doute compris qu'il n'avait plus de protection d'infanterie, il était donc vulnérable à des attaques menées à pied. Un groupe de soldats allemands conduit par un sergent, qui essayait de se faufiler vers les tanks, fut pris à découvert par une mitrailleuse montée sur une tourelle. Le lieutenant Bossert, commandant de la compagnie, ainsi qu'un groupe de soldats, traînaient de lourdes mines antichars qu'ils avaient déterrées la veille sur la route, et se glissèrent sous deux tanks. Ils placèrent les mines sous leurs chenilles. Les deux véhicules avancèrent, il y eut deux fontaines de feu, et aucun survivant. Les T-34 intacts se retirèrent rapidement. L'attaque avait été stoppée, mais les Allemands avaient subi de lourdes pertes. Soixante-dix hommes étaient alignés sur le sol couvert de glace. Un aide-soignant leur injectait de la morphine, qu'il transportait dans ses poches afin qu'elle ne gèle pas. Il y avait tant de blessés graves qu'il fut très vite à cours de calmants. Le lieutenant décida de charger les blessés sur deux traîneaux et de les faire transporter à l'hôpital de campagne de la région. Il désigna douze hommes par traîneau, six pour tirer, et six pour surveiller d'éventuels partisans russes. On laisserait les morts sans sépulture. Ce qui suivit fut digne d'une retraite napoléonienne. Le traîneau de tête tomba dans une embuscade de partisans tout près de son point de départ. Les douze hommes valides furent abattus et les blessés eurent la gorge tranchée. Les partisans furent surpris par la deuxième équipe en traîneau, qui tua dix d'entre eux et captura les autres. Les Allemands passèrent des fils de câble téléphonique autour des cous de leurs prisonniers et les pendirent aux arbres les plus proches.

En dépit de la neige et de la glace, du manque d'essence et de nourriture, les Allemands continuaient. Le colonel Rodt, commandant de la 2e brigade d'infanterie, prit Puchki et avança jusqu'à Katjuchki. Il voyait les nuages de fumée qui s'élevaient des immeubles de la grande ville.

Le 27 novembre, des unités de la 3e armée de panzers sous le commandement du colonel von Manteuffel prirent le pont de Jachroma sur le canal Moscou-Volga, à soixante-dix kilomètres au nord-est de Moscou seulement, et s'emparèrent également de sa centrale électrique principale. Les Allemands avaient mis la main sur le commutateur du Kremlin.

Le même jour, le major Reichmann du 2e bataillon du 304e régiment d'infanterie atteignit Gorki, à vingt kilomètres de Moscou.

Le 30 novembre, des éléments de la 2e division de panzers entrèrent dans Chimki, à huit kilomètres à peine des limites de Moscou. La nouvelle que les Allemands étaient à Chimki se répandit dans la capitale comme une traînée de poudre.

Pour finir, une patrouille armée du 38e bataillon de pionniers arriva encore plus près. Elle s'empara de la station d'autobus des lignes urbaines de Moscou à Lobnija, à dix-sept kilomètres du Kremlin. Elle attendit en vain le bus pour aller rendre visite à Staline. Ce fut autre chose qui arriva : le temps changea.

Une tempête glaciale envoya de la neige sur la totalité du pays. Tout disparut, il n'y avait plus de maisons, plus d'arbres, seulement des congères. Le lendemain matin, les champs étaient recouverts de petites collines de neige. En dessous se trouvaient les Allemands, gelés, ou incapables de faire le moindre mouvement. Le thermomètre descendit à moins quarante-huit avant de continuer son incroyable chute jusqu'à moins cinquante-deux. Le souffle gelait dès qu'il sortait de la bouche.

Les Allemands firent une dernière tentative. Les reconnaissances aériennes avaient montré que la plus grande partie de la ville de Tula était intacte et pouvait être utilisée pour des quartiers d'hiver. Le facteur décisif était de s'emparer des énormes réserves de charbon et d'essence des aciéries de Tula, suffisantes pour faire passer tout l'hiver à la totalité de la 2e armée de panzers. Il fallait absolument prendre Tula !

Le sacrifice de la 31e division d'infanterie, quand elle enfonça la poche de Tula par le nord, vint trop tard. Il ne changea rien. Il aurait pu retarder le dénouement de quelques jours, mais l'issue finale ne pouvait plus être modifiée. Cet ordre inepte donné par le Haut Commandement allemand le 4 décembre fut basé sur une conclusion simpliste. « L'expérience acquise pendant la *période du bourbier* qui avait stoppé toute avancée rapide de nos unités motorisées a démontré que la seule force sur laquelle on pouvait compter dans des conditions météo défavorables était l'infanterie à pied. [1] »

En d'autres termes : « Oui, déclarèrent les généraux, nos tanks sont bloqués, leurs moteurs sont gelés, mais l'infanterie peut marcher et combattre à n'importe quelle température. » En inversant totalement une stratégie qui avait fait ses preuves – les tanks ouvrant la voie aux assauts d'infanterie – l'infanterie serait utilisée pour attaquer sans couverture de blindés. La technique de Napoléon de *l'attaque à outrance*. Mais on était en 1941, pas en 1799.

Le plan était arrêté, la 31e division d'infanterie enfoncerait le périmètre de défense de la poche de Tula, ferait jonction avec la 4e division de panzers, toujours immobilisée à Kostrowa par manque d'essence, et refermerait ainsi les lignes autour de Tula. C'était là le plan initial. Mais l'ordre arriva deux jours trop tard. Ce qui

---

1. Mémoires du général Halder.

aurait pu réussir sur un sol gelé ne le pouvait guère après quarante-huit heures de fortes chutes de neige. Avec un mètre vingt de poudreuse et des congères s'élevant jusqu'à quatre mètres cinquante, aucun soldat ne pouvait avancer. Mais un ordre était un ordre, aussi se mirent-ils en marche. Le 5 décembre, le 3e bataillon du 81e régiment de la 31e division d'infanterie se fraya un chemin dans trois kilomètres de neige fraîche pour atteindre sa position de départ. Cette marche et le froid mordant eurent raison de leurs forces. Leur objectif était d'atteindre Novaja Chisnij, une petite ville. « Nous avons attaqué par le sud. Il y avait une forte résistance et beaucoup de nos fusils ne fonctionnaient pas, mais nous sommes entrés dans le village, avons fait des prisonniers, pris des armes et cinq camions chargés de vêtements d'hiver russes. Quelle prise ! » écrivit un soldat jubilant dans son journal.

Cela ne cessera donc jamais, se disait le chirurgien qui amputait encore une jambe. Encore les gelures ! Être sentinelle par des températures pareilles équivalait à une sentence de mort. D'abord les gelures, puis la gangrène. Son équipe de médecins amputait sans relâche des doigts, des bras et des jambes, à la lueur des bougies. « *Unser ganzes Heer besteht nur aus Krüpplen.* » (Nous n'avons plus qu'une armée d'éclopés.)

Il existe une description de l'attaque de Ketri, un petit village tenu par un bataillon russe, lancée dans l'unique but de récupérer un abri contre les éléments, et qui nous en dit plus que les statistiques officielles des rapports de combats. Pendant la première vague d'assaut, l'aumônier catholique de la division fut mortellement blessé. Sa place fut prise par le pasteur protestant, Heinrich Link, qui décrivit ce qui fut peut-être le dernier assaut frontal de la campagne de Moscou, l'attaque du 17e régiment d'infanterie de la 31e division :

« Le 4 décembre, juste avant la tombée de la nuit, j'ai rejoint nos unités avancées pour leur apporter un soutien spirituel. J'ai trouvé la condition de nos troupes épouvantable. Tous étaient sous le feu ennemi depuis douze jours sans discontinuer, l'air hagard, épuisés au-delà de toute description. Ceux qui étaient de garde dormaient les yeux ouverts. Pendant ces deux semaines de durs combats autour de Tula, le bataillon avait subi de nombreuses pertes. Beaucoup d'hommes étaient ensevelis sous la neige qui était tombée pendant les deux derniers jours. La couche était si épaisse que le moindre déplacement demandait des efforts considérables. Je leur parlai, tentai de leur redonner courage, mais très peu me répondirent. L'un d'eux me dit qu'ils n'avaient pas eu de repas chaud depuis plus d'un mois. Deux jours auparavant, on leur avait donné un demi-pain à partager en cinq, et chaque soldat avait eu un peu de matière grasse. Quand je les conviai à une messe, même ceux qui n'allaient jamais à l'église se rassemblèrent autour de moi, yeux clos, mains jointes, pour prier.

Puis la nuit tomba. Une nuit froide comme jamais. Vers 23 heures, la température descendit à moins trente-cinq. La plupart de nos hommes ne portaient que le manteau réglementaire, des protège-oreilles fabriqués avec des sacs de toile, coiffés de leurs casques en acier. Ils avaient des glaçons coincés dans leurs barbes. Ils n'étaient pas protégés comme l'ennemi qui nous attendait dans la neige, avec uniformes fourrés, gants en fourrure et manteaux en peau de mouton. Bien qu'ils eussent disposé de nourriture en quantité suffisante, ils ne pouvaient pas allumer de feux, ce qui aurait immédiatement attiré l'artillerie russe. J'avais un pardessus, mais j'étais tellement transi que je crus ne pas passer la nuit. Je compris vite que plus que la peur de l'assaut imminent, c'était le froid qui sapait les forces de nos hommes. Leurs mouvements étaient ralentis, ils étaient léthargiques. Vingt minutes avant l'attaque, l'ordre leur fut donné de sortir vérifier leurs armes. La température avait encore baissé de cinq degrés et il faisait moins quarante. Les hommes piétinaient pour se réchauffer.

L'attaque fut fixée à 1 heure du matin, afin de profiter de la pleine lune. Quand nous avançâmes, je ne sais pas comment nous réussîmes, mais tout le monde semblait content de bouger. Ces pauvres hommes étaient si gelés qu'ils pouvaient à peine tenir leurs fusils. Nous atteignîmes une rivière gelée, et ne pûmes nous hisser sur l'autre rive, tant nos doigts étaient gourds. Certains réussirent et coururent jusqu'à une ligne d'arbres. Les mitrailleuses ennemies se mirent à aboyer, et notre premier assaut fut repoussé, avec de lourdes pertes. Puis un sergent trouva un chemin pour remonter sur l'autre rive. Comme les fusils ne fonctionnaient pas, les hommes plantèrent leurs baïonnettes et s'élancèrent... Bon nombre glissèrent sur la glace avec leurs bottines à semelles cloutées avant d'être fauchés par les balles...

Je ne peux dire avec exactitude si le bataillon réussit à prendre Ketri, car à ce moment mon esprit était tourné vers l'administration des derniers sacrements à tous ceux qui avaient prié avec moi à peine quelques heures auparavant. Au quartier général du régiment à Iswolje, devant le magasin d'habillement, le sol était couvert de soldats blessés et souffrant de gelures. Il était impossible de leur venir en aide à tous, et la plupart restaient dehors, à la merci des éléments, à des températures bien en dessous de trente-cinq[1]. Évacuer les blessés était inenvisageable, il y en avait tout simplement trop. Les chevaux de bât étaient morts depuis longtemps, ou avaient été mangés, et les moteurs des véhicules étaient gelés. Ceux qui étaient soignés ou amputés, et avaient la chance d'être remmenés à l'arrière, devaient faire le trajet sur des traîneaux ouverts, jusqu'à la ligne ferroviaire de Kaluga. Beaucoup moururent pendant le transport. D'autres, blessés moins gravement, et qui auraient pu être sauvés, se contentaient de fermer les yeux et s'endormaient pour toujours. Ils n'avaient plus la volonté de survivre. Ce jour-là, nous en perdîmes plus

1. La température la plus froide relevée par la *Wehrmacht* fut enregistrée à Rzhev, à l'ouest de Moscou, en janvier 1942 : moins cinquante-deux.

à cause du froid que pendant tous les terribles affrontements de Tula. »

L'esprit de combat avait abandonné la courageuse 31e division d'infanterie. Privée de sa colonne vertébrale, elle cessa d'exister en tant que force de combat. Mais les Russes non plus n'avaient guère l'énergie de continuer. Les yeux vitreux, ils contemplaient les petits groupes de survivants allemands qui passaient en trébuchant près d'eux, à moins de cent mètres de leurs positions. Ils n'avaient plus non plus la force de contrer la retraite de leurs ennemis[1]. Peu avant minuit, le 5 décembre, le major-général Berthold, commandant de la 31e, dut ordonner aux IR 17 et IR 82 de se retirer en toute hâte sous peine d'être pris dans une vaste contre-offensive russe qui s'organisait sur le front de Moscou, et les informa qu'ils ne pouvaient compter sur aucun soutien aérien ou d'artillerie. Ils devraient se battre seuls pour revenir, ce qu'ils firent.

Leur sacrifice n'avait servi à rien. Après que la dernière unité se fut installée sur une nouvelle position défensive, on compta les hommes. Ce qui était une division vingt-quatre heures auparavant s'était réduit à moins d'un bataillon. Dans les 17e et 82e régiments d'infanterie, l'effectif moyen des combattants par compagnie était d'un subalterne, trois caporaux et quatorze hommes, sans munitions ni nourriture, sans vêtements d'hiver. En effet, quelqu'un à Berlin avait oublié de s'occuper des combattants du front de l'Est. Les survivants se sentaient découragés et abandonnés[2].

Les divisions russes frappèrent à l'aube. Le 6 décembre 1941, un million de soldats vêtus de blanc, sur des centaines de tanks blancs T-34, enfoncèrent les lignes allemandes. Staline était seul quand Poskrebichev, son secrétaire personnel, se précipita vers lui un

1. D'après un rapport soviétique sur la ligne de front.
2. Dans la 4e armée, 14 236 morts furent imputées au froid seul.

en agitant un télégramme : les lignes allemandes étaient enfoncées.

Les rapports qui arrivaient à l'*OKW* (le Haut Commandement) étaient alarmants. Il était évident qu'en une douzaine de points l'ennemi développait une nette supériorité sur le terrain contre les troupes allemandes épuisées, et qu'il profiterait de l'avantage de toutes ses forces, sans tenir compte de ses pertes éventuelles. Une concentration de tanks et des vagues d'infanterie sibérienne maintenaient cet avantage. Les contre-attaques étaient impossibles, la plupart des unités étaient clouées par des attaques aériennes et terrestres massives, et les panzers n'avaient ni essence ni munitions. La pénétration ennemie était donc inévitable, et des armées entières risquaient d'être mises en pièces.

Le *Hauptmann* von Wagenburg, décoré de la *Ritterkreuz* pour bravoure, se tenait dans la tourelle de son panzer, emmitouflé dans son anorak. Son tank était bloqué, comme toute son unité. « Le jour de gloire de la *Deutsche Wehrmacht*, fulminait-il en tapant du poing sur son tank, à vingt kilomètres de Moscou, sans essence. Et pour quoi ? Pour le Führer et la patrie. »

On entendit un coup de canon tout proche, Wagenburg l'ignora. Le coup suivant toucha son tank. Le *Hauptmann* s'affaissa en avant, atteint à la poitrine.

Les champs tout blancs devant Moscou étaient zébrés de milliers de traces de chenilles, la neige, maculée par les impacts d'obus. Des soldats en blanc sautèrent d'un T-34, galvanisés par leurs succès. Les équipiers du tank les rejoignirent, leurs visages en sueur noircis par la poudre des projectiles. Ils remplirent leurs poumons d'air glacé, heureux de s'extraire des vapeurs d'essence et de cordite. La sueur gelait instantanément sur leurs visages, mais ils riaient en s'en débarrassant d'un revers de main. L'un d'eux fouilla dans sa poche et en sortit un morceau de saucisse, qu'il fit passer à la ronde. Un autre brandit une bouteille, qu'il contempla longuement. « *Karacho gospodin* » (Je l'ai gardée pour une occasion spéciale). Le froid avait rendu la vodka épaisse et visqueuse, et elle brûlait la gorge, mais c'était fantastique. Elle avait le goût de la victoire.

« L'attaque sur Moscou a échoué. Nous avons subi un revers sévère », osa constater le général Guderian. Le 25 décembre, Hitler releva de ses fonctions le plus prestigieux commandant de tanks d'Allemagne. Au début de la guerre, quand les généraux allemands suivaient leur propre stratégie, ils avaient gagné toutes les batailles. Une fois qu'Hitler eut pris le commandement, les soldats allemands furent sacrifiés, sans bénéfice aucun.

La bataille de Moscou prouva qu'Hitler était un charlatan impitoyable, qui, jusque-là, avait eu de la chance. Il ne disposait pas d'assez d'hommes pour s'attaquer au colosse russe, pas d'assez d'armes, pas d'assez de préparation. Son échec pendant le désastreux hiver 1941 ne lui laissa qu'une seule option : le pouvoir total, ou la défaite totale. Hitler décida de jouer à la roulette russe et conduisit le monde au bord de l'abîme.

Cinq jours cruciaux de décembre 1941 déterminèrent le déroulement de la Seconde Guerre mondiale.

Le 6 décembre, l'armée Rouge engagea son offensive aux portes de Moscou pour stopper la machine de guerre allemande.

Le 7 décembre, le Japon, allié de l'Allemagne, attaqua les États-Unis à Pearl Harbor.

En trois jours à peine, Hitler se retrouva non seulement face aux horreurs d'une campagne d'hiver en Russie, mais aussi avec une guerre sur des fronts multiples contre deux puissances militaires et économiques, l'Union soviétique et les États-Unis d'Amérique.

*Fall Barbarossa* était fondé sur deux postulats. Que l'armée russe résisterait le long de ses frontières, et que le système du parti soviétique était un colosse aux pieds d'argile qui permettrait à l'Allemagne de conquérir la Russie avant l'arrivée des pluies et de la boue d'octobre.

Hitler se trompa sur ces deux points. Il n'avait jamais imaginé une guerre en hiver, et le fait qu'il eût retardé un grand assaut général sur Moscou début août fut une erreur stratégique. Du moment où il révoqua ses conseillers militaires et plaça ses objectifs politiques au-dessus des objectifs militaires, il ne pouvait se diriger que vers un désastre. Son erreur fondamentale fut cependant politique. Il sous-estima le pouvoir établi de Staline, et ne tint pas compte de l'engagement de la nation russe, qui appela ce conflit « la Grande Guerre Patriotique ».

Espace, temps et éléments vidèrent les agresseurs de leur force et de leur vitalité. En envahissant la Russie, l'Allemagne avait envahi un climat différent. La stratégie de *Blitzkrieg* allemande n'était pas conçue pour une opération de longue haleine, et les rigueurs de l'hiver 1941 surprirent le prophète de l'*Ordre Nouveau*. Il serait cependant erroné d'imputer l'échec et mat d'Hitler, bien supérieur aux pertes de Napoléon lors de la retraite de Russie, à un seul changement des conditions climatiques. Les sacrifices russes, les Russes et les balles russes y contribuèrent. Cela ne change en rien la conclusion selon laquelle six semaines de temps clément auraient pu faire la différence dans le plus grand assaut de tous les temps. Mais le général Hiver, l'éternel allié de la Sainte Mère Russie, ne le permit pas.

On affirme que cela ne pourra plus jamais se reproduire. Que le combattant moderne est isolé de son environnement par la technologie. Cependant, la nature frappe lorsque l'on s'y attend le moins. La technologie montre alors ses failles, et la guerre moderne se transforme en combat primitif pour la survie. Seules les leçons du passé peuvent servir de guide à la survie future.

La leçon de 1941 est toujours aussi valable aujourd'hui.

*10*

# De nouveaux développements inattendus

*6 juin 1944*

« Les sanglots longs des violons de l'automne... »

Paul Verlaine, et message radio de la BBC (5 juin 1944).

Il pleuvait, depuis plusieurs jours. Un jeune soldat regardait le barrage de ballons antiaériens. « Pourquoi ne coupent-ils pas les câbles et ne laissent-ils pas couler cette saloperie d'île ? »

À 9 h 30 précises, le 4 juin, le lieutenant-colonel James N. Stagg, chef météorologiste à la *Royal Air Force*, entra dans la pièce. Il salua les généraux rassemblés devant une grande carte murale de l'Europe.

« Allez-y, colonel », dit l'homme sanglé dans une d'uniforme vert foncé.

« Oui, monsieur. » Le colonel ouvrit un dossier

classé TOP SECRET. « Messieurs, commença-t-il, il y a de nouveaux développements inattendus... »

Le service météo avait détecté un front qui arriverait rapidement sur la Manche dans les prochaines heures. Il promettait un temps momentanément dégagé sur la zone prévue pour l'invasion. Cette amélioration des conditions météo devait durer toute la matinée du 6 juin. Le temps risquait ensuite de se détériorer de nouveau. Pendant cette « fenêtre » de beau temps, il était prévu un vent modéré et un ciel dégagé.

Le colonel salua et quitta la pièce.

« Messieurs, votre opinion ? » demanda l'homme en uniforme vert foncé aux six militaires[1] assis autour de la table.

L'officier avec un pull à col roulé fut le premier à prendre la parole. « Je dis : allons-y ! »

Le chef de l'armée de l'air émit des réserves. « Pour fournir une couverture aérienne correcte, nous devons être absolument certains que le ciel sera dégagé. »

Le commandant en chef était seul désormais. Il déciderait seul du sort des nations. Il contempla les fenêtres zébrées de pluie. Il avait déjà renoncé une fois, il ne pouvait plus reculer.

« Je suis convaincu qu'il faut donner l'ordre de l'attaque. Ça ne me plaît pas, mais nous n'avons pas le choix. »

Sur la base d'un bulletin météo qui prévoyait une amélioration des conditions atmosphériques, le général d'armée Dwight David Eisenhower lança trois millions d'hommes dans la plus vaste et plus ambitieuse invasion militaire de l'histoire de l'humanité : l'*Opération Overlord*, l'assaut contre la forteresse Europe.

Le temps en fut le facteur déterminant.

---

1. Le lieutenant-général Walter Bedell Smith, le maréchal de l'armée de l'air sir Arthur Tedder, l'amiral sir Bertram Ramsay, le maréchal de l'armée de l'air sir Trafford Leigh-Mallory, le maréchal sir Bernard Montgomery, le général Omar Bradley.

# 11

# Péril en mer
## *18 décembre 1944*

> « *Eternal Father, strong to save,*
> *Whose arm doth bind the restless wave,*
> *Who bid'st the mighty ocean deep,*
> *Its own appointed limits keep.*
> *Oh hear us when we cry to Thee*
> *For those in peril on the sea.*
> (Notre Père Éternel, Notre Sauveur,
> Qui retiens de tes bras la vague de terreur,
> Qui commande aux infinies profondeurs de l'océan,
> Et mate ses ardeurs de géant.
> Oh, entends-nous quand montent vers Toi nos pleurs amers
> Pour ceux en péril sur la mer.) »
>
> Chant traditionnel de marin.

Ils étaient dans les eaux ennemies. Le soleil au zénith, il n'y avait pas de vent, la chaleur était intense. Dans les cabines, la situation n'était pas meilleure. Pour les équipes de repos, qui avaient été de quart sur le pont une bonne partie de la nuit, il était impossible de dormir. L'intérieur du bateau était étouffant, et la sueur trempait

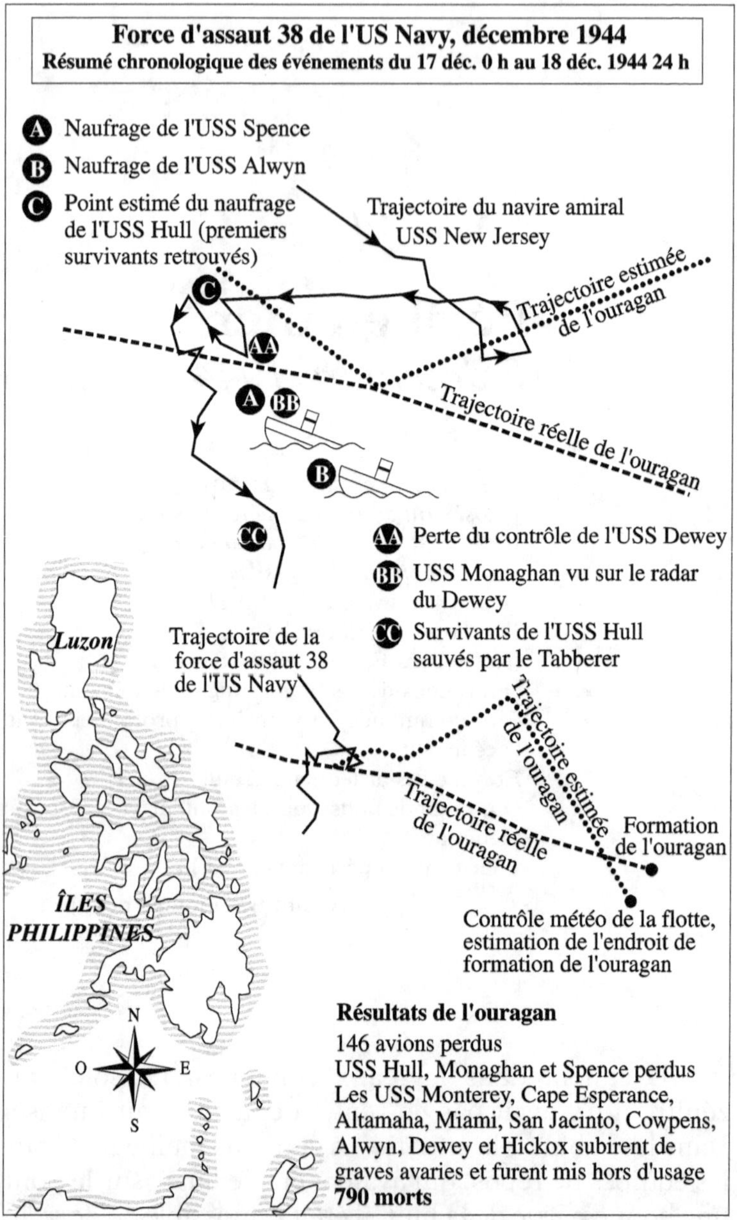

Force d'assaut 38 de l'US Navy, décembre 1944
Résumé chronologique des événements du 17 déc. 0 h au 18 déc. 1944 24 h
A Naufrage de l'USS Spence
B Naufrage de l'USS Alwyn
C Point estimé du naufrage de l'USS Hull (premiers survivants retrouvés)
Trajectoire du navire amiral USS New Jersey
Trajectoire estimée de l'ouragan
Trajectoire réelle de l'ouragan
AA Perte du contrôle de l'USS Dewey
BB USS Monaghan vu sur le radar du Dewey
CC Survivants de l'USS Hull sauvés par le Tabberer
Luzon
Trajectoire de la force d'assaut 38 de l'US Navy
Trajectoire estimée de l'ouragan
Trajectoire réelle de l'ouragan
Formation de l'ouragan
Contrôle météo de la flotte, estimation de l'endroit de formation de l'ouragan
ÎLES PHILIPPINES
N
O
E
S
Résultats de l'ouragan
146 avions perdus
USS Hull, Monaghan et Spence perdus
Les USS Monterey, Cape Esperance, Altamaha, Miami, San Jacinto, Cowpens, Alwyn, Dewey et Hickox subirent de graves avaries et furent mis hors d'usage
790 morts

les draps. Le seul bruit à bord était le ronronnement constant des gros moteurs qui propulsaient le navire.

Le capitaine Raymond Calhoun de l'US Navy, commandant du *USS Dewey*, un destroyer de 2 255 tonnes, de classe *Farragut*, décrivait dans une lettre à sa femme le premier incident sérieux à bord, un trou dans ses toilettes, fait par un plombier qui, par inadvertance, avait laissé tomber dans la cuvette une grosse clé, mais « à part ça, tout est calme ». Il demeurait néanmoins préoccupé. Il sirotait une tasse de café sur le pont. Son vaisseau, qui venait d'être terriblement alourdi par une installation d'antennes et de mâts radar, pourrait se révéler lent à manœuvrer par gros temps. Ni lui, ni ses officiers n'avaient l'expérience des vraies tempêtes. En fait, très peu de skippers américains savaient ce qu'était un typhon, sauf ce qu'ils en avaient lu dans *La Navigation moderne* de Knight.

Cependant, s'il existait un réel danger de grosse tempête, Calhoun appliquerait la « Loi de Singer », comme il l'avait baptisée après une conversation avec Watson Singer, un autre officier de marine. Ce dernier avait survécu à une tempête dans le Pacifique et l'avait résumée en ces quelques mots : « Quand le baromètre descend d'un dixième de pouce ou plus dans les trois heures, tu es dans le collimateur d'un typhon, et tu as intérêt à dégager vite fait. »

« Tu parles, mon vieux, marmonnait Calhoun, qui, en ce jour ensoleillé, contemplait la mer d'huile, et un peu, que je dégagerai vite fait. » Foutre le camp, bien entendu, s'il était seul à décider. Il était convaincu que le mauvais temps n'affecterait pas son bateau s'il était en opération avec le reste de la flotte. Abrité du vent par les gros porteurs, il serait protégé des rafales. Comme beaucoup d'autres, il n'avait pas la moindre idée du pouvoir de destruction d'un typhon.

Le *Dewey* et un autre destroyer, l'*USS Spence*, faisaient route de conserve pour rejoindre le groupe d'attaque 38 (TF 38) de la Navy de l'amiral « Bull »

Halsey. Ils avaient quitté Pearl Harbor le 25 octobre et s'étaient brièvement arrêtés sur l'atoll d'Eniwetok pour refaire le plein de carburant. Quand il étaient arrivés près de Ulithi, un port en eaux profondes des Carolines, ils avaient reçu un avis de tempête, précisant « Situation de Typhon II », mais cela se révéla une fausse alerte.

Le groupe d'attaque US 38, une énorme armada destinée à soutenir le débarquement du général Douglas MacArthur sur Luzon, l'île principale des Philippines, était réparti en quatre groupes distincts de transports de troupes et de navires de guerre. En tout, quatre-vingt-dix gros navires entourés par un écran défensif de destroyers. Tôt dans la matinée du 17 décembre, le baromètre commença à dégringoler et le commandement de la flotte déclencha immédiatement les opérations de ravitaillement en fuel pour les escortes, afin qu'elles puissent traverser les grains en toute sécurité. L'*USS Spence*, qui avait les réservoirs les moins remplis, fut appelé à s'amarrer contre l'énorme bateau de guerre *USS New Jersey*, navire de l'amiral « Bull » Halsey.

Les typhons se nourrissent de l'air chaud et humide ainsi que des eaux tropicales de l'océan. En s'évaporant, l'eau de mer convertit l'énergie thermique en énorme potentiel de tempête. À partir de quelques petits nuages insignifiants, les typhons peuvent se transformer en géants mugissants, parfois sur un front de cinq cents kilomètres. Ils véhiculent un pouvoir de destruction que la technologie militaire n'a jamais égalé. Tout est vulnérable, depuis les bateaux de plaisance jusqu'aux navires de guerre, et ceux qui peuvent le raconter ont de la chance, car ils ont survécu. Des pluies diluviennes réduisent à néant la visibilité entre les navires. Les plus gros bateaux peuvent éventuellement résister aux rafales de vent, mais sont pris dans les déferlantes, ces vagues géantes qui les frappent de plein fouet et froissent l'acier comme du papier d'aluminium.

À la mi-décembre 1944, entre Ulithi et Guam, une tempête naquit dans les eaux où se formaient bon nombre des perturbations tropicales. Le mouvement de rotation des nuages s'accéléra et envoya une masse dense sur un chemin destructeur. Un *kamikaze*, un « vent divin », était en route, pareil à celui qui avait protégé les sacro-saintes îles du Japon et envoyé par le fond l'armada du Grand Khan mongol en 1281.

Cent trente-deux vaisseaux de la 3e flotte US, qui voguaient par 14° 59' N, 130° 08' E, à trois cents milles à l'est de Luzon aux Philippines, se dirigeaient tout droit sur l'un des pires typhons de l'Histoire.

Le commandant George F. Kosco, du bureau météorologique de l'*USS New Jersey*, avait reçu des bulletins des îles de l'Amirauté et de Leyte, et était informé par des avions de reconnaissance partis de Guam, Saipan ou Peleliu, ainsi que d'autres atolls du Pacifique récemment conquis. Le centre météo de Pearl Harbor complétait le tout par quatre prévisions par jour. Depuis le *New Jersey*, le bulletin météo était transmis aux bâtiments de moindre importance, dont les seuls moyens de prévoir les perturbations étaient l'intuition et le bon sens, ainsi que la consultation d'instruments simples comme le baromètre et le thermomètre.

« Ce message vient d'arriver, monsieur. » Un vieux marin qui avait navigué en mer de Chine avant la guerre donna une feuille de télétype à l'officier météo, qui le montra ensuite à l'amiral : DÉPRESSION DE 998 MILLIBARS SE CREUSANT, TEMPÊTE À TEMPÊTE VIOLENTE PRÉVUE.

Même s'ils pouvaient en éviter le pire, il y aurait quand même du gros temps. L'amiral hocha la tête et regarda son officier météo d'un air interrogateur.

« Qu'en pensez-vous ?

– Eh bien, amiral, répondit-il d'un ton égal, si cette dépression devient aussi terrible qu'ils le disent et que nous nous retrouvons dedans, ce sera place nette sur tous les ponts. »

Le bulletin météo était aussi sombre que le ciel. Les vagues commençaient à frémir. Une chose était sûre : tous ceux qui pouvaient chercher un refuge le faisaient, de Hawaï à Hong Kong. Une dépression arrivait à toute vitesse sur la flotte. Si elle ne changeait pas de trajectoire, Dieu seul savait ce qui se passerait...

L'amiral était tenaillé par un dilemme. Devait-il remettre en cause l'invasion et sa flotte de soutien, une centaine de bateaux et des milliers d'hommes, au risque de perturber la programmation extrêmement précise de l'opération ? Les gars à terre dépendaient du soutien des bombardiers à bord de ses porte-avions. Les options de débarquement étaient tributaires des horaires des marées. Annuler ? Tout cela à cause d'un avis de tempête ? Ou essuyer un gros grain, parce que c'était tout ce que promettait le bulletin météo ? Bon, c'était sûr, beaucoup d'hommes d'équipage et de soldats seraient malades, mais c'était le lot de la vie à bord. Non, l'amiral Halsey décida de ne pas changer ses plans.

« ... GROSSE DÉPRESSION DE 956 MILLIBARS EN MOUVEMENT SUR LE PACIFIQUE. DÉPRESSION SE CREUSANT ENCORE ET VIOLENTE TEMPÊTE À PRÉVOIR... » fut l'avertissement radio suivant sur le télétype du bureau météo.

Les heures suivantes, la dépression ne se décala pas. Elle restait stationnaire, toujours menaçante. Devant la passerelle de commandement, la mer était agitée, de l'écume commençait à voler sur la crête des vagues. Mais rien d'inquiétant. Bien évidemment, les gros navires étaient moins soumis au mouvement de la houle que les petits destroyers qui dansaient comme des bouchons. Si la flotte maintenait sa vitesse actuelle, porte-avions, navires de transport de matériel, transporteurs de troupes et leurs nombreux chiens de garde, destroyers et frégates anti-sous-marins auraient largement assez de temps pour quitter la zone dangereuse.

Le 17 décembre aux aurores, le baromètre sur le *Dewey* indiquait 29.70, avec des vents à vingt nœuds. Trente milles plus au nord, à bord du *New Jersey*, il était encore à 29.85, avec des vents à vingt-cinq nœuds, et cette vitesse n'avait rien de remarquable en plein Pacifique. Certains destroyers avaient des problèmes de carburant. Les réservoirs peu remplis augmentaient considérablement l'instabilité des vaisseaux, car leur ligne de flottaison se retrouvait plus haut sur l'eau. Pour pallier ce handicap, les commandants firent remplir leurs réservoirs vides d'eau de mer, procédure très mal vue des mécaniciens, car l'eau risquait de se mélanger au fuel qui restait.

À 11 h 07, le destroyer *USS Spence*, qui était à peine à quinze pour cent de sa capacité en fuel, fut le premier à s'amarrer le long du *New Jersey* pour faire le plein. Les tuyaux furent installés et la distribution commença. Le vent fraîchissait vers quarante-cinq nœuds et l'opération devint carrément dangereuse, à cause d'un fort risque de collision dû au tangage constant du petit destroyer. Les opérations de remplissage des autres destroyers et bateaux d'escorte furent suspendues.

À 14 heures, le baromètre plongea à 29.58. Les destroyers de l'écran défensif informèrent le commandement de la TF 38 qu'ils pensaient avoir pénétré dans la frange extérieure d'un cyclone tropical. D'après les tables de calcul dont disposait le commandement, l'épicentre de la tempête se situait à deux cent cinquante milles au sud-ouest. Calcul complètement erroné, car l'œil du cyclone n'était qu'à cent vingt milles.

« Quelles sont les dernières prévisions ? demanda l'amiral.

– Il avance plus vite qu'on ne le pensait, amiral. 1 006 millibars, ça dégringole comme une pierre, monsieur.

– Dans quelle direction ?

– En gros, parallèle à la force d'attaque, monsieur.

– Que suggérez-vous ?

– Cap sud-ouest, monsieur.

– Bien. Demandez que l'on bloque toutes les écoutilles et que l'on arrime tout ce qui est sur les ponts », dit-il à son officier de liaison.

Les équipes de pont eurent ordre de tendre des lignes de vie, d'enlever tout ce qui n'était pas fixé et de bien arrimer les munitions, avec une attention particulière pour les râteliers de torpilles.

À la fin de l'après-midi du 17 décembre, la tempête vira soudain vers l'ouest. Si elle poursuivait dans cette direction, elle couperait la route de l'armada. Mais les cyclones peuvent suivre une trajectoire erratique. Bientôt le vent se mit à souffler de plus en plus fort. L'équipe météo de l'*USS New Jersey* étudiait les cartes marines et les horaires. Les dernières nouvelles du bureau central n'étaient pas encourageantes : 940 millibars, toujours en chute libre.

Le ciel s'était transformé en tourbillon de nuages noirs, déchirés par des éclairs orange et violet. La mer s'était fondue dans les ténèbres. Soudain apparut une fine ligne blanche près de l'écran des destroyers, qui s'étendait aussi loin que portait le regard. Derrière elle, la mer était un chaudron d'eau bouillonnante. Pour les marins de quart, les yeux mi-clos à cause du vent et des embruns, le spectacle était aussi magnifique que terrifiant. Des profondeurs du navire montaient des bruits étranges, ceux des plaques de la coque soumises à la pression des vagues.

L'éventualité de heurter l'ouragan de plein fouet devint tangible aux équipages des petits vaisseaux de protection extérieure, malmenés par les vents violents. Le baromètre avait dégringolé d'un inquiétant .07 de pouce en dix minutes. En une heure, il était passé de 1 006 à 900 millibars ! Bien plus bas que la « loi de Singer » pour ficher le camp. Les cloches émirent leur tintement strident, les marins de repos sortirent de leurs hamacs, enfilèrent leurs gilets de sauvetage et montèrent sur les ponts. La mer n'était plus que déferlantes échevelées, parfois de sept mètres de haut. Les gros vaisseaux comme les porte-avions et les transports de troupes n'en souffraient pas vraiment. L'amiral Halsey ordonna que l'on cesse les opérations de ravitaillement en fuel et fixa un nouveau rendez-vous à cent soixante milles au nord pour le lendemain matin. Leurs cuves étant peu remplies, les destroyers *Spence, Hickox* et *Maddox* présentaient des problèmes de ballast. Ils quittèrent l'écran de protection extérieur pour rester à l'abri des gros vaisseaux. Le *Spence*, en particulier, était très haut sur l'eau. Le lieutenant-commandant Jimmy Andrea qui le dirigeait reçut l'ordre de remplir d'eau ses réservoirs de fuel pour améliorer sa flottabilité. Sans se préoccuper du risque de mélange de l'eau avec le fuel, le *Hickox* et le *Maddox* firent immédiatement de même pour leurs réservoirs vides. Le temps se dégradait d'heure en heure, sous les yeux des capitaines de destroyers rivés à leurs baromètres. Un changement de cap fut décidé pour évacuer la force d'attaque de ce dont plus personne ne doutait : une énorme tempête tropicale.

Le commandant Kosco, l'officier météo du *New Jersey*, révisa son estimation de la position de l'épicentre de la tempête ; il était bien plus proche qu'il ne l'avait cru. Ce fut confirmé dans l'heure suivante par un bulletin météo de l'officier de l'hydravion *Chandeleur*, qui avait découvert le centre à 13° N, 132° E, avec des vents jusqu'à soixante nœuds. Pour des raisons inexpliquées, cette nouvelle correction ne fut jamais transmise par le *New Jersey* aux destroyers de l'écran de protection. Kosko contacta par mesure de sécurité deux groupes d'attaque éloignés, ceux des amiraux McBain et Bogan, qui l'informèrent qu'une dépression se déplaçait à douze nœuds au nord. Kosko répercuta cette information à l'amiral Halsey, son supérieur, mais il est évident qu'Halsey ne réalisa pas l'étendue du danger. Ainsi, le 18 décembre à 5 heures, inconscients du rapide changement de temps, treize destroyers[1] avertirent qu'ils étaient à un niveau de fuel critique, et l'amiral Halsey ordonna une fois de plus au convoi de réduire la vitesse

1. *Yarnall, Wedderburn, Stockham, Welles, Moore, Taussig, Colahan, Bush, Franks, Cushing, Maddox, Spence, Hickox.*

et de ravitailler en fuel. Il était déjà trop tard pour cela, et ce retard allait coûter très cher.

À 6 h 16, Halsey envoya un message au général Douglas MacArthur, selon lequel il ne pourrait pas atteindre ses cibles terrestres sur Luzon dans les prochaines vingt-quatre heures. En fait, il faudrait beaucoup plus de temps... La mer prenait un aspect sauvage : il y avait des déferlantes partout, le ciel était couleur de plomb, zébré de déchirures orange. Les premières rafales de pluie vinrent frapper les vitres de la passerelle. Les vagues heurtaient la coque de plus en plus violemment, le bruit du vent se mua en un ululement démoniaque.

L'horizon était désormais une masse noire tourbillonnante englobant ciel et mer. Une furie bouillonnante s'élança vers le destroyer et l'éperonna. Les marins postés sur le pont qui, quelques instants auparavant, contemplaient le fantastique spectacle se précipitèrent vers les écoutilles tels des lapins effrayés. Plusieurs glissèrent sur le pont incliné et seuls restèrent à bord ceux qui avaient pu s'accrocher à quelque chose. Les autres disparurent dans les eaux noires. Les hommes qui réussirent à atteindre les écoutilles furent ballottés à l'intérieur, suivis par une énorme bourrasque de vent et l'écume d'une vague qui s'écrasait sur la coque. Les éclairs incessants illuminaient une scène extraordinaire – une énorme armada prise dans la furie d'un typhon. Les rugissements s'amplifièrent. Soudain, la première vague monstrueuse apparut dans le maelström de pluie et d'embruns.

Le pont se souleva, le capitaine tituba tel un homme ivre vers sa chaise tournante. La mer tout autour de lui bouillonnait d'écume blanche, les vitres de la passerelle étaient recouvertes d'un rideau d'eau. Le bateau se souleva, monta sur la crête d'une vague, puis replongea, sa proue s'enfonçant profondément dans l'eau.

L'amiral était tendu, le visage crispé. Il savait qu'il portait une lourde part de responsabilité.

« Que lisons-nous ?

– 958 millibars, ça dégringole toujours comme du plomb. L'anémomètre indique la force du vent entre 50 et 60, il y en a encore plus derrière. »

« Sécurisez les écoutilles, arrimez tout ce qui ne l'est pas, ordonna le capitaine du *Monterey* en réaction au message reçu du navire amiral. Espérons que nous pourrons nous en sortir. » Le silence des entreponts fut rompu par trois coups de cloche et les hommes sortirent de leurs couchettes.

Le 18 décembre, très tôt, l'amiral Halsey dut informer Pearl Harbor que sa force d'attaque entrait dans un typhon, dont le centre maintenant clairement visible au radar était à peine distant de trente-cinq milles. Il frappa quelques minutes plus tard ! Les vagues balayèrent l'armada. La dépression était désormais de 938 millibars. Même les marins les plus expérimentés n'avaient jamais vu une force pareille.

Les destroyers étaient les plus malmenés : vitres explosées, portes arrachées de leurs gonds. Il fallait deux hommes pour tenir la barre. Soudain un autre navire se retrouva sur la route du *Hull*. « Virez de bord ! » hurla le commandant dans le fracas des vagues. Ils tournèrent la barre frénétiquement. Trop tard. La proue du destroyer entra en collision dans un crissement de métal avec la plage arrière d'un autre bateau. Les deux destroyers étaient endommagés, mais pas au point de couler. Le château avant du *Hull* n'était plus qu'un amas de plaques tordues, balayé par la mer. Les navires flottaient comme des bouchons, grimpaient sur les crêtes des vagues géantes pour mieux plonger dans les creux des suivantes. Les bateaux se remplissaient d'eau et les pompes électriques se livrèrent à une bataille perdue d'avance. Le destroyer prit de la gîte sous l'assaut d'une autre vague monstrueuse. Un bruit sourd d'hélices se fit entendre. Elles étaient à l'air libre, brassant l'air au-dessus des crêtes des vagues ! Elles retombèrent dans l'eau, dans un crissement strident qui évoquait des os se brisant.

« Faites le rapport des avaries au commandement ! »

La proue était enfoncée, l'eau s'engouffrait par une déchirure de la coque. Le niveau s'élevait à une vitesse inquiétante dans la cale avant.

« Est-ce qu'il flottera encore, avec autant d'eau à l'intérieur ?

– Probablement, jusqu'à ce que la cloison étanche cède.

– Et que se passera-t-il alors ?

– Il se désintégrera. »

Le temps était maintenant si épouvantable pour les marins sur le pont du *Monaghan*, et la visibilité si réduite, qu'ils avaient complètement perdu de vue le reste de l'armada. Ils se hissèrent au sommet d'une énorme vague et virent soudain, à peine à cent mètres, la proue grise d'un bateau de guerre qui fonçait droit sur eux.

« Gouvernail à tribord toute ! » hurla l'officier de pont. Le bateau, qui se retrouva parallèle aux vagues, se mit à virer de bord, bien trop lentement pour les acteurs de la scène. « Virez de bord, pour l'amour de Dieu, virez de bord ! » Puis il se produisit un terrible fracas, suivi par le bruit déchirant de l'acier contre l'acier. Les hommes furent projetés au sol par la violence du choc.

« Compte rendu des avaries ! » s'égosilla le commandant en se relevant.

Un long silence suivit, puis une voix s'éleva dans l'interphone : « Proue cisaillée, mais les cloisons étanches tiennent bon. » Tout le monde poussa un soupir de soulagement.

Les soldats à bord n'avaient pas la moindre idée de la force réelle du vent, ce n'étaient pas des marins, mais des charpentiers, des comptables, des chauffeurs de taxi et des fermiers qui défendaient leur pays. Ils n'avaient jamais affronté une tempête en mer avec des pointes de vent à cent trente nœuds et plus. Le plus terrible pour eux était d'entendre sans voir, prisonniers d'un cercueil d'acier, incapables de juger de ce qui se passait à l'extérieur. Le mugissement du vent et le déferlement de l'eau sur la coque couvraient tous les bruits.

Les gros navires du convoi transmettaient tour à tour leurs difficultés. Le premier fut le remorqueur *Jicarilla*, avec des ennuis de moteur. Le transporteur *Independence* avait déploré un homme à la mer, et le *Monterey* un feu sur le hangar du pont, où un avion s'était détaché. Cependant, dans le message qu'il envoya au quartier général de la Flotte du Pacifique, Halsey n'évoquait pas plus qu'une « perturbation tropicale ». Le *Monterey* perdait de la vitesse tandis qu'il combattait l'incendie. Halsey finit par réaliser qu'il était pris dans un cyclone et ordonna un nouveau changement de cap. La visibilité était désormais pratiquement nulle, et l'énorme masse du *Monterey* immobilisé dans l'eau était une menace pour tous les autres navires. À 10 h 02, le *New Jersey* fut contraint à une brusque manœuvre afin d'éviter la collision avec un transporteur non identifié. À 10 h 10, le destroyer *Dewey* faillit en éperonner un autre. Deux minutes plus tard les *Wisconsin, Miami* et *Boston* perdirent leurs avions de reconnaissance et un feu se déclara dans l'entrepont du porte-avions *USS Cowpens*.

Peu avant midi, Halsey ordonna un nouveau changement de cap et le porte-avions *Cape Esperance* signala un incendie sur sa piste d'atterrissage. D'autres mauvaises nouvelles parvinrent du porte-avions *San Jacinto* : quatre avions aux réservoirs pleins s'étaient détachés sur le pont-hangar, prêts à exploser à tout instant.

Les communications entre le navire amiral et les différentes unités, ainsi que de navire à navire, furent interrompues. Toute l'armada luttait pour se repositionner le mieux possible et tenir un cap, mais c'était peine perdue. Le *Dewey* perdit le contrôle de sa barre. Pendant une heure, il fut dirigé par des mécaniciens de pont, qui recevaient les instructions de la passerelle par interphone, et manœuvraient le lourd gouvernail à la manivelle ! La flotte d'assaut la plus moderne du monde revenait à l'ère de la marine à voile. Toutes les écoutilles étaient bloquées, rendant impossible l'évacuation rapide des hommes dans les entreponts. Finalement, les mécaniciens réussirent à réparer le contrôle du gouvernail du *Dewey*, mais le radar du bateau cessa de fonctionner. Avec une visibilité réduite à cent mètres, le capitaine manœuvrait à l'aveuglette, dans l'espoir qu'il n'y avait rien sur sa route. Tout à coup, il aperçut un monstre sur sa trajectoire, le *Monterey* !

« Barre à gauche toute ! » hurla-t-il. Le destroyer prit de la gîte, et tout ce qui n'était pas vissé au sol s'envola. Il réussit à se faufiler sous la piste d'envol du porte-avions qui le surplombait, et pénétra dans un nuage de fumée noire qui provenait de l'incendie du *Monterey*. Cette violente manœuvre avait dû casser une pièce dans le mécanisme de la barre du *Dewey* : le gouvernail ne répondait plus.

« Ici *Dewey*. J'ai perdu le contrôle, je traverse la formation de tribord à bâbord. Écartez vous ! » Le capitaine Calhoun devait avertir le convoi. Les minutes suivantes se transformèrent en cauchemar. Le *Dewey* slaloma entre une douzaine de navires.

« Soudain une haute masse noire apparut devant nous. Nous fûmes soulevés par la houle, et j'eus l'impression que nous allions être projetés dessus. Mais quand nous redescendîmes dans le creux de la vague, le pétrolier fut embarqué par la vague suivante. Il nous surplombait, et ses dimensions ainsi que la force du vent, ajoutées à la violence des vagues en vent arrière, étaient ahurissantes... il semblait impossible d'échapper à ces énormes navires, ou de ne pas entrer en collision avec eux[1]. »

Le baromètre était à 28.84 et dégringolait encore ! À midi, il se stabilisa à 28.10, et la vitesse du vent dépassa cent vingt-cinq nœuds. Le *Dewey* avait pris la précaution

1. Récit du capitaine C.R. Calhoun dans *Typhoon : The Other Ennemy*.

de remplir ses réservoirs de fuel d'eau de mer pour abaisser sa ligne de flottaison, cependant son roulis restait supérieur à 60 degrés, bien au-delà de la limite de sécurité. Le capitaine Calhoun savait que 70 degrés était le maximum absolu, sinon le bateau chavirerait. Tous les instruments de contrôle de la passerelle cessèrent soudain de fonctionner, au moment où l'on en avait le plus besoin. Juste avant de perdre son radar, le capitaine avait remarqué un bip à quatre mille cinq cents mètres. L'opérateur du *Dewey* pensait que c'était le destroyer *Monaghan*, car son capitaine venait d'informer à peine quelques minutes auparavant qu'il avait perdu le contrôle de son navire et qu'il était roulé par la houle.

Cette dernière forcit encore et le *Dewey* gîta à 70 degrés ! Puis à 75 ! Tout le monde à bord pria qu'il se redresse. Ce qu'il fit, après avoir perdu une partie de son château. Tous étaient convaincus qu'ils coulaient, et le maître d'équipage Miller demanda à Calhoun si l'on allait quitter le navire. « Pas si je peux faire autrement. Tant que le *Dewey* ne nous quitte pas, nous ne l'abandonnerons pas », répondit celui-ci. Au moment où il prononçait ces mots, une vague inclina le bateau, les torpilles se détachèrent et roulèrent par-dessus bord, heureusement sans rien heurter qui les aurait fait exploser. Le calvaire continua : une ligne de vie se détacha, fouetta le pont et la cheminée avant de se briser, écrasant les canots de sauvetage et faisant exploser les tuyaux d'évacuation de la vapeur reliés à la chambre des chaudières. De la vapeur brûlante s'échappa avec un sifflement strident. Ce fut peut-être l'écroulement de la cheminée qui sauva le *Dewey*, parce que le roulis du navire s'atténua immédiatement après l'accident. Le bateau était néanmoins ballotté comme un jouet dans les éléments. Les bourrasques soufflaient à intervalles irréguliers. Les cloisons étanches craquaient dans un bruit sinistre, mais tenaient bon. Antennes, prises d'air, cheminées et accastillage de pont avaient disparu.

Malgré tous ces dégâts, le bateau et l'équipage tenaient tête au chaos.

La situation à bord des autres destroyers était encore pire, chaque vague monstrueuse inclinait les bateaux bien au-delà de la zone critique. Bill Rogers et ses hommes sur l'*Alwyn* s'accrochèrent et tinrent bon, malgré un mât brisé qui fit un trou béant dans le navire.

Les machines du *Hickox* furent complètement stoppées à 10 h 30, après une manœuvre brusque pour éviter une collision avec un autre vaisseau, et il dégringola dans un énorme creux. Après s'être démené pendant des heures, il parvint à s'en sortir.

Pas le *Hull*. À 10 h 30 il fut heurté par des vents de près de deux cents nœuds. Le rugissement de la tempête couvrait tout, et l'eau de mer envahit la chambre de chauffe par les prises d'air. Dans la salle des machines, on avait entendu un bruit violent qui ressemblait à une explosion, et soudain le grillage du sol se souleva, dans un bruit d'eau qui s'engouffrait. Les mécaniciens se retrouvèrent étendus par terre, hébétés par le fracas régulier qui secouait le vaisseau. Ils sentaient qu'il commençait à s'enfoncer. Les lumières clignotèrent, puis s'éteignirent. Quelqu'un hurla « Lumières de secours ! », ceux qui étaient encore valides se précipitèrent vers l'échelle. Une colonne d'eau jaillit soudain et les balaya. Puis l'éclairage de secours se déclencha. Derrière eux, une cloison étanche céda. Un marin réussit à ouvrir la dernière écoutille et tous se précipitèrent dans le passage étroit en se cognant contre les tuyaux.

La situation n'était pas très différente au pont des cabines. Des cris, des gémissements et le fracas du mobilier et du matériel qui s'écrasait contre les murs. De lourdes pompes à eau qui s'étaient détachées enfoncèrent les parois des cabines, écrasant sur leur passage les marins qui essayaient de gagner le centre du bateau. Ne pouvant plus marcher, les hommes avançaient à quatre pattes. Une vague les repoussa, il s'attrapèrent par les jambes et les ceintures et réussirent à atteindre les échelles. Ils se retrouvèrent dans le mess, où l'eau montait à hauteur du genou et passait au-dessus des tables quand le bateau gîtait. Impossible de sortir par là, l'écoutille était bloquée par un amas de meubles cassés et de sacs de farine détrempés.

Quelques-uns réussirent à sortir sur le pont. Ce fut là que le drame se déroula. Le destroyer prit de la gîte et ne se redressa pas. L'équipement d'évacuation d'urgence avait été pulvérisé par des débris qui étaient tombés dessus. Impossible d'aller aux canots, cela équivalait à un suicide. Comme elles étaient toujours amarrées à leurs berceaux, les embarcations seraient écrasées contre la coque. Le capitaine Jim Marks resta sur la passerelle, qui ressemblait à une stèle mortuaire, et examina son équipage pour s'assurer que chacun avait revêtu son gilet de sauvetage. Une vague prit le pont d'assaut, et tous ceux qui ne s'étaient pas agrippés à une ligne de vie passèrent par-dessus bord. Jim Marks sauta à l'eau une seconde avant que le navire ne chavire. Ceux qui réussirent à se sauver s'accrochèrent à tout ce qui pouvait flotter. Mais la plupart furent pris au piège sous le pont et ne purent s'en sortir. Des deux cent soixante-trois hommes et officiers du *Hull* qui vécurent une nuit d'horreur perdus en pleine mer, seuls quarante et un furent repêchés.

Bruce Garrett, commandant du *Monaghan*, vécut sans doute un destin similaire. Ses moteurs tombèrent en panne et le bateau commença à danser violemment, à la merci des vagues. La poupe s'élevait très haut hors de l'eau. Les hommes des équipes d'urgence, attachés par des filins de sécurité aux échelles pour ne pas passer par-dessus bord, installaient des cordages qui serviraient de lignes de vie, à hauteur de hanche, entre les étançons et les écoutilles. Tout autour d'eux, la superstructure était tordue, les échelles menant aux cabines avaient été brisées et devenaient impraticables. Une cloison étanche céda avec un bruit de déchirure.

Une poignée d'hommes en gilets de sauvetage orange étaient rassemblés derrière la barre, dans une trompeuse impression de sécurité, priant silencieusement pour que les flots se calment. Des paquets de mer d'un vert sombre explosaient contre la passerelle avec une force dévastatrice. Le bateau donna de la gîte à tel point qu'il paraissait miraculeux qu'il réussît à se redresser après chaque assaut de la houle.

Dans la salle des machines, le chef mécanicien refusait de céder à la panique. Il coupa la turbine qui tournait comme une folle. Il fut happé l'instant suivant par un torrent d'eau qui le plaqua contre la coque et le tua.

Il n'y eut plus de rapports, plus d'appels à l'aide, et aucun officier du *Monaghan* ne survécut. Selon McCrane, l'un des six survivants, « nous nous sommes retrouvés sur le flanc, nous avons rampé vers l'extérieur, et ceux qui sautèrent à l'eau furent réduits en bouillie contre la coque du bateau. Je me suis retrouvé en l'air. Ensuite, tout ce que je sais, c'est que j'ai entendu mon copain Guio me crier de m'accrocher au canot. Après, l'embarcation s'est retournée, et il a fallu repêcher tout le monde. Guio est mort un peu plus tard, nous avons confié sa dépouille à la mer. »

Le *Spence* chavira vers 11 heures. Une vague de la taille d'une montagne s'était enroulée sur lui. Après son passage, le bateau avait disparu avec elle. Ce fut si soudain que seuls vingt-quatre hommes survécurent.

Le 19 décembre à midi, pour les hommes éprouvés à bord des navires, la seule chose qui filtrait à travers leurs sens épuisés était une impression de silence. Le bruit avait reflué, jusqu'à devenir un murmure dans le lointain. Ils ne rêvaient que de deux choses : des vêtements secs et une soupe chaude. Incrédules, les survivants sortirent sur les ponts. La lumière éclatante du soleil leur fit cligner les yeux. Ils contemplèrent le cauchemar, stupéfaits. Devant eux s'offrait le spectacle d'un véritable champ de bataille. Sur le pont à la proue, à l'emplacement du canon, un grand trou béant, une grue arrachée de ses fixations. Les superstructures étaient tordues, caisses, ballots et gilets de sauvetage flottaient autour du navire. Levant les yeux au loin, ils contemplèrent l'étendue du désastre et les autres bateaux endommagés.

Le *kamikaze* des Japonais avait frappé, plus destructeur que tout ce que l'on aurait pu imaginer.

Le 19 décembre 1944, à 9 h 22, l'amiral Halsey, commandant de la Troisième Flotte, envoya une dépêche top secret au Commandement de la Flotte à Pearl Harbor :

ŒIL DU TYPHON PASSÉ TRENTE MILLES NORD DE LA FLOTTE 18 À MIDI. FLOTTE SUBI DOMMAGES. *TABBERER* A INFORMÉ *HULL* CHAVIRÉ D'UN COUP À 10 30. SEULS DIX SURVIVANTS COMPTABILISÉS. SANS NOUVELLES DE PLUSIEURS AUTRES RETARDATAIRES. *MATACO* REMORQUE *JICARILLA* ENDOMMAGÉ À ULITHI. *MONTEREY*, *COWPENS*, *SAN JACINTO* ENVOYÉS À ULITHI POUR RÉPARATION. *DYSON*, *LAWS*, *BENHAM*, *HICKOX*, *ALWYN*, *DEWEY*, *TABBERER* AVEC AVARIES MULTIPLES ESCORTERONT NAVIRES ENDOMMAGÉS...

Il ne savait pas encore que le *Spence* et le *Monaghan* avaient coulé. Les porte-avions *Cowpens*, *Cabot*, *Lexington*, *Ticonderoga*, *Essex* et *Langley* et le cuirassé *Iowa* avaient besoin de réparations d'urgence. Ces unités de première importance seraient inutilisables pour la future bataille des Philippines.

Une tempête avait accompli ce que les escadrons suicide de kamikazes japonais n'avaient pas réussi à mener à bien. Cela insuffla une bonne dose d'espoir au moral des Japonais. Ils crurent que, comme sept siècles auparavant, un vent divin avait protégé leur pays de l'invasion.

À la suite d'une enquête menée par la Marine sur la tragédie de la mer des Philippines, l'amiral « Bull » Halsey signa la déclaration suivante[1], qui concluait :

> Je n'ai pas l'intention d'éluder ma propre responsabilité dans ces circonstances ; cependant, je souhaite déclarer sans ambiguïté que dans les deux typhons de décembre 1944 et juin 1945 les services météo n'ont pas fourni les informations précises et opportunes nécessaires qui m'auraient permis de me dévier à temps de la trajectoire de la tempête. Je ne peux accepter la responsabilité de cette incompétence.
>
> W.F. Halsey

L'amiral King, chef de l'US Navy, fit une déclaration annexe, tamponnée et approuvée par Forrestal, secrétaire de la Navy[2].

> Mon opinion est que les procédures, découvertes et recommandations de l'enquête et de l'autorité réunies... ne sont en aucune manière erronées et que la responsabilité première pour les dommages causés par la tempête et les pertes afférentes... revient au commandant de la Troisième Flotte, l'amiral William F. Halsey de l'US Navy.
>
> E.J. King

Sept cent quatre-vingt-dix marins américains perdirent la vie.

Ceux qui survécurent au typhon furent persuadés qu'il s'agissait d'un miracle.

1. Document n° 12 de la Navy, du 29 septembre 1945.
2. Document de la Navy n° 14 du 23 novembre 1945.

# 12

# Un déluge de feu

*24 décembre 1944*

> « Notre Père tout-puissant et miséricordieux, nous te supplions humblement
> Dans ton infinie bonté, d'arrêter ces pluies diluviennes
> Qu'il nous faut supporter. Accorde-nous beau temps pour le combat. »
>
> James O'Neill, aumônier de l'armée,
> « Prière de Patton », 22 décembre 1944.

« Plus que neuf jours avant Noël », se réjouit Davis I. James, jeune parachutiste américain du Bronx, matricule EM 37554T43-44.

« Nous serons chez nous pour Noël », lui fait écho son copain John D. Ford, 016332T43-44, gradé de la 101e aéroportée US, quelques instants avant de grimper dans un camion, le 16 décembre 1944.

« Je te parie qu'ils vont nous faire sauter sur Berlin. »

Ils ne vont pas à Berlin, mais vers une petite ville dont ils n'ont jamais entendu parler, au cœur d'un paysage enneigé : Bastogne, dans les Ardennes.

D. James fut tué le 20 décembre, et son ami Johnny le 21.

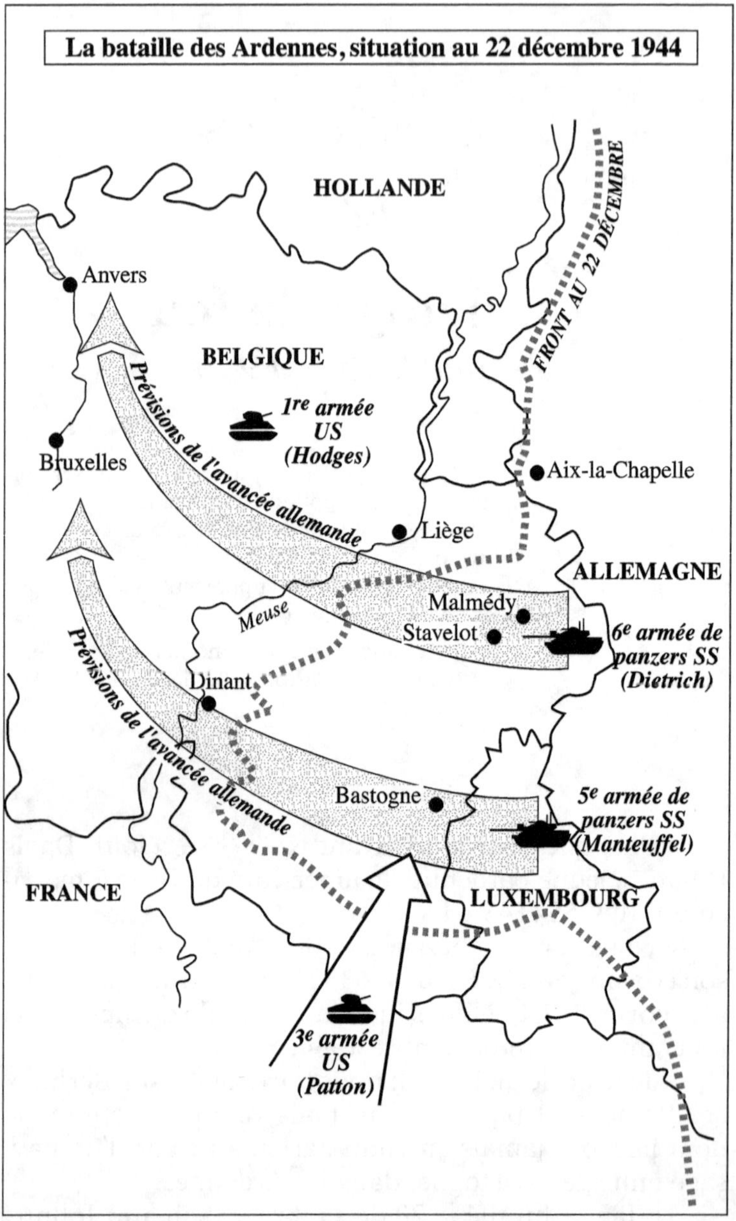
La bataille des Ardennes, situation au 22 décembre 1944
HOLLANDE
FRONT AU 22 DÉCEMBRE
Anvers
BELGIQUE
1re armée US (Hodges)
Prévisions de l'avancée allemande
Bruxelles
Aix-la-Chapelle
Liège
ALLEMAGNE
Malmédy
Stavelot
Meuse
6e armée de panzers SS (Dietrich)
Dinant
Prévisions de l'avancée allemande
Bastogne
5e armée de panzers SS (Manteuffel)
FRANCE
LUXEMBOURG
3e armée US (Patton)

18 décembre 1944. L'*Obersturmbannführer* (lieutenant-colonel) Joachim « Jochen » Peiper, âgé de vingt-neuf ans et par défaut l'un des plus jeunes commandants de *Waffen SS* allemands, et son Groupe de combat Peiper de la *SS Leibstandatarte Adolf Hitler Division* (division de la garde personnelle d'Hitler) ont pris de l'avance sur toutes les autres unités d'assaut. Leur objectif : prendre les ponts routiers et ferroviaires sur la Meuse. Ses redoutables panzers Tigre et Panther s'avancent dans les faubourgs de Stavelot.

« *Obersturmbannführer,* pont en pierre droit devant. Forte probabilité qu'il soit miné. »

« Qu'est-ce que ça peut faire, on y va ! » hurle Peiper, certain que la victoire est à portée de main. Ses hommes ont été spécialement sélectionnés, ils ont tous l'expérience du combat au corps à corps. Ses panzers, ce que l'Allemagne peut offrir de meilleur, écrasent les clôtures et peuvent traverser sans dommage des murs de briques. Ils arrivent sur la place du Marché déserte d'une petite ville de province. Où les bazookas américains d'un détachement du major Sollis entrent en action. Ils font plus de bruit que de mal. Le conducteur d'un *Tigre II*[1] est tellement sonné par la résonance des explosions dans son habitacle qu'il en perd le contrôle et fonce dans une maison. Le bâtiment s'écroule sur le tank. Le *Tigre* de soixante tonnes en ressort en marche arrière, couvert de poussière et de briques. Un autre *Tigre* bondit en avant et écrase les servants du bazooka sous ses chenilles. Les mitrailleuses crachent depuis les tourelles des tanks. Les Américains sont touchés et titubent. D'autres énormes panzers dévalent la rue principale jusqu'au dernier obstacle, une rangée de mines antichar. L'infanterie qui accompagne les chars se précipite pour dégager le passage. Les hommes sont pris sous la grêle mortelle d'une autre mitrailleuse. Le visage du colonel Peiper se fige ;

1. La dernière version des tanks de combat allemands, le *Panzer VI* ou *Tigre II*. Il était plus puissant que tout ce dont disposaient les Alliés.

il ordonne à deux de ses panzers de faire exploser les mines antichar sur son chemin. Deux *Tigre* s'avancent. Une explosion, et ils se retrouvent sur le bas-côté, leurs chenilles pulvérisées. Mais la route est ouverte, et les engins destructeurs de Peiper poursuivent leur route.

Le major américain fait décrocher ses hommes, qui se retrouvent avec les *Tigre* de Peiper sur les talons. Mais le major Sollis sait quelque chose que les Allemands ignorent. Dans les faubourgs de Stavelot, bien cachés sous un rideau d'arbres, sont entreposés des milliers de bidons d'essence : treize millions de litres du précieux liquide ! Dieu seul sait ce qui se passerait si les Allemands venaient à s'emparer de ce trésor. Personne ne pourrait plus les arrêter. Il sait ce qu'il doit faire. Contrairement à leurs adversaires allemands, qui sont si souvent récompensés de leurs initiatives par une balle dans le cou, les officiers américains prennent fréquemment des décisions à chaud, sans avoir besoin d'en référer à un supérieur dans un quartier général.

« Récupérez une douzaine de barils, mettez-les sur la route, et foutez-y le feu dès que le premier *Fritz* pointera le nez », ordonne Sollis. Il fait ensuite placer deux unités de bazookas assez loin pour qu'elles soient en sécurité, mais bien placées pour faire un beau trou dans les barils empilés.

Quatorze *Tigre* de l'avant-garde Peiper sont à moins de trois kilomètres du plus gros dépôt d'essence du front de l'Ouest. Le premier *Tigre* pointe son nez après un virage dans la forêt quand la route s'enflamme devant lui. La colonne de *Tigre* s'arrête brutalement. Pourquoi traverser une route en feu s'il y en a une autre pas trop loin ? Ils font demi-tour et s'éloignent de la route embrasée.

Il est midi. L'offensive allemande dans les Ardennes a débuté depuis cinquante heures. Jamais une armée américaine n'a été autant surprise par une attaque allemande.

« *Es muß unser absolutes Ziel sein, hier im Western die Sache offensiv zu bereinigen... das einzige, was diesmal nicht zu unserem Gunsten wirkt, ist die Luftlage. Aber gerade sie zwingt uns, unter allen Umständen jetzt das schelchte Wetter, den Winter auszunutzen.* » (Cela doit rester notre unique objectif d'éclaircir la situation à l'ouest... la seule chose qui n'est pas en notre faveur est la situation aérienne. C'est pourquoi nous sommes forcés de tirer le meilleur parti du mauvais temps et de l'hiver.)

Les ordres secrets d'Adolf Hitler furent transmis à ses commandants le 12 décembre 1944 [1]. Depuis l'encerclement de ses armées à Falaise et la percée alliée à Avranches (juillet/août 1944), Hitler avait prévu « l'offensive ultime et décisive ». Les armées alliées avaient délivré Paris (à la fin août 1944). Ensuite le plan de Montgomery, au nom de code « *Operation Market Garden* », prévoyait qu'un groupe d'armées britanniques ferait une avancée éclair. Assistées par des parachutistes, elles prendraient le pont sur le Rhin à Arnhem, et de là pénétreraient en Allemagne par la Hollande. Rien ne semblait pouvoir arrêter le rouleau compresseur allié. Puis soudain l'avance irrésistible commença à se ralentir. Ce qui convainquit le général Eisenhower, commandant en chef des forces alliées, de faire reprendre du service au général Patton, à la tête de la 3e Armée US, sur le conseil du général Omar Bradley. Patton fut mis en réserve, avec l'ordre de soutenir l'effort britannique à Arnhem par une percée de diversion dans le sud de la Belgique. « *Market Garden* » s'était transformé en catastrophe : les parachutistes britanniques et polonais libres avaient été décimés, la tentative de pénétrer au cœur de l'Allemagne par la Hollande n'avait rien donné.

À l'automne 1944, le Haut Commandement allemand décida que son offensive partirait de la zone géogra-

1. Warlimont, *Im HQ der Deutschen Wehrmacht*.

phique qui s'étendait depuis la frontière allemande jusqu'au Luxembourg et à la Belgique, traversait les collines des Ardennes, depuis Echternach au sud jusqu'à Saint-Vith au nord. Hitler octroya à cette action imminente le nom approprié de « *Wacht am Rhein* [1] » (La garde sur le Rhin). Il fut changé au dernier moment en « *Operation Herbstnebel* », ou « Brouillard d'automne », plus indiqué car la percée allemande était tributaire du mauvais temps.

Face aux Allemands, un groupe d'armées de terre commandées par le général Bradley : la 1re Armée US de Hodges, la 9e de Simpson, et la 3e de Patton. Plus inquiétante encore était l'énorme armada alliée aérienne : quatre mille sept cents chasseurs bombardiers, quatre mille avions de reconnaissance, et six mille gros et moyens bombardiers. Ce facteur contraignait les Allemands à une attaque terrestre pendant une période de mauvais temps qui puisse se prolonger [2]. Leurs météorologues se mirent au travail, sous la direction d'un Dr Schuster. Ayant étudié les conditions météo sur cette période depuis plusieurs années, ils se mirent d'accord sur le début du mois de décembre.

L'impétueux général Patton ne fut pas du tout satisfait de son rôle de soutien. Ce n'était pas ainsi qu'il entendait mener la guerre. Il harcela le général Eisenhower jusqu'à ce que celui-ci l'autorise à faire progresser sa 3e Armée vers le Rhin avant l'hiver. Le XIIe Corps de Patton, sous le commandement du général Eddy, devait marcher sur Nancy, et le XXe Corps du général Walker devait prendre Metz. L'attaque fut fixée au 7 novembre. Quand le général Eddy demanda un report pour cause de conditions météo défavorables, le général lui coupa

1. Chanson populaire allemande de la Première Guerre mondiale.

2. Quand l'air chaud s'élève et se refroidit pour se transformer en gouttelettes ou en petits cristaux de glace, il forme une nappe visible. Nous l'appelons nuage, ou brouillard. Il peut rester très longtemps en suspension.

la parole conformément à son habitude : « Si vous ne pouvez pas attaquer, alors ayez la gentillesse de me présenter votre successeur. » Eddy attaqua le 8 novembre, ses tanks s'enlisèrent et furent détruits dans les champs de mines. Metz résista jusqu'au 22 novembre. Patton était furieux, mais cela ne résolut pas son problème. Tant que le temps ne s'améliorait pas, ses tanks étaient bloqués.

Le 16 novembre, soutenues par deux mille cinq cents bombardiers lourds, quatre divisions des 1re et 9e armées US entrèrent en action contre la ville frontière d'Aix-la-Chapelle. La bataille pour la rivière Roer fut âpre. Les Allemands étaient pour la première fois dos à leur propre frontière. On peut avoir une idée du genre de bataille qui allait se dérouler avec les affrontements de Vossenach, un petit village à l'intersection de grandes routes. L'infanterie allemande l'abandonna puis le reprit vingt-huit fois ! Son succès à retarder les Alliés, qui avaient pourtant la supériorité terrestre avec huit fois plus de tanks, préfigura le scénario de la future *Bataille des Ardennes* [1]. Tout ce qu'il fallait pour cela, c'était une couverture nuageuse. Elle était prévue pour la deuxième semaine de décembre. L'offensive fut remise deux fois, mais le 12 décembre la date de l'attaque fut fixée au 16 décembre 1944 à 5 h 30. Hitler avait donné des ordres spécifiques pour que l'on instille chez le soldat allemand l'esprit de l'*Alte Fritz* (Frédéric II de Prusse) à la veille de sa bataille de Leuthen le 2 décembre 1757 [2] :

*Soldaten der Westfront*
*Eure große Stunde hat geschlagen. Es geht ums Ganze !*

1. Baptisée par les Allemands *Ardenmen Offensiv*.

2. Frédéric le Grand, dos au mur, avait obtenu une victoire de dernière minute sur les Autrichiens qui étaient sur le point d'envahir la Prusse. Quand les grenadiers prussiens partirent au combat en chantant, un officier demanda au roi : « Majesté, dois-je les faire taire ? » « Jamais ! Avec de tels hommes, Dieu m'accordera la victoire sans coup férir aujourd'hui. »

(Soldats du front de l'Ouest, Notre heure est venue. Tous les dés sont jetés.)

*Feldmarschall Gerd von Rundstedt,*
16 décembre 1944.

« Excellent, excellent, grommela le *Feldmarschall* von Rundstedt, l'air sinistre, en étudiant le dernier bulletin météo, les prévisions vont dans le mauvais sens. » Le temps défavorable était effectivement une bonne nouvelle pour lui, parce qu'il clouerait au sol les forces aériennes alliées. Les Allemands pouvaient aligner leurs tanks face à ceux de l'ennemi, mais la *Luftwaffe* n'était pas en mesure d'affronter la supériorité aérienne de celui-ci. Patton et sa 3e armée pouvaient à eux seuls faire appel à mille trois cents *Forteresses volantes* et quadrimoteurs bombardiers *Liberator*. Von Rundstedt savait que si ces forces aériennes prenaient l'air, elles réduiraient ses panzers en miettes. Même la propre directive d'Hitler spécifiait « de profiter de l'effet de surprise et d'attaquer pendant une période où les conditions atmosphériques seraient défavorables à l'aviation ennemie ».

Commandées par von Rundstedt, les forces d'attaque allemandes étaient composées de l'armée groupe B (*Feldmarschall* Model) incluant du nord au sud la 15e armée, la 6e armée de panzers (cible : Liège) de l'*Obergruppenführer SS* Sepp Dietrich, la 5e armée de panzers (cible : Anvers) du général Hasso von Manteuffel, la 7e armée, la 1re armée, avec l'armée groupe H (général Blaskowitz) pour protéger leur flanc sud. La progression du *Blitzkrieg* devait être dirigée par la 6e SS et la 5e armée de panzers. Lors d'une réunion finale à l'OKW (le Haut Commandement allemand), il fut bien précisé que la clé de la percée allemande était de prendre intacts les ponts sur la Meuse, en quarante-huit heures. Ce qui impliquait l'élimination rapide des importantes forces alliées à Saint-Vith et Bastogne. Ceci achevé, les armées de panzers devaient se diriger vers le nord et isoler les forces alliées en Belgique et en Hollande (maréchal Montgomery) dans un mouvement d'encerclement similaire à celui qui avait si bien réussi en juin 1940. Mais ce n'était plus l'armée allemande de 1940 ; le *Vaterland* entrait dans sa sixième année de guerre, et la nation avait souffert de terribles privations et de pertes irremplaçables. Le soir de l'ultime réunion, tous les participants savaient que l'offensive des Ardennes serait le baroud d'honneur de l'Allemagne. S'ils ne pouvaient atteindre leurs cibles en quarante-huit heures, tout était perdu [1].

La *Wacht am Rhein* était prête. Deux cent cinquante mille soldats allemands attendaient l'ordre de se mettre en marche. Les derniers préparatifs étaient terminés. Le général Bayerlein, commandant de la division « *Panzer Lehr* », ordonna que ses réserves de précieuse essence soient stockées à l'abri dans un tunnel ferroviaire près de la ville de Cochem. Il neigea pendant la nuit.

À 5 h 30 précises, le 16 décembre 1944, la terre trembla sous les obus, des bombes volantes V1 filèrent dans le ciel. Une formation de panzers allemands s'avançait dans un paysage d'hiver.

L'avant-garde des 6e panzers SS du général Dietrich fonçait sur des positions près de Monschau, tenues par le Ve Corps US du général Gerow. Totalement pris par surprise, Gerow engagea deux bataillons pour appuyer les unités attaquées de sa 99e division d'infanterie. Dans la vallée de Losheim, des unités du *Kampfgruppe Peiper* attaquèrent les positions des neuf cents hommes du 14e régiment de cavalerie du VIIe Corps US du colonel Mark Devine. Une petite unité américaine commandée par le lieutenant Bob Reppa et le sergent John Bannister devait être la première à rencontrer les tanks de Peiper. La semaine avait été calme. Pour la première fois, les hommes avaient pris un bain et changé de chaussettes. Leur mitrailleuse lourde était placée au second étage d'une ferme à l'orée du village de Krewinkel. De cet

1. Général Westphal, *Heer in Fesseln*.

endroit, ils pouvaient arroser toute unité d'infanterie allemande qui oserait attaquer de nouveau. Mais tout le monde savait que les Allemands étaient *kaput*. Seulement, c'était hier. Aujourd'hui, ils étaient cramponnés à leurs fusils et tiraient jusqu'à ce que ces derniers soient brûlants dans leurs mains. Des lignes d'Allemands vêtus de blanc avançaient dans les champs derrière des véhicules tout-terrain à chenilles. Bannister ne vit que les morts dans la neige, et les blessés qui repartaient vers l'arrière. Il était certain de n'avoir subi qu'une attaque mineure, et d'avoir réussi à la stopper.

« Sergent, ils nous contournent, hurla un de ses hommes.

– Qu'ils aillent au diable. On reste. »

Mais cette décision précédait l'apparition de cinq énormes panzers qui réduisirent le village en miettes.

« Décrochez, décrochez ! hurla Reppa, on se replie sur Holzheim. »

Reppa installa une nouvelle position à Holzheim. Il y découvrit à sa grande consternation que les habitants s'étaient déjà débarrassés dans un grand bûcher de tout ce qui pouvait prouver leurs rapports avec les Américains.

« Les salauds, murmura l'un des hommes de Reppa, dans quelques minutes ils vont hisser le drapeau nazi. »

Sur leur flanc, une unité conséquente de la 5ᵉ armée de panzers de Manteuffel se dirigeait vers Saint-Virth où la 106ᵉ division d'infanterie US risquait de se faire encercler, tandis que la percée allemande principale était dirigée sur Clairvaux et Bastogne. Cet objectif fut confié au général Freiherr von Luttwitz et son *XLVII Panzer Korps*, composé de la 2ᵉ division de panzers, de la 26ᵉ division de grenadiers, et de la *Panzerlehrdivision* [1], plus connue sous le nom de *Panzer Lehr*.

Le général Fritz Bayerlein de la *Panzer Lehr* s'adressa à ses hommes : « Notre objectif est la Meuse. C'est la

1. *Panzerlehrdivision*, ou division d'entraînement aux tanks.

bataille décisive de toute la guerre, j'attends de chacun de vous sacrifice et initiative. Allons-y. » Sur ces mots, il sauta dans le panzer de tête. Quand son aide de camp tenta de l'en empêcher, il se contenta de dire : « Quelle importance si je suis tué aujourd'hui... ? »

Au grand quartier général allié, où l'évolution rapide de la situation semait la confusion, le général Bedell Smith lança à Omar Bardley : « Brad, tu as toujours voulu une contre-offensive. On dirait que cette fois, tu vas l'avoir. » « D'accord, répondit Bradley, mais Dieu sait que je n'en voulais pas une de cette importance[1]. »

Le brigadier-général US Bruce Clarke avait fini par obtenir une permission bien méritée de quelques jours à Paris. Mais il reçut un coup de fil de son commandant de division, Hasbruck. « Ta permission est annulée. Par ordre de Brad. Amène ta 7e de tanks à Bastogne. » Bruce Clark n'arriva jamais à Bastogne. Sur ordre du général Middleton du VIIIe Corps, ses tanks furent déployés sur Saint-Virth. L'enfer l'y attendait.

Pendant la nuit du 16 au 17 décembre, mille deux cents parachutistes d'élite allemands du *Kommando von der Heydte* montèrent à bord de leurs avions JU-52. Leur objectif : le carrefour de Baraque-Michel près de la ville de Malmédy. Ils devaient le tenir jusqu'à l'arrivée des panzers du *Kampfgruppe Peiper*. Le lieutenant-colonel Friedrich August von der Heydte sauta à 3 h 30 sur la cible, que la plupart des autres avions manquèrent à cause des conditions météo épouvantables et d'une erreur de navigation. Quinze JU-52 larguèrent leurs parachutistes sur Bonn ! Seuls deux cents hommes atterrirent sur la cible, leur commandant compris, qui fut gravement blessé et capturé par une patrouille US près de Monschau le 22 décembre. *Le Kommando von der Heydte* fut perdu corps et biens avant même d'être entré en action.

1. John Toland, *Battle of the Bulge*.

Ce même jour, le 17 décembre, vers 13 heures, eut lieu l'un des incidents les plus connus et les plus commentés de toute la guerre sur le front de l'Ouest. Un brouillard épais tapissait les vallées enneigées, des nuages vaporeux s'élevaient vers les hauteurs. La brume occultait ce qui se trouvait devant une avant-garde du *Kampfgruppe Peiper*, qui progressait sur une route secondaire vers la ville belge de Malmédy. Les panzers avançaient, prêts à tirer sur tout mouvement suspect. Deux half-tracks ouvraient la marche devant les panzers plus lents. Un officier était debout dans le véhicule de tête. Ce qui se passa ensuite ne fut jamais totalement élucidé.

Le premier half-track venait de reconnaître le terrain quand soudain sortit du brouillard une colonne de camions qui appartenait à une unité d'artillerie de repérage, la batterie « B » du 285e bataillon US d'observation. Les deux half-tracks s'arrêtèrent et envoyèrent des rafales de mitrailleuse sur la colonne. Les infortunés Américains descendirent de leurs véhicules les mains en l'air.

L'officier SS allemand dans le half-track (qui n'était pas Peiper) ordonna aux Américains d'aller dans un champ qui bordait la route. Soudain, plusieurs coups de feu furent tirés [1]. « L'officier leva son pistolet mitrailleur et tira sur nous, rapporta un survivant, le lieutenant Virgil T. Lary. Son premier coup tua mon chauffeur. Ce fut immédiatement suivi par plusieurs rafales de mitraillette. »

Les Américains se jetèrent au sol, mais les parachutistes SS continuaient à les arroser. Bon nombre des quatre-vingt-un Américains moururent à ce moment-là. Mais pas tous. Quand le feu cessa, des SS qui parlaient

1. Selon la version des faits donnée par le colonel Otto Skorzeny à son procès, Peiper, bien qu'il fût plus tard accusé de ce crime, n'était pas présent lors de la scène, mais se trouvait à plusieurs kilomètres de là avec une autre unité.

anglais passèrent parmi les blessés et leur demandèrent s'ils pouvaient les aider. Ceux qui pouvaient encore parler étaient alors achevés d'un coup de pistolet dans la tête. Quarante et un prisonniers blessés furent exécutés de cette manière. Quelques minutes après la fusillade, l'unité allemande remit ses moteurs en marche et s'éloigna. Les tanks disparurent dans le brouillard.

Le lieutenant Lary se releva en titubant, et, avec quelques survivants chanceux, réussit à rejoindre les lignes américaines. Il raconta cette atrocité, en état de choc. Selon d'autres récits, certains SS tirèrent en passant sur les morts et les blessés qui gisaient dans le champ. Ces coups tirés après le massacre fournirent le fondement du procès qui s'ensuivit des responsables du *Massacre de Malmédy.*[1]

Tous les récits existants ne sont pas concordants. Les Allemands soutinrent que la fusillade éclata dès que la colonne américaine – qu'ils pensaient être armée – sortit du brouillard. Les récits des Américains sont unanimes : ils sautèrent de leurs véhicules pour se rendre, puis un officier SS leur donna l'ordre d'aller dans le champ avant que la fusillade ne commence. Une fois dans le champ, ils furent abattus de sang-froid[2].

À la tombée de la nuit du Jour Deux, la *Panzer Lehr* avait atteint une position située à seize kilomètres à l'est de Bastogne. Son avancée avait été retardée par le mauvais état des routes de campagne locales. Le problème

1. Après la guerre, le lieutenant-colonel Peiper et soixante-quatorze de ses hommes comparurent devant les Alliés lors d'un procès pour crimes de guerre à Dachau. Peiper et quarante-trois de ses commandos furent condamnés à mort. Une nécessité politique (la Guerre froide) autant qu'une controverse légale empêchèrent les exécutions. Peiper fut libéré de prison en 1956. Il mourut dans l'incendie de son appartement à Paris, en 1967.

2. Un film hollywoodien montra les prisonniers conduits vers le champ dans des camions allemands bâchés. Cette version n'a jamais été corroborée. Les corps, qui restèrent dans le champ pendant toute l'offensive allemande, furent récupérés pendant la contre-offensive américaine. Des photos prises par un photographe de l'armée montrent clairement qu'aucune des victimes n'était armée.

de Bayerlein fut compliqué par une division d'infanterie qui avait emprunté la même route et dont les camions avaient bloqué les croisements d'importance vitale. Consultant sa carte, le général découvrit qu'il avait le choix entre trois routes. Il prit sa décision en conversant avec un paysan des environs.

« Quel est le meilleur chemin pour Bastogne ? »

Le fermier, qui avait passé quelques mois dans un camp de prisonniers de guerre, n'éprouvait aucune attirance pour tout ce qui ressemblait à un Allemand, de près ou de loin. Quand il répondit « Celui qui passe par Mageret », il les envoyait sur la route la pire. Après deux kilomètres seulement, les pavés s'arrêtaient et les lourdes unités moulinèrent dans la boue jusqu'aux essieux. Les véhicules de soutien furent bloqués, d'autres tombèrent en panne et durent être mis sur le bas-côté pour dégager la route. Le *Blitzkrieg* de la *Panzer Lehr* avançait désormais à une allure de tortue. Les premières unités allemandes n'atteignirent Mageret que le 19 décembre, avec deux jours de retard sur l'horaire prévu, et à cinq kilomètres de leur cible. La neige et les conditions atmosphériques épouvantables qui avaient cloué les forces aériennes alliées au sol avaient également affecté les Allemands. Sans le savoir, un paysan avait sauvé les Alliés : une route de campagne boueuse allait être essentielle pour la résistance des Américains à Bastogne.

Le colonel SS Peiper et le lieutenant US Reppa entrèrent dans Honsfeld à peu près en même temps, depuis des directions opposées. Peiper avait des tanks, Reppa aucun. Avant que les Américains ne puissent s'éclipser, les SS frappèrent à la porte de leur cachette.

« Eh, vous, là-dedans, sortez, les mains en l'air ! »

Le sergent Lovelock ouvrit la porte et les hommes se rendirent.

Sans perdre de temps, Peiper continua de pousser ses tanks vers l'avant. Son plus grand souci était le ravitaillement de ses panzers. À quelques kilomètres d'Honsfeld, l'avant-garde de Peiper tomba sur un barrage routier hâtivement mis en place par une unité d'infanterie de la 2e division US. Les Américains avaient décidé de tenir leur position, leurs bazookas mirent hors d'usage quelques half-tracks allemands. Au même moment, une unité de réserve de la 7e division de tanks US approchait du village de Baugnetz et ses *Sherman* tombèrent sur la force principale des *Tigre* de Peiper. Les canons américains n'étaient pas de taille à se mesurer aux puissants 88 des tanks allemands qui dégagèrent le passage à travers le village, et prirent ensuite la direction de Ligneuville.

À l'entrée du village était posté un seul gardien, un unique tank *Sherman*, laissé là parce qu'une de ses chenilles avait besoin d'être réparée. Il tira bravement et eut de la chance. Le *Tigre* de tête s'embrasa, mais trois autres tanks pointèrent leurs 88 sur lui et le pulvérisèrent. Peu après ce bref affrontement, les hommes de Peiper capturèrent un officier américain qui passait près d'eux en jeep. Après un rapide interrogatoire, Peiper bondit dans la propre jeep du colonel et se précipita vers ses unités d'avant-garde pour les empêcher de tirer. Il ne fallait pas que les Américains, dont le quartier général était dans la ville voisine de Stavelot, soient avertis de leur présence.

Peiper prit ses jumelles. Deux canons antichar de 57 mm étaient en position de chaque côté d'un pont de pierre, barrant l'entrée de la ville. « Steinbatz, demanda-t-il à son commandant en second, vous prenez celui de gauche, je me charge de l'autre. » Deux longues flammes sortirent des gueules des canons, les canons antichar se volatilisèrent. Le pont fut pris, car aucune charge explosive n'y avait été placée. Avant que les Américains ne réalisent ce qui se passait, les *Tigre* avaient fondu sur eux, puis avaient investi la ville. Deux d'entre eux atteignirent la place du Marché, et y furent touchés à bout portant par les obus d'un autre canon de 57 mm, placé par le major Sollis. Un *Tigre* s'arrêta net, de la fumée noire s'échappant de sa tourelle. L'équipage évacua l'engin en flammes et se roula sur le sol pour étouffer les flammes sur les combinaisons graisseuses de tankistes.

Quatorze *Tigre* du *Kommando Körfken* écrasèrent le canon de 57 sous leurs chenilles, tandis que les survivants de l'unité du major Sollis battaient précipitamment en retraite, poursuivis par les *Tigre* de Körfken, qui abandonnèrent la poursuite quand ils se retrouvèrent devant l'essence enflammée que les Américains avaient répandue sur la route.

Le temps était venu pour l'une des plus célèbres unités des forces américaines de se couvrir de gloire. À la suite de son parachutage nocturne en Normandie le 5 juin, la 101e division aéroportée US avait changé de général. Leur nouveau commandant était le brigadier-général Anthony McAuliffe. Peu après le début de l'offensive allemande il avait reçu un message codé stipulant qu'il devait de toute urgence porter assistance à la 1re armée US du lieutenant-général Courtney Hodges. Le matin du 18 décembre, les « Onze mille » de McAuliffe embarquèrent dans trois cent quatre-vingts camions et firent cent quatre-vingts kilomètres vers une ville obscure dans une région de collines boisées au sud-est de la Belgique : Bastogne. Ils devaient prêter main-forte à la 28e division US durement malmenée sous la pression de deux divisions mobiles allemandes, la *Panzer Lehr* et la 2e division allemande de panzers. Dans une course contre la montre, la 101e réussit à atteindre Bastogne quelques heures avant que la *Panzer Lehr* ne réussisse à s'extirper de la boue de Mageret. McAuliffe donna l'ordre au 501e régiment commandé par le colonel Ewell d'établir une position défensive sur la ligne des collines à l'est de Bastogne. Il plaça son 506e régiment au nord et le 327e au sud-est. Quand la *Panzer Lehr* finit par se montrer, les Américains étaient bien retranchés. Le général Bayerlein avait manqué d'une heure son rendez-vous avec l'Histoire.

Le brouillard au niveau du sol avait été dense la nuit

du 19 décembre. Bayerlein lança son attaque à 5 h 30, avec des tanks soutenus par l'infanterie. Les Américains avaient disposé leurs mitrailleuses selon une ligne de feu préétablie et leur tirs croisés trouaient le brouillard. Les explosions sulfureuses coloraient la brume de jaune. Au cœur de la confusion résultant du brouillard, sous le feu des obus et des balles de l'artillerie américaine invisible, les 901e et 902e régiments allemands furent durement touchés. Bayerlein dut faire stopper l'assaut sur les contreforts des collines entourant la ville. Son grand souci était le temps. Le général allemand avait un œil sur Bastogne, l'autre sur le ciel. Tant que le mauvais temps persistait, tout allait pour le mieux. Il courait parmi les équipages des tanks une rumeur selon laquelle les Américains étaient prêts à se rendre, et une autre selon laquelle les tanks de Patton étaient en route. Patton ou pas, la puissance des tanks allemands était trop écrasante pour les hommes de la 101e aéroportée. Les panzers débordèrent les unités américaines. Le 21 décembre, la ville fut complètement coupée du reste des forces alliées. Bastogne devint un récif au centre de la marée des tanks allemands.

Dans les mess des bases aériennes alliées de toute l'Europe, le moral était au plus bas. La frustration alternait avec le désespoir. Les équipages des bombardiers voulaient voler au secours des troupes cernées au sol, mais c'était peine perdue. Des jours durant, les météorologues avaient assuré qu'il subsistait une probabilité pour que le ciel se dégage, mais pour l'instant, impossible de prendre l'air. Le problème n'était pas seulement les nuages, mais aussi l'altitude. Les altimètres standard n'étaient pas opérationnels sur un paysage enneigé. Les impulsions envoyées au sol se perdaient dans l'épaisseur de la couche neigeuse. Il était dès lors impossible de juger de son altitude ou de la distance. De plus, nuages et sol se confondaient dans un gris monochrome. Pour couronner le tout, les conversations radio entre patrouilles de reconnaissance et commandants d'aviation étaient mauvaises et incohérentes. Impossible de distinguer le bas du haut, l'ami de l'ennemi. Pilotes et équipages attendaient, jour après jour.

Le colonel Otto Skorzeny de la *Waffen SS* entra alors en scène. Six années de guerre avaient marqué ses traits. En tant que chef d'une unité de commando, il vivait dangereusement. Mais c'était précisément ce que le destin (et Hitler) lui avaient ordonné. L'homme qui avait libéré Mussolini de sa prison dans les montagnes, le chef de commando que ses hommes avaient surnommé « *der Schmissige* » (il avait une balafre – *schmiss* – sur la joue, résultat d'une bagarre de jeunesse) se lança dans l'*Operation Greif* (Griffon). Déguisés en MP américains, ses commandos devaient infiltrer les lignes ennemies et en désorganiser les communications et la circulation. Leurs uniformes provenaient de camps de prisonniers, mais présentaient un gros défaut : on y avait peint en gros caractères les lettres KG, pour *Kriegsgefangener* (prisonnier de guerre).

Hitler lui-même avait donné son aval à l'opération commando. Skorzeny divisa ses hommes en équipes de combat individuelles dotées chacune d'une jeep américaine. L'opération commença mal. Le 21 décembre, à l'approche de Malmédy, un obus explosa devant la voiture de Skorzeny. Des éclats traversèrent le pare-brise, le colonel se retrouva couvert de sang. Ses hommes le sortirent de sa voiture in extremis, avant que le réservoir d'essence n'explose. Il avait l'air mort, mais ne l'était pas, et, au lieu de se faire évacuer sur un hôpital de campagne, il demanda au médecin à ses côtés de lui passer une bouteille de cognac pendant qu'on lui retirait des esquilles d'os de ses blessures et qu'on le pansait. Le *Schmissige* avait augmenté sa collection de balafres au visage.

Ces blessures n'arrêtèrent pas un homme de la trempe de Skorzeny. Quand il n'eut plus assez d'uniformes américains, il fit monter ses hommes dans deux camions américains pris à l'ennemi et les bâcha. Seuls les conducteurs avaient des uniformes américains. Les camions, étoile blanche sur les portières, passèrent les barrages routiers américains en faisant signe aux hommes derrière les mitrailleuses. Ils coupèrent les fils de téléphone, changèrent les panneaux routiers de sens et minèrent les routes. Une demi-douzaine de jeeps, tout ce dont Skorzeny avait pu s'emparer, entreprit de créer de monstrueux embouteillages derrière la ligne de front américaine. Leur plus grande réussite eut lieu avec un régiment de tanks US. Quand une colonne de Sherman arriva à un carrefour, les faux MP les envoyèrent dans une nouvelle direction, et pendant les deux jours suivants le quartier général du Xe Corps US fut incapable de la retrouver.

Cette incroyable aventure trouva son terme à cause de l'obsession qu'avaient les Allemands d'économiser le matériel et l'espace. Les Américains ne faisaient jamais circuler quatre MP dans une seule jeep. Quand ils en virent une trop chargée, ils l'arrêtèrent et découvrirent son équipage allemand. Les SS savaient qu'ils seraient fusillés comme espions, puisqu'ils avaient revêtu des uniformes américains.

« Vous pouvez nous exécuter, dit leur chef sans ciller, mais il y a déjà des milliers d'entre nous derrière vos lignes. »

« Arrêtez de vous foutre de moi, dit en souriant l'officier américain qui l'interrogeait. Alors, qui est votre valeureux commandant ? »

« L'*Oberst* Skorzeny. » Le sourire de l'Américain s'évanouit. La seule mention de ce nom suffisait à paniquer tout l'état-major. On dut prendre des mesures de sécurité spéciales, ralentir les convois, renforcer la protection des quartiers généraux [1], envoyer des troupes en patrouille sur les routes alors qu'elles auraient dû être au front. Plus de vrais Américains, parce qu'ils

1. Il se répandit même la rumeur que Skornezy projetait de kidnapper le général Eisenhower.

ressemblaient à des Allemands, que de vrais Allemands déguisés en Américains furent arrêtés. Un capitaine américain qui portait des bottines ressemblant à celles des Allemands passa une semaine en prison. Jusqu'à un général qui dut souffrir l'humiliation de la détention. « Je suis le général Bruce Clarke », se présenta-t-il quand sa jeep fut arrêtée à un carrefour. Le sergent de la MP le regarda droit dans les yeux. « Et moi, je suis le pape. Descendez, vous êtes aux arrêts. » Trois douzaines d'hommes décidés avaient réussi là où une division avait échoué [1].

Le *Kampfgruppe Peiper*, sa route étant coupée par l'essence en feu, avait pris la direction du nord, vers le hameau de Trois-Pont, tenu par une petite unité d'Américains avec un canon de 57 mm, placé à l'entrée du village près du seul point où l'on pouvait traverser la rivière. Le premier *Tigre* partit en flammes, aussitôt un autre *Tigre* réduisit le canon au silence. Les panzers se remirent en marche, mais le pont se désintégra dans un nuage de poussière. La route était désormais coupée, forçant ainsi Peiper à un nouveau détour.

« Comment est la situation par rapport à l'essence ? demanda-t-il en étudiant sa carte.

– Critique. »

Peiper pointa un endroit sur la carte. « Stoumont. Nous allons traverser Stoumont, et demain soir ce sera la Meuse. »

Dans l'*Hotel Britannica*, à Spa, un autre homme étudiait sa carte. Le général Courtney Hodges devait stopper net l'avancée de Peiper.

« Collins, demanda-t-il à son commandant du VII$^{e}$ Corps, où en sommes nous ?

– Rien jusqu'à demain.

– Alors, envoyons quelques avions.

---

1. D'après une interview d'Otto Skorzeny par l'auteur, à Madrid, en 1959.

– Par ce temps ?

– Au Diable le temps... »

Un petit nombre de chasseurs bombardiers du 9e *Tactical Air Command* s'élevèrent dans les nuages. Soudain la couche nuageuse présenta un trou, et juste en dessous se trouvait la colonne de Peiper. Ils s'engouffrèrent en piqué dans cette brèche et détruisirent dix *Tigre*. Le reste des panzers se précipita sous le couvert des arbres. Peiper dut s'arrêter jusqu'à la nuit. Ce succès, bien que mineur, procura un avant-goût de ce que des frappes aériennes massives pourraient accomplir contre des unités au sol privées de défense aérienne.

La nuit du 19 décembre, Peiper progressa vers Stoumont. Les panzers en balayèrent les maigres défenses, mais quatorze *Sherman* et cinq canons « tueurs de tanks » de 90 mm apparurent. Les Allemands commencèrent à réaliser qu'il était fort possible que ce ne fussent pas seulement quelques tanks isolés, mais l'avant-garde d'une force beaucoup plus importante. L'armée de Patton ! Peiper ordonna à trois tanks de s'interposer. Un des tanks sauta sur un groupe de mines antichar, fit des tonneaux dans un champ avant de finir renversé, son équipage tué par l'explosion. Les deux tanks suivant slalomèrent dans le champ de mines enneigé, leurs chenilles faisant jaillir des geysers de boue. Puis ils s'élancèrent à l'attaque.

Cette contre-attaque soudaine, suivie par une compagnie de *Panzergrenadiers* (infanterie), ramena dans le filet de Peiper cent trente-trois soldats de la 30e division US, et leur chef, le major Hal McCown. Ayant été informé du massacre de Malmédy, l'Américain s'adressa au commandant de panzers allemand : « Colonel, me donnez-vous votre parole que rien n'arrivera à mes hommes, selon la Convention de Genève ? »

Peiper sembla stupéfait par la requête du major (ce qui indiquerait donc qu'il ignorait tout de la tuerie de Malmédy). « Je vous en donne ma parole, major », répondit-il. Il la tint. Il libéra tous ses prisonniers, à l'exception du major McCown, qui réussit à s'échapper pendant la nuit[1].

D'autres unités américaines se montrèrent, et bientôt le *Kampfgruppe* se retrouva isolé dans une poche. Bien que Peiper disposât de juste assez d'essence pour tenter de s'échapper, cette option fut repoussée par le quartier général allemand. Sa situation devint désespérée. À force de tourner en rond, ses tanks se retrouvèrent sans essence et sans munitions. Il envoya un message radio au général SS Mohnke, son commandant de division. Ce dernier lui apprit qu'il ne pouvait pas l'aider, Peiper devrait se débrouiller avec ce qui lui restait. Il ne lui restait d'ailleurs ni provisions pour ses hommes, ni « Otto » (nom de code pour l'essence), ni « Hermann » (munitions).

Il réitéra sa demande. « Demande autorisation de me retirer avec mes hommes. »

La réponse du quartier général fut on ne peut plus claire : « Refusée, à moins que vous ne reveniez avec vos tanks. »

Un temps précieux avait été gaspillé, alors qu'une pluie continue d'obus américains de 155 décimait le *Kampfgruppe* de Peiper. Il envoya d'autres appels à l'aide, mais sa radio resta silencieuse pour le reste de la journée. Au moment où Peiper décida de faire se replier ses hommes, risquant ainsi la cour martiale et le peloton d'exécution, la 82e aéroportée US avait sauté sur Stavelot et prêté renfort aux unités qui encerclaient le reste du *Kampfgruppe Peiper*.

« Les imbéciles, jura le jeune commandant de panzers. (Il se tourna vers la radio.) Démolissez-moi cette saloperie de machine. Elle ne sert à rien. Nous rentrons ce soir. À pied. » Ce que firent ses huit cents hommes, après avoir fait sauter tous leurs tanks. Parfois dans la

---

1. McCown déclara plus tard qu'il avait trouvé que Peiper n'était pas un de ces « Huns barbares ». Cet argument fut utilisé par la défense au procès de Peiper pour crimes de guerre.

neige jusqu'à la taille, ils portaient leurs blessés. Ils ouvrirent le feu sur les lignes américaines pour se frayer le passage. Ils se retrouvèrent face à des positions d'artillerie retranchées, des mitrailleuses lourdes, des mortiers et des escadrons de tanks. Malgré l'obscurité et la confusion, les soldats oublièrent le danger et passèrent à l'action. Deux *King Cobra* leur bloquaient la route. Un *Panzerjäger* rampa derrière l'un d'eux, fixa une mine en T à la tourelle et le tank explosa en une boule de flammes rugissantes. La voie fut bientôt libre.

Lorsque le quartier général de division de Peiper finit par tenter de le contacter par radio pour lui donner l'autorisation de se retirer, l'appel resta sans réponse. « Ils sont tous morts, dans l'honneur », pensa le général Mohnke. Or ils ne l'étaient pas. Ils avaient subi de lourdes pertes, mais Peiper garda le contrôle de la situation et réussit à mener ses hommes à bon port. La nuit de Noël, les survivants du *Kampfgruppe Peiper* finirent par atteindre les lignes allemandes ; seulement, ils n'avaient rien à célébrer.

La semaine précédente, le général Patton avait demandé au capitaine James O'Neill, son aumônier, de préparer une prière qui fut retransmise à ses troupes par la Radio des Forces Armées le 22 décembre :

« Notre Père tout-puissant et miséricordieux, nous te supplions humblement, dans ton infinie bonté, d'arrêter ces pluies diluviennes qu'il nous faut supporter. Accorde-nous beau temps pour le combat. »

Les premiers véhicules de la *Panzer Lehr* sortirent de la forêt. Une vaste plaine couverte d'une fine couche de neige s'étendait devant eux comme un linceul. Le vent qui avait soufflé dans la nuit avait effacé toute trace. La lumière était incomparablement plus vive que les jours précédents. Le général Bayerlein scrutait le ciel d'un air soucieux. Le vent avait forci. La couche de nuages était toujours dense, mais sur le haut des collines, les nuages s'espaçaient déjà.

Pas de doute, le temps allait changer.

Dans l'après-midi du 22 décembre, ce fut le cas pendant une heure, et les troupes terrestres allemandes mesurèrent la puissance des forces aériennes alliées.

Un sergent de l'unité du lieutenant Hinterholzer de la *Panzer Lehr* fut le premier à les entendre.

« Des avions !

– Du calme, ce sont les nôtres.

– Non, mon lieutenant, ils viennent de l'ouest ! »

Tous savaient pertinemment que ce n'étaient pas des avions allemands. Les promesses de soutien aérien rapproché faites par le *Reichsmarschall* Goering étaient vaines, comme tous ses discours précédents. *Fat Hermann* n'avait plus d'avions en état de voler.

Une douzaine de chasseurs-bombardiers *Thunderbolt P-47* passa au-dessus de leurs têtes en rase-mottes et largua ses charges mortelles sur une unité proche.

« Ne bougez pas. Ils ne nous ont pas vus. » Et le lieutenant ajouta mentalement : pas encore. Ces saletés d'avions étaient là pour les stopper, mais aussi pour les détruire. Il respira de nouveau quand le bruit des moteurs eut complètement disparu.

Le général Patton faisait les cent pas dans sa salle des cartes. Bon sang, toujours pas de feu vert officiel pour lâcher ses tanks. Ordre ou pas, il desserrerait le nœud coulant que les Allemands avaient placé autour de McAuliffe et ses valeureux gars. Patton prit la décision d'envoyer la totalité de sa 3e Armée en pleine tempête de neige. Sa 4e division blindée se dirigea sur Bastogne, la 26e attaqua en direction de Witz, et la 80e opéra un mouvement tournant sur le flanc droit de l'ennemi. Dans la nuit sans lune, les unités se perdirent de vue, il y eut des embouteillages aux carrefours. Les tanks en panne étaient poussés dans les fossés pour dégager les routes. Patton les pressait d'avancer. « Allez dans la direction d'où vient le bruit des armes », ordonna-t-il à ses commandants d'unités. Tous percevaient le martèlement sourd de l'artillerie allemande sur Bastogne. Patton n'avait pas besoin de leur dire, ils savaient qu'ils devaient aller là-bas à toute vitesse. Les gars de la 101e ne tiendraient plus bien longtemps.

Les yeux du monde occidental étaient braqués sur une petite ville des Ardennes. Les Américains tiendraient-ils face à l'assaut allemand ?

Le 22 décembre à Bastogne, les bombardements furent intenses et les explosions continuelles. L'artillerie allemande ne prenait plus de gants et pilonnait impitoyablement la ville. Dans cet enfer de feu et de poussière, les commandants de compagnie n'arrivaient plus à établir le contact avec leurs unités. La poche de Bastogne s'était transformée en piège pour les soldats américains épuisés, hébétés par les bombardements. À la tombée de la nuit, la ville n'était plus qu'un amas de ruines.

L'opérateur radio dans le bunker de commande du général McAuliffe leva soudain la tête, une expression étrange dans le regard, et hurla à l'aide de camp du général : « Message des Allemands, monsieur ! »

Une heure plus tard, quatre officiers allemands munis d'un drapeau blanc entrèrent dans Bastogne et furent conduits au quartier général de McAuliffe. Leur commandant, le général von Lüttwitz, demanda une reddition immédiate[1]. McAuliffe interrompit brièvement sa réunion pour s'enquérir de ce qu'ils voulaient.

« Ils nous demandent de nous rendre, Crock. »

Sans même prendre la peine de lire le document, il tourna le dos aux Allemands et leur lança sa réponse, qui resta dans l'Histoire : « *Nuts !* »

Les tourbillons de neige empêchaient les soldats dans les tranchées de distinguer leurs amis de leurs ennemis. Les équipages des avions, en tenue de combat,

1. Le général von Manteuffel ne fut pas informé de la demande de reddition, et devint furieux en l'apprenant.

prêts à partir, rongeaient leur frein. Les météorologues leur avaient promis que le temps changerait, mais pour le moment la couverture nuageuse était si épaisse qu'on avait l'impression de pouvoir marcher dessus.

Aux premières lueurs du 23 décembre, malgré les nuages et la neige qui tombait, les hommes dans les tranchées autour de Bastogne entendirent un grondement terrifiant. Deux cents chasseurs-bombardiers *Thunderbolt P-47* jaillirent des nuages et passèrent au-dessus de la ville à hauteur des toits. L'air qu'ils déplaçaient dispersait la brume. Ils larguèrent de grosses caisses, remplies de rations, d'essence et de munitions pour les hommes assiégés. Pour les Américains, c'était le Père Noël qui descendait du ciel. Pour les Allemands qui manquaient de tout, cette avalanche de matériel était un incroyable spectacle. Voilà des soldats assiégés coupés de tout, qui se retrouvaient avec tout ce que les systèmes de transports allemands ne pouvaient acheminer au front malgré des routes dégagées. Et les commandants allemands étaient pressés d'en finir. Si les *Thunderbolt* pouvaient voler par des conditions météo pareilles et atteindre leur cible, à quoi pourrait-on s'attendre, le ciel se dégageant ? Il fallait prendre Bastogne avant que cela ne se produise ! Le Haut Commandement allemand ordonna aux commandants sur le terrain de « lancer un assaut sans repli » et d'enfoncer les lignes américaines. Ils envoyèrent bataillons sur bataillons dans le secteur et leurs dernières réserves de panzers. Ravitaillés en munitions, les hommes de McAuliffe résistaient, se battaient et mouraient.

L'infanterie allemande et les parachutistes américains se retrouvèrent engagés dans un combat au corps à corps. Les ordres ne servaient plus à rien, l'affrontement se transforma en massacre pur et simple. Les vagues d'assaut allemandes se succédaient jour et nuit. Mais Bastogne tenait toujours.

Sur les bases alliées du théâtre européen, les météorologues lurent leurs prévisions pour le matin du

24 décembre : « Clair, visibilité de cinq à huit kilomètres... » Le reste se perdit dans les hurlements de joie des équipages des bombardiers. Ils allaient voler.

Le 22 décembre, après avoir entendu la prière de Patton, les défenseurs de Bastogne, épuisés, contemplèrent un ciel parfaitement bleu. Tous les champs d'aviation, depuis le sud de l'Angleterre et le Pas-de-Calais jusqu'au sud de la France et l'Italie, furent en effervescence. Tôt dans la matinée, les Français libérés furent assourdis par les bourdonnements des essaims de chasseurs et bombardiers alliés qui traversaient le pays. Les pistes étaient si encombrées que les escadrons volaient aile contre aile. Tous se dirigeaient vers la même destination, la vallée que la Meuse avait creusée entre les montagnes. *Lightning, Thunderbolt, Mustang, B-17* et *Liberator* ensevelirent les panzers allemands sous un déluge de bombes. Des unités entières de redoutés *Waffen-SS* rôtissaient dans le phosphore. Dès l'instant où le temps se dégagea et priva les Allemands de leur couverture nuageuse, d'énormes armadas aériennes bombardèrent les troupes terrestres allemandes.

Les gros quadrimoteurs *B-17* volaient très haut au-dessus de l'écran protecteur des chasseurs. Leurs pilotes regardaient du coin de l'œil les bombardements effectués par les appareils plus petits mais plus rapides. Ils admiraient le courage des aviateurs des *Lightning, Mustang* et *Thunderbolt*, qui attaquaient malgré les ripostes de la DCA allemande. À partir du moment où ils baissaient le manche, la descente en piqué prenait douze à quinze secondes. Quinze secondes d'enfer, de balles traçantes et de fragments d'acier, jusqu'à ce que leurs fusées atteignent le sol. Un seul impact, et une colonne entière de véhicules partait en fumée.

Un escadron de *Mustang P-51* rasait la cime des arbres, prêts à bombarder dès que les Allemands trahiraient leur position par une riposte antiaérienne. Derrière les chasseurs apparut une grande formation, encore des points noirs dans le ciel bleu. On n'entendait pas les quadrimoteurs, mais leurs premières bombes commencèrent à frapper les flancs des collines, suivies d'une tempête de déflagrations. Le général Bayerlein, dans son panzer de commandement, contemplait impuissant les grappes de bombes de deux cent cinquante kilos qui explosaient parmi ses hommes. Le tapis de bombes arrachait les arbres et projetait les véhicules en l'air. Pris dans la tourmente, des vétérans héroïques de la bataille de tanks de Koursk en été 43, qui avaient courageusement affronté les hordes de T-34 soviétiques. Mais ils étaient sans défense contre cet assaut massif venu du ciel.

Chaque matin ces hommes avaient regardé le ciel et s'étaient demandé à quel moment ils périraient sous un déluge de feu. Pour les soldats des divisions de panzers allemands, c'était là un combat inégal contre la force aérienne la plus puissante du monde. Les hommes qui servaient les canons antiaériens essayaient de viser leurs cibles qui approchaient à grande vitesse, mais sans succès. Les avions étaient trop rapides, et leurs fusées d'une efficacité redoutable. On entendait les avions alliés toute la journée. Parfois ils étaient tout près, la cacophonie de leurs moteurs juste au-dessus de la cime des arbres. À d'autres moments, c'était un bourdonnement lointain. Le plus insupportable pour les hommes au sol était de ne pas savoir si un bruit éloigné allait se rapprocher et faire d'eux la prochaine cible.

Le général Bayerlein rédigea dans son rapport : « Les bombardements aériens ont continué sans interruption. Les Alliés arrosaient tout sans distinction. Près de Barrière et de Champlon, des véhicules de la division ont brûlé jusqu'au lendemain matin. Je voyais dans mes jumelles des planeurs ennemis par douzaines, qui atterrissaient dans le périmètre de Bastogne. Au début, mes troupes ont été épargnées, mais pas mes colonnes de ravitaillement. Nos plus grosses pertes ont eu lieu quand les bombes détruisirent deux unités mobiles de réparation de tanks. Comme toutes nos réserves d'essence étaient éloignées du front, sur la longue route qui y menait, nous avions déjà perdu plus de trente camions-citernes. Quand nous avons demandé un soutien aérien pour protéger ces colonnes de ravitaillement vitales, nous n'avons pas vu un seul chasseur de la *Luftwaffe*. »

C'est exact, la *Luftwaffe* n'existait pratiquement plus. Aux rares occasions où quelques *Messerschmitt* ou *Focke-Wulff* se montraient, ils étaient assaillis par des essaims de *Mustang* et *Thunderbolt*, plus maniables et mieux armés. Les avions allemands étaient usagés, et il fallait un certain courage aux pilotes de chasse pour retourner au combat. Le *Hauptmann Ritterkreutzträger* (Croix de Chevalier) Karl Kretschmann était l'un d'eux. Il volait sur un *Messerschmitt BF 109* en bout de course. Quand il s'était engagé dans la *Luftwaffe* en tant que jeune pilote, c'était le meilleur engin de guerre existant. Sa mitrailleuse sur le nez de l'appareil en avait fait une arme redoutable. C'était en 1940, la guerre était différente en ce temps-là. Cinq ans plus tard, il volait toujours sur le même appareil obsolète. Mais il leur avait quand même infligé une leçon. Il venait de descendre deux *Mustang P-51*. Ce devait être des bleus. Moins chanceux, son équipier de vol, frais émoulu de l'école de l'air, fut pris en chasse par deux *Thunderbolt*. Une flamme jaillit du moteur, le vent l'attisa et le feu prit dans tout l'appareil. Il descendit à la verticale et disparut dans les arbres.

Le bruit des bombardements était désormais constant. Les hommes de la *Waffen-SS* et des *Panzergrenadiere* observaient le ciel bleu zébré des panaches de fumées d'avion. En d'autres temps que la guerre, le spectacle aurait été magnifique. Mais ces traînées étaient celles des bombardiers américains bourrés de bombes. Pour les commandants au sol tels que Sepp Dietrich et Hasso von Manteuffel, les heures et jours suivants se transformèrent en apocalypse sanglante.

Van Manteuffel appela le Haut Commandement allemand. Il demanda l'autorisation de se diriger vers le nord pour obtenir au moins un succès partiel. Le général Jodl, chef de l'OKW, lui répondit : « Le Führer vous interdit de reculer ne fût-ce que d'un mètre. De l'avant, jamais en arrière. »

Le général von Manteuffel savait que plaider sa cause était sans espoir. Il changea néanmoins les positions de ses divisions autour de Bastogne, passant d'un déploiement d'attaque à une situation d'attente.

À peu près au même moment, les avant-gardes de Patton s'approchaient de Bastogne. En première ligne se trouvait le 37e bataillon de tanks du colonel Creighton Abrams. Quand il atteignit les hauteurs et vit Bastogne devant lui, il demanda par radio au quartier général de Patton l'autorisation de marcher droit sur la ville.

« Attends une minute, Creigh, répondit un des aides de camp de Patton, je vais demander au patron. » Quand Patton fut informé de la requête d'Abrams, il s'exclama : « Est-ce que c'est ce que je veux ? Bien sûr, allons-y ! »

Abrams se leva dans son tank et harangua ses troupes : « Tout le monde est prêt ? OK, fermez les écoutilles et allons-y ! Aujourd'hui, nous serons dans Bastogne ! » Les tanks d'Abrams s'élancèrent alors vers les lignes allemandes, et l'artillerie américaine de Bastogne ouvrit le feu sur le village d'Assenois, tenu par les Allemands, à moins d'un kilomètre et demi des limites de la ville, et le réduisit en poussière. « Colonel, nous allons être touchés par nos propres canons ! » entendit Abrams dans sa radio. C'était le commandant d'une unité de tanks de quarante tonnes *King Cobra*.

« Avancez, avancez ! » hurla Abrams. Et ses neuf *King Cobra* foncèrent à toute vitesse vers le village, le traversèrent en détruisant tout sur leur passage. Ayant ainsi percé le périmètre allemand, ils permirent à la 80e division d'infanterie US de s'y engouffrer. Les tanks de tête foncèrent dans la forêt. Une maison forestière fut soufflée par un tir de tank. Devant eux, le sol était couvert de parachutes bigarrés. Mais à qui appartenaient-ils ? Les canonniers des tanks étaient si excités qu'ils étaient prêts à tirer sur tout ce qui bougeait. Soudain un casque apparut au bord d'une tranchée, suivi par le visage d'un soldat vêtu de vert olive agitant frénétiquement son arme en se précipitant dans la neige qui lui arrivai jusqu'aux genoux vers le *King Cobra* de tête. C'était le lieutenant Webster, de la 101e Aéroportée. « Bon Dieu, que je suis heureux de vous voir, les gars ! »

Les hommes de Patton avaient fait leur travail. Le siège de Bastogne était terminé.

La bataille des Ardennes ne l'était pas, mais son issue était désormais inéluctable – les bombes et les balles de milliers d'avions alliés le garantissaient. Le trafic routier allemand, qui se déroulait pare-choc contre pare-choc depuis la frontière, était bombardé et annihilé. La *Panzer Lehr* n'existait plus. Pendant sa retraite elle avait contourné les villages et évité les grands axes, empruntant surtout les routes forestières. Et pourtant, ces maudits avions les avaient trouvés et détruits.

Le champ qui s'étendait devant le général Bayerlein exténué était sans vie.

Combien de ses hommes avaient payé pour leur courage en ces instants où la forêt s'était désintégrée ? La *Panzer Lehr*, la division qui avait été si près de réussir la percée, et s'était engagée dans la bataille avec cent tanks et onze mille hommes, termina l'année 1944 avec dix tanks et quatre cents hommes. La division *Panzer Lehr* n'existait donc plus.

Les pertes étaient très élevées dans chaque camp. Les Américains avaient perdu soixante-quinze mille six cents soldats, sept cent trente-trois tanks et mille deux cents véhicules. Les Allemands en avaient perdu plus de cent dix mille, tués, blessés ou faits prisonniers, et la plupart de leurs précieux blindés. Cinq cent cinquante tanks avaient été détruits, dont beaucoup de *Tigre* et de *Panther*. Cinq mille autres véhicules furent abandonnés ou détruits par les soldats eux-mêmes, et mille deux cent quatre-vingts avions avaient été abattus. La *Luftwaffe* allemande tenta une dernière sortie. Le maréchal Goering ordonna l'*Operation Grosser Schlag*. Aux premières heures du jour du 1er janvier 1945, mille cent appareils allemands s'envolèrent de leurs bases. Leur mission : détruire les forces aériennes alliées, les champs d'aviation, les bases aériennes. *Focke-Wulff*, *Messerschmitt*, *Junkers* et *Dornier*, tout ce qui pouvait voler prit l'air. Une erreur fatale dans le calcul de leurs plans de vol envoya de nombreux escadrons suivre la même trajectoire que les bombes volantes V-1, et les exposa aux défenses antiaériennes les plus concentrées de tout le théâtre de guerre européen. Malgré cette défense, les Allemands détruisirent vingt-sept bases aériennes alliées. Mais cette sortie fut une victoire à la Pyrrhus. Trois cent quatre avions allemands furent abattus ce matin-là, et la *Luftwaffe* allemande connut son Waterloo.

Le 3 janvier 1945, les Alliés démarrèrent une vaste contre-offensive. Les avions de l'*US Airforce* du général Hap Arnold isolèrent le front par un tapis de bombes et des bombardements à basse altitude. Le ravitaillement ne pouvait plus parvenir aux unités allemandes sur le front. Privés d'essence et de munitions, les Allemands se mirent à dynamiter leurs équipements. Le 13 janvier, les Soviétiques entamèrent leur avancée finale vers Berlin. Les Allemands n'avaient plus rien à leur opposer, leurs panzers étaient hors d'usage dans les collines des Ardennes. Hitler se battait pour placer ses pièces là où il en avait le plus besoin dans le puzzle de la guerre. Mais il ne lui en restait plus aucune.

Le 16 janvier à 9 h 05, des avant-gardes des 1re et 3e armées US firent jonction près de Houffalize. La bataille des Ardennes s'achevait.

L'offensive des Ardennes fut le dernier affrontement majeur sur le front de l'Ouest. Elle entraîna dans son horreur des milliers de tanks, d'avions et un million d'hommes. Les soldats allemands croyaient peut-être à la victoire, mais certainement pas en leurs généraux. Ils connaissaient la vérité.

En 1968, Hasso von Mannteuffel résuma ainsi les événements :

« Le 24 décembre, le temps changea. Les forces alliés disposaient d'une telle supériorité aérienne que tout mouvement de nos unités devint impossible et que le ravitaillement et l'essence ne purent plus être acheminés jusqu'au front. L'idée de gagner du temps à l'ouest en arrêtant les Américains se révéla une illusion. Les seuls qui en profitèrent furent les Russes. »

Il est possible qu'Hitler eût agi en réaction à la situation politique quand il donna l'ordre à ses dernières réserves de résister dans les Ardennes. De son point de vue (et il n'avait pas tort d'en arriver à ces conclusions), les puissances de l'Ouest étaient loin de désirer que les Soviétiques occupent toute l'Allemagne. La preuve en est une conversation enregistrée entre Hitler et Goering au QG d'Hitler le 27 janvier 1945 [1].

*Hitler* : « Vous croyez vraiment que les Anglais sont enthousiasmés par l'avancée soviétique ? »

*Goering* : « Ils sont entrés en guerre pour nous empêcher d'aller vers l'est [c'est-à-dire la Pologne, en 1939] mais pas pour permettre à l'est de s'étendre jusqu'aux rives de l'Atlantique. »

Si Hitler réussissait à arrêter les Alliés assez longtemps, leur retard engendrerait une telle panique à Washington et Londres que l'Allemagne pourrait réussir une « *Separatfrieden* », une paix séparée, avec les puissances de l'Ouest.

La vérité fut différente. Ceux qui se raccrochaient toujours à l'espoir désespéré d'une « victoire finale »

1. Frederick Gilbert, *Hitler Directs the War*, Oxford, 1950.

furent cruellement désillusionnés. La bataille des Ardennes devint le bûcher funéraire d'une *Wehrmacht* à la fierté ancestrale.

Le jour où s'ouvrirent les portes du ciel, les armées d'Hitler pénétrèrent en enfer.

# 13

# Le facteur vent
## *1945-1970*

« L'Histoire est comme le vent, dit le bushman, elle vient de très loin, et nous sentons son effet sur nous. »

Laurens van der Post,
*A Story like the Wind.*

Le temps avait décidé de la destruction d'une ville.

Le pilote de la Superforteresse B-29 connaissait ses ordres.

... LARGUER LA PREMIÈRE BOMBE SPÉCIALE DÈS QUE LE TEMPS PERMETTRA UN BOMBARDEMENT AVEC CONTACT VISUEL APRÈS LE 3 AOÛT 1945, SUR L'UNE DES CIBLES : KOKURA, NIIGATA, HIROSHIMA, NAGASAKI...

Depuis leur décollage ils avaient survolé le Pacifique couvert de nuages. À 6 h 10, ceux-ci commencèrent à se disperser, remplacés par un fin voile de cirrus en haute altitude. À 7 heures, le météorologue de l'avion météo de l'*US Airforce* qui survolait Kokura informa de la présence d'une épaisse couverture nuageuse au-dessus de la cible. La même information fut transmise par l'avion

**Retombées des radiations : prévisions soviétiques**

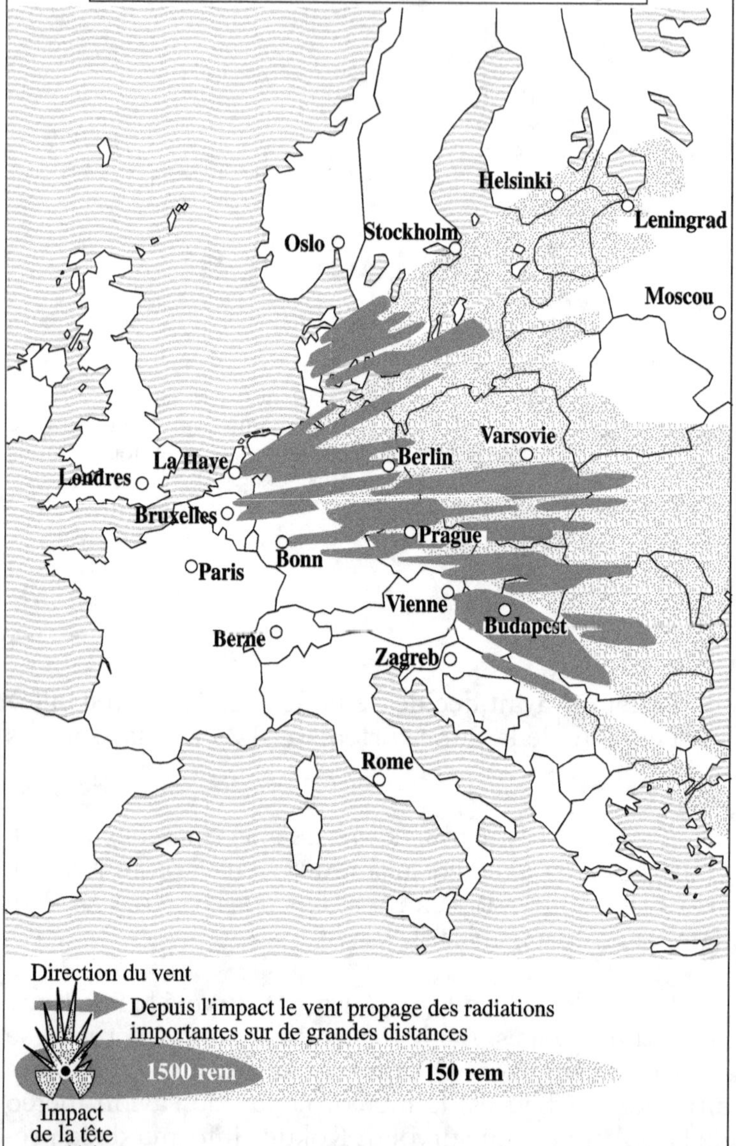

météo au-dessus de Niigata. Enfin parvint à 7 h 15 le message codé de l'observateur météo au-dessus d'Hiroshima.

DEUX DIXIÈMES DE COUVERTURE NUAGEUSE BASSE ALTITUDE, ET DEUX DIXIÈMES À 15 000 PIEDS.

« Nous avons une cible, annonce le colonel Paul Tibbets, Hiroshima. »

L'équipage revêt ses épaisses combinaisons de protection. À 7 h 40, les quatre énormes moteurs vrombissent et l'appareil grimpe à 31 000 pieds. Dix minutes plus tard, il arrive en vue de Shikoku, l'une des plus petites îles du Japon. À plus de cinq cents kilomètres à l'heure, *Little Boy* va s'écraser sur une ville dont les contours se distinguent nettement dans le soleil matinal. La cible précise est à la fourche de la rivière Ota, le pont Aioi du centre ville.

La trappe de la soute s'ouvre... un cylindre noir de quatre tonnes tombe dans le vide... Virant rapidement de bord, Tibbets éloigne l'avion de la cible et observe les trois parachutes du monstre doté d'une force destructrice dont le monde ne soupçonne pas encore l'existence...

*6 août 1945, 8 h 15*. Le monde entre dans l'ère nucléaire. Désormais le spectre du nuage en forme de champignon planera sur l'humanité [1].

Lorsque Pavel Kolnikov scruta le ciel depuis la fenêtre de son HLM de la banlieue de Kiev, cette nuit de 1962, il ne savait pas combien sa propre fin aurait pu être proche. C'était le summum d'un affrontement dramatique entre les deux super-puissances. Cet après-midi-là, lors d'un discours à la nation, le président des États-Unis John F. Kennedy avait très clairement affirmé

1. Le premier à réagir fut le copilote, le capitaine Robert Lewis : « Mon Dieu, qu'avons-nous fait... ? »

son intention d'empêcher la livraison de missiles à Cuba. L'Union soviétique réagit en démarrant un compte à rebours nucléaire. Les fusées soviétiques *SS4* et *SS5*, dotées chacune d'une tête nucléaire de deux mégatonnes, étaient sur le point d'être envoyées sur des cibles européennes. Même si les villes importantes n'étaient pas les cibles premières, la population civile souffrirait certainement d'une attaque sur des objectifs militaires. (En jargon militaire, cela s'appelait un *plus bonus*.) Une frappe nucléaire n'était pas destinée à « désorganiser, dégrader et dévaster », mais à « annihiler ».

Le spectre terrifiant d'une attaque surprise soviétique avec des frappes éclair en Europe revenait régulièrement, basé sur l'idée que « la surprise est le principe souverain de la guerre psychologique ». Les politiciens occidentaux omettaient de mentionner le fait que l'Union soviétique se décidait à adopter une « formule de coexistence » comme fondement de sa politique étrangère, qui reposait sur la nécessité pratique d'éviter une guerre thermonucléaire. Pour de bonnes raisons.

En effet, les experts en matière nucléaire des deux camps étaient conscients que toute frappe nucléaire soviétique en Europe aurait pour résultat le suicide collectif de la Russie. Pas à cause des représailles nucléaires de l'Ouest, ce qui serait inévitable, mais à cause de la configuration permanente des conditions atmosphériques. À cause du facteur vent. La direction des vents dominants, de l'ouest vers l'est, en combinaison avec la rotation de la Terre, entraînerait rapidement le nuage radioactif d'une bombe de deux mégatonnes qui aurait explosé sur l'arsenal nucléaire français dans les montagnes de Provence jusqu'à Kiev, en Ukraine. La même charge, lancée sur une concentration de troupes de l'OTAN à Fulda en Allemagne, irradierait Moscou en moins de vingt-quatre heures [1]. Telle était la justice du vent. On pouvait bien sûr

1. Les Soviétiques rectifièrent leurs calculs approximatifs avec leurs nouvelles fusées SS20 et SS21, plus précises, qui transportaient une tête

tabler sur un brusque changement de direction des vents, mais qui aurait osé prendre le pari ?

Qui maîtriserait le vent contrôlerait donc la prochaine guerre nucléaire. Aussi les puissances se lancèrent-elles dans d'intenses programmes de recherches. Les scientifiques pensaient que la création de réactions à large échelle influant sur le temps était faisable. Mais pour entraîner des perturbations climatiques, il aurait fallu modifier l'interaction entre air, terre et eau. Le monde prit soudain conscience de la fragilité de l'environnement tandis que des armes de plus en plus sophistiquées se développaient. Une nouvelle catégorie d'armes, sans doute plus dévastatrices que les armes nucléaires, pointait à l'horizon, conçues pour modifier le temps et devenir l'arme de terreur du prochain millénaire. Se prémunir d'un tel péril fut l'une des priorités évoquées lors de la rencontre entre le président Richard Nixon et son homologue soviétique Leonid Brejnev en juillet 1974. La phrase-clé apparut dans le préambule de leur déclaration. « Nos deux puissances entreprendront des négociations sur la manière de prévenir des tentatives de modifier l'environnement à des fins militaires qui pourraient répandre des effets sévères et durables préjudiciables au bien-être de l'humanité. »

Le congrès de l'Organisation Météorologique Mondiale à Washington en novembre 1974 mit en exergue cette déclaration et la compléta d'un compte rendu plus détaillé sur différentes techniques de modification du climat. Ceci conduisit à une résolution des Nations unies interdisant de modifier le climat en temps de guerre, proposition soutenue conjointement par les États-Unis et l'Union soviétique le 3 septembre 1976 et signée à Genève par les chefs de vingt-cinq nations le 18 mai

---

nucléaire beaucoup plus petite. Elles représentaient un réel danger, car leurs « retombées vent » étaient minimales. (D'après des études du général Pierre Gallois, stratège militaire de premier plan.)

1977.[1] Elle appelait à l'amélioration de l'environnement et à son utilisation pacifique. Mais comment distinguer ce qui est pacifique et ce qui est militaire ? La dispersion artificielle du brouillard sur un aéroport pour aider les avions civils à atterrir est pacifique, mais si un ennemi a besoin de voir ce qu'il bombarde, disperser le brouillard est militaire et préjudiciable. La pluie artificielle pour aider un pays sec à nourrir ses habitants est louable, mais le noyer sous des torrents de boue ?

« Je n'arrive pas à croire que Dieu joue aux dés avec l'univers », disait Albert Einstein.

Ce n'est pas Dieu, mais l'homme qui joue aux dés avec l'univers.

1. Cyrus Vance pour les États-Unis et Andrei Gromyko pour l'Union soviétique.

# 14

# Diên Biên Phu ne répond plus
*17 mai 1954*

« La nuit dernière est tombée une pluie diluvienne, et nous sommes tous devenus hideux, couverts de rouge. »

Un légionnaire français
de la légion étrangère à Diên Biên Phu,
janvier 1954.

L'Indochine, maîtresse passionnée du puissant Mékong, perle de l'Asie du Sud-Est, où la population indigène passait au minimum six mois dans la boue, et, dès lors que cessaient les typhon et la mousson, rôtissait sous un soleil de plomb malgré ses chapeaux coniques. Pour ajouter à ces joyeuses conditions climatiques sévissait une jungle d'une verdeur luxuriante regorgeant de bestioles qui suçaient, piquaient, mordaient ou tout simplement dévoraient. Sous la sombre frondaison de lianes, sous les racines, et les feuilles pourrissantes qui couvraient une bonne part de ce paradis exotique s'épanouissaient en abondance fourmis rouges, noires et orange, poux, puces, araignées velues, serpents et ce gros sac gorgé de sang, la sangsue.

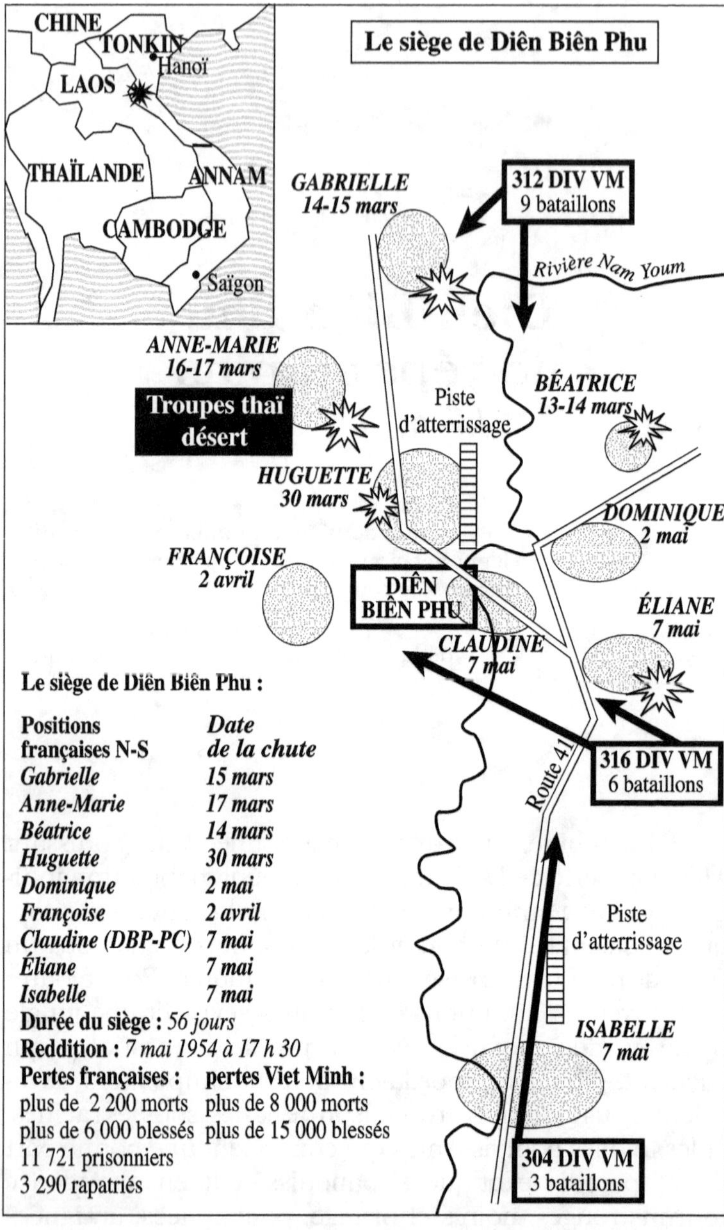
Le siège de Diên Biên Phu
CHINE
TONKIN
Hanoï
LAOS
THAÏLANDE
ANNAM
CAMBODGE
Saïgon
GABRIELLE
14-15 mars
312 DIV VM
9 bataillons
Rivière Nam Youm
ANNE-MARIE
16-17 mars
Troupes thaï désert
Piste d'atterrissage
BÉATRICE
13-14 mars
HUGUETTE
30 mars
DOMINIQUE
2 mai
FRANÇOISE
2 avril
DIÊN BIÊN PHU
ÉLIANE
7 mai
CLAUDINE
7 mai
316 DIV VM
6 bataillons
Route 41
Piste d'atterrissage
ISABELLE
7 mai
304 DIV VM
3 bataillons
Le siège de Diên Biên Phu :
Positions françaises N-S | Date de la chute
Gabrielle | 15 mars
Anne-Marie | 17 mars
Béatrice | 14 mars
Huguette | 30 mars
Dominique | 2 mai
Françoise | 2 avril
Claudine (DBP-PC) | 7 mai
Éliane | 7 mai
Isabelle | 7 mai
Durée du siège : 56 jours
Reddition : 7 mai 1954 à 17 h 30
Pertes françaises :
plus de 2 200 morts
plus de 6 000 blessés
11 721 prisonniers
3 290 rapatriés
pertes Viet Minh :
plus de 8 000 morts
plus de 15 000 blessés

Les hommes qui vivaient là étaient de tous bords et poursuivaient des intérêts divergents. Réguliers de l'armée vietnamienne et guérilla viêt-minh, SDECE, CIA, KGB, montagnards, seigneurs de guerre khmers, cultivateurs de pavot laotiens, trafiquants de drogue vietnamiens, missionnaires catholiques, moines bouddhistes, marchands chinois, planteurs français et une armée de prostituées qui répandaient généreusement maladies vénériennes, hépatite infectieuse et syphilis.

On y trouvait des pièges, des tiges de bambou empoisonnées, des mines antipersonnel, des *Mauser* et des *Mat* sur le marché noir, des corps qui se décomposaient. Les légionnaires de Lyon, Leipzig, Bordeaux et Budapest arpentaient le pays en pataugeant dans les rizières des basses terres et les sentiers infestés de vermine des hautes terres.

Les hommes souffraient. Le temps en était pour une bonne partie responsable. Le métal rouillait, les armes s'enrayaient, les jumelles étaient pleines de condensation, le cuir moisissait, les rangers pourrissaient. Quand il pleuvait, ils étaient mouillés, et quand il ne pleuvait pas ils étaient quand même trempés à cause de l'humidité. L'eau qu'ils buvaient et la nourriture les rendaient malades.

Ils étaient des héros, et, pour eux, les adversaires n'étaient que des pauvres types pieds nus. Les bataillons du Viêt-Minh de l'Oncle Hô. Mais à la fin, ce furent les va-nu-pieds qui emportèrent la victoire.

Le mot mousson vient de l'arabe et signifie saison. Il s'applique tout particulièrement à la saison des pluies. Dans la jungle et les montagnes de l'Asie du Sud-Est, la mousson s'étend de début avril à mi-septembre. Les points essentiels pour garder en bon état une force de combat sont la bonne qualité des transports et une hygiène correcte. La pluie et la boue entravaient les deux.

Le devoir d'un général avant tout conflit est de prévoir le pire. Diên Biên Phu en est l'exemple. Les généraux français cherchaient une victoire rapide et décisive. Mais ils avaient mal choisi leur terrain, n'avaient pas réfléchi à ce qui se passerait s'ils étaient obligés de rester pendant la saison des pluies à des centaines de kilomètres de leurs bases de ravitaillement, dans une forteresse au fond d'une vallée entourée de hautes collines couvertes d'une jungle dense et inextricable.

« Nous ne pouvons pas prendre ces collines, donc ils ne le peuvent pas non plus » fut la logique implicite de l'état-major français composé d'officiers expérimentés. Jusqu'à ce que des autochtones pieds nus ne leur prouvent le contraire.

Muong Thanh était un village reculé le long de la frontière laotienne, un hameau de paillotes où les enfants couraient après les porcelets. Le temps s'y écoulait avec lenteur. Autour des grosses jarres en terre qui contenaient la récolte de riz de l'année, des poulets maigrichons picoraient les grains tombés à terre. Les cochons noirs reniflaient à la recherche de papayes pourries et autres délices. C'était un village pauvre, sans même une pagode, qui se contentait des services d'un bonze itinérant pour nourrir sa vie spirituelle. La rivière Nam Youm, descendue du nord, s'enroulait autour du village. Cette rivière était aussi la raison pour laquelle le village était bâti sur pilotis à deux mètres au-dessus du sol. Pendant la mousson, la Nam Youm débordait et inondait les rizières sur ses berges en y laissant son limon fertile. Les eaux de la rivière amélioraient aussi les simples repas de riz en déposant leurs poissons. Des deux côtés de la vallée encaissée, les collines couvertes de jungle s'étendaient jusqu'au village. La jungle n'était pas l'ennemie des villageois. Depuis toujours les habitants de Muong Thanh s'y aventuraient à la recherche de nourriture et de bois pour leurs foyers. Mais elle apportait aussi la mort : serpents et scorpions, armées de fourmis blanches et rouges, chutes d'arbres ou de temps en temps le tigre. La population indigène avait appris à y survivre, et la considérait même parfois comme une amie. Elle leur offrait un refuge quand le village était attaqué par les bandits laotiens. Ils avaient tracé d'étroits chemins, au cœur de la végétation entrelacée, qui pouvaient être utilisés pour s'enfuir. Seuls ceux qui y étaient familiers pouvaient la pénétrer. La jungle était remplie de mauvais esprits sortis des profondeurs de la terre, descendus des arbres, qui chuchotaient, ululaient et dévoraient. Ils savaient que les esprits étaient là à cause de leur odeur d'humidité qui planait sur le village, nauséabonde. C'était la raison pour laquelle les autochtones, à la tombée de la nuit, remontaient dans leurs huttes sur pilotis et enlevaient les échelles.

Les autorités coloniales françaises avaient entendu parler de la vallée par les missionnaires catholiques qui remontaient la rivière avec leur crucifix et leur sac de médicaments miracles pour convertir les autochtones à la vraie foi et les sauver du choléra, de la fièvre *tajh* et de la plus terrible des tueuses, la malaria. Pour les villageois de la vallée de Nam Youm, tout était paisible, leur vie suivait le rythme des saisons.

Les choses commencèrent à changer le jour où un étranger pénétra dans leur village. Il n'avait pas des mains calleuses de paysan et ne parlait pas de Jésus-Christ, mais de « se débarrasser de la domination de l'exploitation par l'homme blanc », et d'autres choses étranges qu'ils ne comprenaient pas. Puis il s'en alla et, quelques mois plus tard, il revint avec des hommes armés. C'étaient des fusils et des mortiers chinois, des *Browning* anglais et des *Mat* français. Les nouveaux venus furent suivis par d'autres, et d'autres encore. Il y en eut plus de deux mille qui campaient aux abords de leur village. Le calme de la vallée de Nam Youm s'était envolé. Les autochtones ignoraient en cet automne 1953 que leur hameau resterait marqué d'une pierre blanche dans la défaite du colonialisme, sous un nom différent cependant : Diên Biên Phu.

Le 20 novembre 1953, un *Dakota* du Groupe d'assaut 2/64 volait dans un brouillard épais comme de la purée de pois. Dans l'avion avait pris place le général Jean Gilles, plus connu comme « l'homme à l'œil de verre », qui dirigeait les troupes françaises aéroportées, en charge de l'Opération Castor. À côté de lui, les généraux Decheaux et Bodet, envoyés spéciaux du commandant en chef, le général Navarre. Les trois hommes regardaient la carte étalée sur leurs genoux. De temps en temps, ils jetaient un œil par le hublot. Mais ils étaient toujours dans le brouillard.

« Y a-t-il eu une quelconque reconnaissance au sol ? demanda Decheaux.

– Négatif, répondit Bodet, l'homme du quartier général. Nous n'avions pas le temps.

– Alors nous y allons à l'aveuglette... », marmonna Gilles dans sa barbe.

C'était un pari hasardeux et le général Gilles le savait. Si les conditions météo actuelles persistaient, les parachutages seraient trop dangereux. La zone de saut était entourée en rouge sur leur carte plastifiée. Le long de la rivière Nam Youm, deux bataillons de parachutistes devaient s'emparer d'une série de hameaux et installer une base. L'avion d'observation creva la couche nuageuse, mais en dessous tout était d'un blanc impénétrable. Seuls les sommets qui délimitaient la région montagneuse de la frontière entre le Tonkin et le Laos se dessinaient dans cet océan laiteux opaque comme des îlots verts dans une mer blanche.

« 5 h 40, déclara Gilles en consultant sa montre. Nous avons encore une heure avant d'être obligés de prendre notre décision. Si cela reste comme ça, nous devrons abandonner l'opération. »

L'ordre venait du général Navarre en personne. « *Castor* est lancé », avait-il annoncé à Gilles au téléphone la veille.

Les deux bataillons de paras, le 6$^{e}$ BPC (Bataillon de

parachutistes coloniaux) du colonel Bigeard et le 2/1 RCP du colonel Bréchignac étaient en attente sur une piste d'envol de la côte indochinoise, prêts à monter dans les avions et à sauter sur une zone indiquée sur la carte française comme « centre départemental de l'administration frontalière régionale ». Son nom vietnamien : Diên Biên Phu.

Dans la vallée de la Nam Youm, la visibilité était réduite à néant. Pas un bon jour pour les manœuvres prévues par le général Giap du Viêt-Minh pour son 148e régiment. Plusieurs milliers de *bo-dois* (soldats viêt-minh), fortement armés, déployés dans les rizières, étaient en train de faire cuire le riz de leur petit déjeuner quand ils entendirent le ronronnement d'un moteur d'avion dans les nuages. On aurait dit un avion de reconnaissance. Les commissaires ordonnèrent à leurs hommes de se mettre à couvert, art où les Viêt-Minh étaient passés maîtres.

6 h 37. Pour la première fois la visibilité dans la vallée s'améliora. Les généraux français distinguaient les carrés des rizières le long des berges d'une rivière sinueuse. Des rangées de silhouettes vêtues de noir, avec de larges chapeaux coniques, typiques des travailleurs des rizières vietnamiens, s'affairaient dans l'eau. Des fermiers avaient mené paître leurs buffles dans l'herbe haute. Militaires avant tout, Gilles et ses généraux ne remarquèrent pas qu'il était étrange d'avoir besoin d'une douzaine de chapeaux coniques pour garder un seul buffle. Tout semblait serein.

Au sol, des yeux suivaient l'avion qui descendait dans la vallée avant de s'incliner fortement sur une aile et de repasser sur la position d'un régiment de *bo-dois* cachés dans une bambouseraie, dans l'herbe à éléphant ou accroupis sous leurs chapeaux dans les rizières.

Dans l'avion de reconnaissance le général Bodet prit le microphone pour retransmettre un ordre : « Opération Castor lancée ! » Le destin était en marche, mais personne ne le savait encore.

« Bataillon montez à bord ! » Le colonel Bigeard donna l'ordre à ses six cent cinquante et un parachutistes, qui s'engouffrèrent dans des *C-47* de transport de troupes. L'armada prit l'air dans la direction de la grande boucle de la rivière Nam Youm et de Diên Biên Phu.

« Quelle est notre vitesse pour sauter ? demanda le colonel Bréchignac au pilote.

– Cent soixante-dix kilomètres à l'heure à une altitude de sept cent cinquante mètres. »

Bréchignac effectua un rapide calcul. Vingt-quatre hommes mettaient moins de deux minutes à sauter d'un Dakota. Cela disperserait son contingent sur près de six kilomètres de rizières. Pas de souci, selon le rapport du général Gilles, le pire qu'ils pourraient rencontrer, c'était de petites bandes de soldats de la guérilla.

Ce n'était pas une petite bande qui était en dessous d'eux ce 20 novembre 1953, mais deux mille *bo-dois* bien entraînés avec douze mortiers lourds de 120 mm et quatre mitrailleuses. Ils disposaient d'un avantage supplémentaire, ils étaient regroupés en unités cohérentes, alors que les parachutistes seraient dispersés et agiraient individuellement, sans soutien.

Six cents kilomètres au nord-est, dans un tunnel creusé dans une ancienne carrière, le général Vo Nguyen Giap était en réunion avec le Tong Bô, le Comité Supérieur de la Révolution, quand on lui passa un message.

« Diên Biên Phu, maugréa-t-il en tapant du poing sur la table, ce n'est pas là que je les attendais. »

Ses informations provenaient de sources multiples. Ses meilleurs espions étaient les gamins qui jouaient au football près des installations militaires et qui, tout en tapant dans la balle, comptaient les tanks et les avions. Ils l'avaient prévenu d'une concentration d'avions de transports de troupes sur un aérodrome de la côte, mais il avait tablé sur des frappes plus au sud. Il avait assez d'hommes dans la vallée de Nam Youm pour une action de moyenne envergure, le régiment des 148e VM étant sa force principale pour contrôler la région vitale de la frontière et garder ouverte sa ligne de vie. Seulement ils étaient en réserve et, comme toutes les unités de réserve, ils manquaient de munitions pour s'engager dans une action conséquente. Il était désormais trop tard pour y remédier, il leur faudrait se débrouiller du mieux qu'ils pourraient. Si les choses tournaient mal et que les Français décidaient de rester, ils devraient alors envisager une action, car une base française à cet endroit menacerait sérieusement ses voies d'approvisionnement. Au cas où cela correspondait à ce que Navarre avait en tête, Giap donna l'ordre à la 316e division VM, qui était encore à cent trente kilomètres de la Nam Youm, de se diriger vers la zone de combat pour prêter éventuellement main-forte au 148e régiment VM.

« Attaquerons-nous dès notre arrivée ? » lui demanda son commandant de division.

Giap connaissait trop bien la puissance de feu redoutable qu'un « hérisson » (une position de défense fortifiée) pouvait diriger sur ses hommes.

« En aucun cas vous ne devrez attaquer sans mon ordre express. Le principe fondamental d'une guerre révolutionnaire est d'attaquer et gagner, seulement lorsque l'on a la certitude de pouvoir le faire. Sinon, il faut attendre le moment propice. »

Telle était sa philosophie, et elle se révéla être la bonne.

Pour les hommes de Bigeard et Bréchignac, la zone d'atterrissage prévue, baptisée *Natacha*, était une étendue de rizières et de hautes herbes à éléphant. Les *Dakota* descendirent à sept cent cinquante mètres, l'altitude idéale pour sauter. Les portes s'ouvrirent et la première vague s'élança. S'ils s'attendaient à une opération de routine de plus menant à une victoire facile, les paras déchantèrent rapidement. Bon nombre furent tués en pleine descente par les tirs nourris des « fermiers » aux chapeaux coniques qui se muèrent soudain en guérilla fortement armée.

Les premiers paras qui touchèrent le sol rencontrèrent un peloton de *bo-dois* conduits par un officier viêt-minh. Son dernier geste fut de lever la main pour donner le signal de l'attaque, car il fut fauché par une rafale de mitraillette *Mat*. Les paras exterminèrent tout le peloton. Ce furent les premières victimes d'une bataille qui allait coûter des milliers de vies dans les mois à venir. D'autres groupes de paras, qui s'étaient formés au hasard, firent irruption dans le hameau de Bach Mai où ils rencontrèrent un barrage de mortier, résultat d'un curieux incident. Le chef du village était mort trois jours auparavant et avait été enterré selon la tradition thaïe, un drapeau flottant sur sa tombe. Comme il était agité par le vent, les mitrailleurs viêt-minh le prirent pour un signe de ralliement des unités françaises. Le barrage de mortier s'arrêta aussi brusquement qu'il avait commencé, les Viêt-Minh n'ayant plus de munitions, et les paras ne rencontrèrent plus d'autre résistance. Ils envahirent le village, criblèrent les paillotes de tirs de mitraillette, en changeant leurs chargeurs en pleine course. Pas d'ordres, pas de cris, pas de confusion : c'étaient des professionnels, qui savaient travailler parfaitement en équipe. Bien que les défenseurs viêt-minh eussent disposé de nombreuses armes différentes, ils n'eurent pas l'occasion d'en tester l'efficacité.

Les mêmes scènes se déroulaient dans les rizières. Une avalanche humaine de *bo-dois* hurlants se déversait, dans l'eau jusqu'aux genoux. Elle fut fauchée par un déluge de balles des mitraillettes françaises. Mais les Français subirent aussi des pertes. Près du village de Ban Khéo, les tirs d'une mitrailleuse située au sommet d'une colline baptisée *Alpha* atteignit l'unité du lieutenant Trapp. Avant que celui-ci ne puisse appeler des renforts, une balle toucha son radio, le caporal Peressin, en pleine poitrine. Le colonel Bigeard fut pris dans un tir croisé provenant de la première rangée de huttes de Diên Biên Phu, que les Viêt-Minh avaient converties en bunkers souterrains. Pendant un moment, la situation fut critique, toutes ses armes lourdes ayant été larguées six kilomètres au sud. Il donna l'ordre de tirer à feu nourri pour détourner leur attention d'une unité de paras qui les contournaient sur le flanc. Cette unité lança des grenades qui mirent le feu aux paillotes. Poules, chiens et cochons s'enfuirent en désordre, dans les jambes des *bo-dois* qui tentaient de s'échapper. Plusieurs douzaines de Viêt-Minh réussirent à passer et coururent dans les rizières vers les berges de la rivière. Se servant des arbres comme points d'appui, les paras mitraillèrent les fuyards et en tuèrent la plupart.

« Des pertes dans notre camp ? demanda le colonel Bigeard.

– Oui, mon colonel. Nous avons quinze morts et quarante-six blessés.

– Et l'ennemi ?

– Nous n'avons pas encore pu compter, mais cela semble s'élever à plusieurs centaines. »

Les Français ne réalisèrent pas que la guerre aurait pu se terminer en cet endroit même. En effet, les plans de combat pour la future campagne viêt-minh se trouvaient au quartier général du 148e régiment VM. La prise de ce document aurait fourni au Haut Commandement français un avantage absolu. Malheureusement l'unité qui avait été désignée pour s'emparer du quartier général avait été parachutée trop loin pour être efficace, et les commandants de régiment viêt-minh avaient réussi à s'enfuir avec leurs précieux documents.

Mais pour le moment, l'euphorie régnait dans le camp français. Une force française relativement mineure avait annihilé un régiment viêt-minh. Cet après-midi-là et le lendemain, d'autres paras arrivèrent [1], augmentant l'effectif total des troupes à quatre mille cinq cent soixante. La première bataille du plan de Navarre, forcer les Viêt-Minh à se mettre à découvert pour être détruits par la puissance de feu française supérieure, s'était révélée un succès éclatant.

Les sapeurs entreprirent d'ériger des fortifications solides. On enterra les morts, les feux qui couvaient dans le village furent éteints, les bunkers s'élevèrent et les tranchées se creusèrent. Le village prit l'aspect d'une fourmilière qui aurait accueilli un rassemblement de scouts victorieux. Bientôt la vallée de Nam Youm reprit l'apparence d'un lieu dont rien ne semblait pouvoir troubler la tranquillité.

En tant qu'opération militaire, *Castor* fut un grand succès tactique. Mais dont les Français payeraient le prix. Parce que la victoire sur « une poignée d'autochtones » engendra chez eux l'arrogance, une confiance exagérée, et renforça le complexe de supériorité de l'homme blanc. Ils n'avaient pas compté sur une paire de vieux renards, qui savaient très bien jouer à ce jeu et attendre leur heure. Le général Giap et son patron, Hô Chi Minh.

Hô Chi Minh – de son vrai nom Nguyên That Thanh – commença son étonnante carrière comme garçon de cuisine au très chic hôtel *Carlton* de Londres. Puis il voyagea à Paris, à Moscou et en Chine, avant de fonder avec Pham Van Dong, un professeur de français, la *Vietnam Doc Lap Dong Minh*, la *Ligue pour l'Indépendance du Vietnam*, ou *Viêt-Minh* en abrégé (19 mai 1941). Nguyên That Thanh, Monsieur le Président Hô, comme l'appelaient les Chinois, devint connu sous le nom que lui attribuèrent les Américains : Hô Chi Minh. Vô Nguyên Giap, son bras armé, avait été historien.

1. 6e BPC (Bigeard), 2/1 RCP (Bréchignac), 1er BPC (Souquet), 1er BEP (Guiraud), 8e BPC (Tourret), 1er CEPML (Molinier), 5e BPVN (Leclerc). Les 1er BPC, 6e BPC et 2/1 RCP furent évacués vers Hanoï début décembre.

Emprisonné à dix-huit ans pour avoir organisé une grève d'étudiants, Giap devint professeur d'histoire au lycée de Hanoi et fit bénéficier le nouveau parti de Hô de son expérience de l'histoire militaire.

Dans un climat de guerre froide, les Américains avaient envoyé un plénipotentiaire à Hanoï pour passer un marché avec Hô Chi Minh. Ce dernier accepta tout de suite une proposition d'échange de deux cent mille Chinois qui occupaient le Vietnam contre quinze mille Français. Quand certains membres de son parti contestèrent cette décision, il explosa.

« Bande d'imbéciles ! Vous ne voyez donc pas ce que cela signifie pour nous si les Chinois restent ? Révisez vos leçons d'histoire ! La dernière fois que les Chinois sont venus, ils sont restés mille ans. Les Français sont des étrangers, ils sont faibles. Le colonialisme se meurt. Rien ne pourra résister à la pression mondiale pour la *doc lap*, l'indépendance. »

La haine des Vietnamiens pour tout ce qui ressemblait ne fût-ce que vaguement à un Chinois fut amplement démontrée pendant le retrait des troupes chinoises du Vietnam. Des foules en furie s'affrontèrent avec les unités qui quittaient Hanoi. Les Chinois avaient pillé tout ce qu'ils pouvaient dans les maisons, depuis les meubles jusqu'à la plomberie, et même les tuiles des toits. À ce moment précis, les États-Unis auraient été en excellente position pour venir en aide aux Vietnamiens de Hô, mais l'attention de Washington était accaparée à un autre endroit du globe, ce qui lui fit perdre cette opportunité politique unique. La France se précipita dans le vide existant, mais au lieu d'apporter de la nourriture, elle importa des troupes. Hô Chi Minh fit une dernière tentative pour conclure un accord bilatéral avec la France quand il vint à Paris en 1946. Pendant ces pourparlers, une phrase du général de Gaulle donna le ton du drame futur.

« Unie à ses territoires d'outre-mer qu'elle a ouverts

à la civilisation, la France est une grande puissance. Sans ces territoires, elle serait en grave danger de ne plus l'être. »

Il écarta par cette déclaration une dernière chance de règlement politique, et Hô rentra à Hanoi découragé. Les combats entre le Viêt-Minh et le corps expéditionnaire français commencèrent le 20 novembre 1946, avec une escarmouche pour le contrôle du bâtiment des douanes du port d'Haiphong.

La bataille de Diên Biên Phu fut causée par l'incompréhension monumentale de la France quant à sa situation stratégique en Extrême-Orient en 1953. L'Indochine française, composée de l'Annam et du Tonkin, avait été annexée par la force diplomatique des canonnières en 1880, afin d'ouvrir une route commerciale permanente avec la Chine. Depuis son invasion en 1942 par les armées japonaises, le pays était en conflit armé permanent. La Seconde Guerre mondiale avait sonné le glas des barons coloniaux du caoutchouc et les nations de l'Asie du Sud-Est aspiraient à l'indépendance.

Pendant cette guerre, les Américains avaient généreusement fourni aux Vietnamiens des armes pour les aider à combattre le Japon. La guerre finie et les administrateurs français de retour à Hanoi, la guérilla vietnamienne cacha ses fusils. Des raids sur les postes de police isolés fournirent leurs munitions aux nouveaux révolutionnaires. Pour la nourriture, il fallait s'appuyer sur les contributions volontaires des paysans locaux. Quand elles tardaient à venir, ils utilisaient la force pour obtenir leur quota de riz. Les villageois étaient battus, les chefs de village exécutés, leurs enfants enlevés et forcés de rejoindre la guérilla qui opérait toujours en petites unités. Bien que cela empêchât de livrer des combats d'envergure, ces groupes étaient assez forts pour mener à bien des embuscades sporadiques et user leur ennemi. Les directeurs des plantations de caoutchouc françaises étaient terrorisés et souvent assassinés.

Malgré leur armée moderne, les avions et les hélicoptères à leur disposition, les Français étaient incapables de placer assez de troupes dans la jungle pour s'occuper de tous les petits groupes armés. Ils essayaient de riposter en attaquant des bases connues de la guérilla, mais de tels raids s'avérèrent inutiles car il y avait trop de camps, qui ne renfermaient rien de valeur. En cas d'attaque, les hommes prenaient leur sac de riz sur leurs épaules et disparaissaient.

Contrairement à la guerre conventionnelle que les Français avaient connue en 39-45, le combat contre la guérilla dépendait en grande partie de la direction des opérations sur place. Le choix entre action civique et attaque militaire, représailles contre persuasion, réforme ou coercition, quelle ville défendre et quel village abandonner, l'utilisation du napalm ou des pamphlets, de telles décisions politiques auraient dû être confiées à un commandant sur place, et non à des directives venant de Paris. Les conseils des sous-officiers qui patrouillaient dans les rizières furent ignorés, la théorie selon laquelle les groupes de guérilla étaient capables de hauts faits militaires fut rejetée en vertu du principe que seule une force militaire technologique et mécanisée pouvait mener une guerre moderne et vaincre. Ceci plus que tout le reste brida les efforts français pour tenir l'Indochine. Les généraux français Salan, de Lattre et Navarre, qui venaient de vaincre l'Allemagne d'Hitler, considéraient « la racaille de paysans communistes » au mieux comme une nuisance désagréable. Mais leur dédain et leur arrogance leur furent peu utiles, car un professeur d'histoire issu de cette racaille allait les entraîner dans une défaite ignominieuse.

Le message qui attendait le maréchal de Lattre de Tassigny, premier commandant en chef des forces françaises, à son arrivée en Indochine provenait de la capitale du district de Vinh-Yen. Une bande armée de la guérilla sous le commandement d'un militaire encore inconnu, un professeur viêt-minh nommé Giap, avait investi un poste avancé de l'armée française à Bao-Chuc, tenu par une garnison de troupes coloniales sénégalaises et des éclaireurs vietnamiens loyaux. Le professeur avait bien préparé son plan. En faisant sortir une des forces françaises, il en avait attiré une autre dans un embuscade fatale. Lorsqu'un bataillon de la Légion étrangère vint à la rescousse de Bao-Chuc, il fut décimé. Ce fut la première fois que le monde entendit parler de Vô Nguyên Giap, petit homme d'apparence insignifiante.

« Frappez pour gagner, ne le faites que lorsque le succès est assuré, ou ne frappez pas du tout », avait déclaré Vô Nguyên Giap avant de lancer son attaque sur Diên Biên Phu. C'était une sage tactique militaire. Il fut fréquemment dit que Giap était le Napoléon asiatique. Ce n'est pas le cas. Il eut la chance de se retrouver face à des généraux experts en l'art de l'incompétence militaire. Giap préparait minutieusement ses opérations. Il ne s'aventurait jamais dans une bataille où il risquait d'essuyer une défaite majeure, et força progressivement les Français à être sur la défensive tout en consolidant ses forces et en accroissant régulièrement le volume de ses unités de guérilla, qui devinrent des bataillons réguliers capables d'attaquer des unités étrangères plus importantes. Hô Chi Minh, son patron politique, réussit à se procurer les armes dont Giap avait besoin en manœuvrant habilement un camp du monde communiste contre l'autre, la Russie contre la Chine, qui montraient toutes deux ouvertement leur intérêt pour cette région. Chaque assaut couronné de succès galvanisait le moral du Viêt-Minh, restaurait la confiance de la population civile et réduisait les forces françaises à un état de réponses désespérées. Chaque camp était conscient que l'issue du conflit dépendait de ses capacités militaires, et plus encore de la volonté de gagner. Le Viêt-Minh était doté de cette volonté. Et le bon usage du temps était crucial. Hô et Giap dépendaient de la vision politique et stratégique à courte vue des Français. Ces derniers étaient de véritables maîtres en la matière.

L'histoire coloniale française ne se décida pas en Indochine, comme on aurait pu le penser, mais au cours d'un déjeuner de travail à Paris. Assaillie de pressions politiques internes, la IVe République se débattait avec ses changements bimensuels de Premier ministre et son échec à mettre un terme aux grèves lancées par le Viêt-Minh. Les discussions de Paris tournèrent autour d'une sortie honorable de ce bourbier sans perdre la face. Il fallait que tout soit terminé avant que les deux superpuissances, l'Union soviétique et les États-Unis, participant à la future conférence de Genève, ne dictent une solution qui « assurerait une paix durable en Indochine », mais selon leurs termes.

Le Conseil des ministres français avait demandé qu'on lui présente une stratégie militaire globale pour combattre le Viêt-Minh communiste. Le général Léchères avait élaboré un plan qui nécessitait une concentration de forces françaises le long du littoral de l'Annam, où la densité de population était grande et le ravitaillement par voie maritime ne posait aucun problème. Depuis Vinh au nord jusqu'au Cap St-Jacques au sud, les unités françaises mettraient en place des séries de hérissons sur la côte pour contrôler la circulation sur la seule grande route entre le Nord (Tonkin) et le Sud (Annam). Elles resteraient trois ou quatre ans, puis déclareraient la victoire et se retireraient. Ainsi la France sauverait la face et son honneur. Les ministres furent d'accord sur le principe. René Mayer, président du Conseil, serra la main de ses conseillers militaires. Au moment où le général Léchères et son aide de camp, le colonel Gallois, s'apprêtaient à fermer la porte, le président Mayer les rappela :

« Bien entendu, mon cher Léchères, vous allez nous garder le Laos ! »

Le général s'arrêta net, stupéfait. Comment pourrait-il donc garder le Laos, situé à des centaines de kilomètres de la base de ravitaillement la plus proche, et dont le seul accès était une route étroite impraticable pendant la saison des pluies ?

« Mais, monsieur le Président, les zones côtières du golfe du Tonkin, de l'Annam à la Cochinchine, constituent l'essentiel du Vietnam... c'est leur possession qui décidera de l'issue de la guerre... »

Mayer n'écouta pas, mais continua sur sa lancée : « Mon cher général, vous vous souvenez certainement de votre atlas scolaire, où des taches roses indiquaient l'empire colonial français... Il me serait des plus difficiles, voire impossible, de me présenter devant un électorat français, celui d'Algérie en particulier, s'il ne manquait même qu'une seule fraction de ces zones roses. »

Léchères tenta une fois encore de défendre sa stratégie d'une guerre fondée sur la défense du littoral. « ... la seule manière de défendre le Laos se ferait avec des camps retranchés, qui dépendent entièrement du ravitaillement aérien, et nous n'avons pas le matériel nécessaire pour cela.

– Je vous entends bien, mais croyez-moi, général, vous devez me garder le Laos. »

Le général Léchères quitta la réunion atterré, et confia ses soucis au colonel Gallois, son stratège aérien : « Nous agissons de façon complètement incohérente, mais nous devons satisfaire les politiciens, soupira-t-il avant de conclure : “Je crains le pire”. »

De son côté, Hô Chi Minh conférait avec son commandant militaire, le général Vô Nguyên Giap. « Nos forces augmentent de jour en jour, mais nous ne devons pas laisser l'ennemi détruire cette force, pouvez-vous y arriver ? » demanda Hô au général Giap, qui répondit du tac au tac : « L'ennemi ne le pourra pas. Ce qui sera difficile, ce sera de prendre l'initiative[1]. »

Tous deux ne savaient pas que la France venait de le faire et apportait ainsi de l'eau à leur moulin.

1. Interview avec le général Giap.

La décision fatidique d'établir un camp retranché à Diên Biên Phu, le long de la frontière laotienne, fut prise le 12 novembre 1953. René Pleven, le ministre de la Défense, laissa l'exécution du plan au général Navarre, qui avait pris la direction des opérations après la démission du général Léchères en raison de « l'affaire du Laos ». Malheureusement le général Henri Navarre peignait la situation sous le jour qui lui convenait, très éloigné de la réalité. Il ne concevait pas que la guérilla puisse rassembler assez d'hommes et de matériel à un point donné pour s'engager dans une bataille « de position », et il fonda toute sa stratégie sur cette hypothèse erronée. Il forcerait Giap à se mettre à découvert et le détruirait avec sa puissance de feu supérieure. Il négligea le fait que le général vietnamien ne dirigeait plus un groupe de guérilla, mais une armée complète avec logistique, artillerie et divisions. Et le fait que Giap possédait un avantage décisif : son armée pouvait se déplacer à pied, pas les Français. Dans un pays où n'existaient que des pistes dans la jungle, et où les conditions météorologiques étaient incertaines, les transports étaient la clé de la victoire – ou du désastre. Les Français étaient entièrement tributaires du système de communications aériennes pour ravitailler les bases avancées. Au cours d'un conseil de guerre, on demanda au colonel Pierre Gallois d'évaluer les capacités aériennes.

« Nous disposons de dix escadrons de transport aérien, soixante-cinq avions de transport C-47 en tout, qui pourraient être utilisés pour ravitailler une garnison [1]. Ils sont stationnés sur nos bases côtières de Bac Mai, Goialam, Dojon et Cat Bi. C'est-à-dire à des centaines de kilomètres de la frontière laotienne. Haiphong,

1. Le nombre total d'appareils dont disposait le commandement militaire français en Indochine était inférieur à ce qu'un seul bataillon US alignait quinze ans plus tard. De plus, ces avions étaient relativement primitifs et ne pouvaient pas détecter les dépôts de matériel de l'ennemi, ses concentrations de troupes, et ne pouvaient voler par tous temps.

notre principal port de ravitaillement, est à quatre cents kilomètres de Diên Biên Phu. Nous devons aussi prendre en considération le fait que nos avions ne peuvent voler par tous temps, et que nous avons besoin de pistes d'atterrissage en dur. Pendant la mousson, le sol détrempé rend les terrains des bases avancées impraticables – et l'atterrissage est carrément impossible. »

Personne n'écouta cet avertissement.

L'armée française qui avait commencé la guerre d'Indochine était une force relativement bien équipée issue de la Seconde Guerre mondiale. Malgré le bon entraînement des troupes au combat, la transition – depuis la paix en Europe ou les opérations de police dans les colonies – vers une guerre dans la jungle d'Asie du Sud-Est posait un sérieux problème aux soldats. Le gros inconvénient était leur manque de préparation à ce genre de conflit. La menace nucléaire avait fait oublier aux experts militaires qu'il existait un autre genre de guerre, menée au sol par de petites unités, qui, parfois, se réduisait à des corps-à-corps, et se déroulait la plupart du temps avec « des conditions météorologiques défavorables ».

Le camp de base de Diên Biên Phu, qui n'était qu'à trente kilomètres de la frontière laotienne, était situé dans une cuvette d'à peu près un kilomètre et demi, entourée de collines couvertes d'une jungle dense. Il pleuvait plus dans cette région lors de la mousson que partout ailleurs en Asie du Sud-Est. Le 3 décembre 1953, le général Navarre donna l'ordre d'établir une position défensive et de la tenir coûte que coûte. Cet endroit devait être le point de départ pour lancer des incursions sur le flanc des forces viêt-minh du général Giap et empêcher le ravitaillement de ses unités. Navarre nomma commandant de la base un officier de cavalerie qui avait prouvé sa valeur en de multiples occasions.

Le colonel Christian Marie Ferdinand de Castries, de haute noblesse française, bardé de décorations, considérait les autochtones comme appartenant à une classe inférieure, et comme tels, ne leur adressait jamais la parole directement. Son officier en second était encore plus arrogant. Le colonel Charles Piroth, officier d'artillerie, se vantait qu'aucune batterie commandée par ces petits Jaunes ne pourrait tirer trois fois avant que ses artilleurs français ne les expédient en enfer. Les choses allaient évoluer différemment.

Les plans définitifs furent discutés entre les généraux Navarre, Cogny et Gilles.

« Nous devons les extirper de leurs abris dans la jungle et les amener à nous affronter à découvert.

– Attention à Giap, avertit Gilles, il a développé un nouveau type de guerre, et dans des circonstances favorables, il n'a malheureusement jamais précisé lesquelles, il pourrait vaincre n'importe quelle armée européenne. Je ne suis pas très convaincu que nous puissions le faire sortir.

– Alors nous le poursuivrons dans la jungle. Il faut démolir son opération, dit Navarre.

– Imiter la guérilla viêt-minh dans la jungle, c'est faire leur jeu. Nous ne pouvons pas copier correctement une recette dont nous ne connaissons pas tous les ingrédients. (Le général Cogny faisait référence aux instructions de Paris.) Les Viets ont sacrément donné du fil à retordre aux Japonais.

– Parce que les Japs n'ont jamais pu déployer toutes leurs forces. Ils étaient embringués dans une guerre avec un ennemi bien plus considérable. Pas nous. Le Viêt-Minh est notre ennemi, et le seul que nous ayons. Imaginez que dès le premier jour nous ayons arrosé d'un tapis de bombes leurs camps d'entraînement identifiés, tout aurait été terminé en un éclair. Mais Paris a rejeté le programme. »

La stratégie du général Navarre d'un « hérisson » à Diên Biên Phu (une position fortifiée comme des piquants de hérisson) était fondée sur deux contingences vitales : 1. qu'une telle base puisse être ravitaillée de tout ce dont elle avait besoin par des moyens terrestres ; 2. que la jungle alentour soit véritablement impénétrable et constitue ainsi un mur protecteur autour de la base. Il se trompait lourdement sur ces deux points, et le résultat en fut désastreux pour la France. Il parut très rapidement évident que la seule manière d'acheminer quoi que ce soit à la base serait la voie aérienne, et que l'aviation française n'était pas équipée pour cela. De plus, les pluies de la mousson qui duraient plusieurs mois rendaient les vols pratiquement impossibles. Quant à ce qu'il s'imaginait qu'une armée de guérilla pouvait vraiment transporter à dos d'homme dans une jungle montagneuse, il était complètement hors de la réalité.

Les chefs militaires viêt-minh mobilisèrent une force de *Porteurs du Peuple*. Duong Quynh Hoa, un étudiant en médecine qui avait rejoint l'armée de Hô pour des raisons strictement nationalistes, fut chargé de former une « brigade de chevaux de fer », des bicyclettes qui furent transformées en *xe tho* (« vélos de bât ») par l'ajout d'une structure en bambou, et pouvaient transporter une charge de deux cents kilos.

Giap était méticuleux. Il réussit « l'impossible ». Durant les mois de novembre et décembre 1953, il déplaça trente-trois bataillons d'infanterie et six régiments d'artillerie sur un terrain laissé en blanc sur les vieilles cartes françaises qui indiquaient « région de jungle infranchissable ».

Navarre, quant à lui, oublia la leçon infligée par les Allemands aux généraux français lors de l'invasion de la France en 1940, qui avaient considéré aussi que les Ardennes étaient « un obstacle infranchissable ». La jungle était en effet impraticable pour les moyens de transport modernes, mais pas pour des muscles humains qui poussaient de robustes vélos Peugeot d'avant-guerre lourdement chargés. Des milliers de fourmis humaines portèrent, halèrent, tirèrent et poussèrent, sur leurs dos et sur leurs vélos, cent cinquante pièces d'artillerie, leurs munitions, des sacs de riz et des balles de mitrailleuse à travers ce milieu impénétrable. Giap lui-même déclara : « J'ai gagné parce que les Français étaient toujours mal informés, ils avaient toujours une guerre de retard dans leur évaluation de nos moyens réels. »

Le Deuxième Bureau estima qu'étant donné l'étroitesse des sentiers dans la jungle, un maximum de cinq mille coolies, au mieux, pouvaient triompher des difficultés du terrain. Ce ne fut pas cinq mille, mais soixante-quinze mille hommes qui tracèrent des pistes et qui ensuite, par vélo, charrette à bœufs, camion ou à pied transportèrent de prodigieuses quantités de matériel dans cette nature hostile. Sur le dernier tronçon ils créèrent une route carrossable au milieu des lianes, qu'ils baptisèrent « Piste Hô Chi Minh » en l'honneur de leur chef. Quand les *Molotova* flambant neufs, cadeaux de leurs camarades d'Union soviétique, s'embourbaient ou restaient au pied des collines, cent cinquante hommes les encordaient, puis les tiraient de la boue ou leur faisaient gravir les pentes. Les canons avançaient, mètre par mètre, d'un kilomètre par jour ! Mais ils rejoignirent les postes de tir préparés à l'avance, cachés dans des grottes et derrière des levées de terre sur les flancs des collines qui faisaient face aux Français. Ces derniers ne furent jamais conscients de leur présence, ils ne les virent jamais arriver ! Les services secrets français avaient estimé que le Viêt-Minh ne pourrait pas tirer plus de vingt mille salves de moyen calibre provenant de canons tels que l'obusier de montagne US de 75 mm. Les Vietnamiens en tirèrent dix fois plus : deux cent mille obus, et de calibre 105 ! Le Viêt-Minh utilisait la végétation pour se dissimuler, les Français avaient tout débroussaillé devant leurs positions pour créer des lignes de feu, ce qui dévoila tous leurs mouvements à Giap qui les surplombait. Les Français envoyèrent des avions de reconnaissance. Ils ne filmèrent que l'entrelacs serré des feuilles d'arbres et n'aperçurent jamais la ligne ininterrompue de porteurs sous les lianes et les bambous. Quelques patrouilles françaises s'approchèrent assez près et mentionnèrent des mouvements dans leurs rapports. Ceux-ci furent classés sans suite, taxés de pures inventions.

À la mi-décembre une unité mobile, la *GM 9* du colonel Gaucher, remplaça quelques unités de paras. Les deux tiers étaient issus des 1er et 3e bataillons de choc de la 13e brigade. Après la fin de la Seconde Guerre mondiale, des vétérans aguerris de la défunte *Wehrmacht* allemande s'étaient engagés dans la Légion étrangère française. Bon nombre avaient été promus sergents-chefs du fait de leur expérience, et dirigeaient des sections. Leur arrivée fut saluée avec enthousiasme. Trois de ces vétérans, les sergents Schweiger, Soos et Osterlich, anciennement officiers subalternes dans une division de panzers, ne furent pas impressionnés outre mesure par ce qu'ils virent, des sapeurs qui consolidaient le périmètre de la base.

Schweiger rentrait d'une patrouille dans la jungle. Il n'avait pas dit grand-chose jusque-là, mais il considéra les défenses fraîchement bâties.

« C'est vraiment de la merde, dit-il à son copain, le sergent Soos. Les Français sont vraiment les plus grands constructeurs de forteresses inutiles. Ils ont dû apprendre ça de leurs chevaliers de l'époque médiévale et n'ont pas réalisé que les choses ont changé depuis. Avec tous leurs abris et leurs champs de mines, il leur faudra à peu près dix ans avant de tuer autant de Viets que nous en une semaine avec une seule patrouille... »

En fait, Soos, Schweiger et Osterlich revenaient d'une « mission interdite [1] » avec trente de leurs « Alten Kameraden », tous légionnaires allemands. Ces chas-

1. Les Américains les baptiseraient plus tard « mission trouver/détruire ».

seurs de têtes, armés de trois mitraillettes seulement, pourchassaient les groupes de Viêt-Minh et les éliminaient sans poser de questions ou faire de rapport. Sous couvert de la jungle ils préféraient opérer à leur idée et en silence, avec des couteaux et des matraques.

Soudain la situation changea radicalement. La mousson arriva avec violence. La pluie commença. Le mois suivant, elle fut omniprésente. Elle arrêta tout mouvement, et la guerre avec. Les avions de ravitaillement français ne pouvaient ni décoller, ni atterrir, même les caravanes de bicyclettes de Giap étaient embourbées. La pluie était si forte qu'elle traversait le feuillage tels des projectiles. Tout le monde devait chercher un abri, sous des bâches ou des huttes bâties à la hâte avec de grandes feuilles. Il fallait même crier pour s'entendre, tant l'eau tambourinait sur le feuillage. Des torrents se déversaient dans la Nam Youm, qui devint un cours d'eau furieux. Les plaques métalliques des pistes d'atterrissage disparurent sous cinquante centimètres d'eau. Les soldats dans les tranchées avalaient des poignées de comprimés de *sulfathiazole* pour se préserver des maladies. Leurs ennemis dans la jungle mâchaient de l'écorce de quinine pour se protéger de la malaria. Quand la pluie s'arrêtait, le soleil transformait la jungle et la plaine en bain de vapeur, terrain idéal pour les sangsues. Les soldats se déshabillaient et les brûlaient avec le bout incandescent de leurs cigarettes, et faisaient sécher chemises et chaussettes sur les fils de téléphones tendus entre des perches de bambou.

Le combat contre la nature prit le pas sur celui livré à un ennemi fantôme. Confrontée à la force des éléments, la technique moderne dut déclarer forfait. Les transports motorisés se noyaient dans la boue. Les pilotes d'avion se dirigeaient à l'aveuglette entre les couches de nuages, priant pour ne pas s'écraser contre une montagne.

« C'est une énorme décharge d'adrénaline, confia un pilote, on devient accro, plus on va vite et bas, mieux c'est. »

Ce n'était pas le cas au sol. Les patrouilles pataugeaient jusqu'aux genoux dans les rizières. Quelques légionnaires de Camargue et auxiliaires du Gabon et du Sénégal exceptés, la majorité des soldats n'était absolument pas préparée à la vie sous les tropiques. Jour après jour, il fallait sortir sous la pluie de mousson. L'eau s'infiltrait sous les chemises, remplissait les rangers et les poches. L'humidité permanente entraînait des maladies de peau. Les hommes se gavaient de pilules et contractaient malgré tout la malaria, ils purifiaient leur eau mais souffraient de diarrhée, ou pire.

Le 19 février 1954, une tentative de dernière minute fut entreprise pour éviter le désastre. René Pleven profita d'un jour sans pluie pour aller inspecter la base de Diên Biên Phu. La base avait été nettoyée de fond en comble pour l'occasion, les canons astiqués, et tout était impeccable. Le ministre fut accueilli sur la piste par le colonel de Castries qui déclara avec fierté :

« Je me suis fabriqué une plaine, maintenant je vais casser du Viet.

– Que se passera-t-il si Giap arrive là-haut ? s'inquiéta Pleven en scrutant les collines alentour.

– Il n'arrivera jamais, je peux en assurer monsieur le Ministre, mon artillerie le liquiderait sur-le-champ. »

Pleven ne fut pas convaincu. Bien que n'étant pas militaire, il fut le seul à entrevoir le piège mortel. Rentré à Paris, il fit part de ses craintes au colonel Gallois. « À Angkor Vat, on m'a montré une statue de granit sculptée dans un seul bloc de vingt tonnes, apporté par des milliers de coolies depuis une carrière distante de cent kilomètres. Pourquoi Giap ne réaliserait-il pas le même miracle avec un canon ? »

Pleven demanda à son équipe de travailler immédiatement à un plan pour sauver la base. Mais il était déjà trop tard.

Un journaliste australien, Wilfred Burchett, fit un récit révélateur des événements à venir. Il fut le seul Occidental à rencontrer Hô Chi Minh. Celui-ci retira son célèbre casque et le posa à l'envers sur la table.

« Voici Diên Biên Phu, une vallée entourée de collines. Dedans, il y a l'élite de l'armée française et nous, (il passa son doigt sur la circonférence du chapeau) nous sommes installés tout autour. »

« Nous sommes tous épuisés, nous avons de la boue jusqu'aux genoux, se plaignait le sergent Feltrin, un ancien de Bir-Hakeim.

– Alors pourquoi êtes-vous venu ? lui demanda l'un de ses hommes.

– Il n'est pas concevable qu'un légionnaire ne se batte pas. »

Feltrin déplorait les pertes subies par sa troupe. Ils étaient vingt-cinq au début, maintenant ils n'étaient plus que neuf. On leur avait donné l'ordre d'aller dans les rizières devant leur tranchée pour récupérer du ravitaillement parachuté, mais les Viet-Minh les avaient répérés.

L'armée reprochait à l'aviation de ne pas lui fournir assez de soutien aérien, bien que ses dirigeants eussent rejeté le plan Diên Biên Phu depuis le début à cause du temps. Et les forces aériennes étaient loin de disposer des trois cents B-26 et B-29 qu'il aurait fallu pour annihiler Hô Chi Minh. En ce qui concernait le ravitaillement de la garnison par voie aérienne – le mauvais temps installé, il ne restait que la voie terrestre pour tenir le siège –, les hommes de l'aviation défendirent leur position : « Brume sèche au printemps, crachin et pluies en été... Si j'ai donné mon accord pour la participation de mes avions à l'opération, c'était à condition que la piste demeurerait hors des atteintes ennemies... Ça n'a guère été le cas. Donc... l'armée de terre n'a pas fait son métier... »

La pluie avait cessé. Le soleil brûlait, l'humidité étouffait. Le peloton de Feltrin attendait. Personne n'était pressé de s'aventurer dans la boue, avec ses sangsues, et dans les buissons le long de la rivière et des rizières, avec leurs Viêt-Minh insaisissables qui y étaient cachés. Mais il fallait bien que quelqu'un fasse le travail et les pluies de mousson avaient rendu le terrain impraticable pour les camions. Les bombardements venus des collines n'arrangeaient rien. Rien que la veille, deux de leurs camarades avaient été tués en traversant un hameau censé être de leur côté. Ils apprirent vite à ne plus se poser la question. Il était trop difficile de dire qui était viêt-minh et qui ne l'était pas.

Soudain la pluie se mit à tomber, en averse drue comme d'habitude. Les hommes s'avancèrent dans la rizière, et très vite s'enfoncèrent dans la boue. Les premières détonations les prirent par surprise. Inutile d'essayer de courir, leurs rangers étant aspirées par le sol gorgé d'eau, et impossible de se mettre à couvert dans les rizières. Obus et mitrailleuses entrèrent en action et les décimèrent.

Le sergent Feltrin examina le terrain depuis le bord d'un cratère où il s'était réfugié. Son peloton était dispersé, s'abritant tant bien que mal derrière les petits murets des rizières. Un soldat couvert de boue courut vers lui en zigzag, tête baissée, et cria « *Bo-doi* par là, à deux heures, environ trois cents mètres ! »

Le sergent leva le bras et pointa le doigt en avant, signal de l'attaque.

« On y va ! » hurla-t-il. Ils coururent dans l'eau sous les sifflements des mitrailleuses. Devant eux une silhouette bondit, aussitôt fauchée par une rafale de pistolet mitrailleur. Le sergent s'avança vers une forme noire dans l'eau, gonflée comme un ballon. De l'air était resté emprisonné dans la veste du soldat viêt-minh qui gisait, face contre terre.

La fusillade s'était arrêtée. Elle n'avait duré que dix minutes, mais en ces dix minutes la compagnie *Bravo* avait perdu sept hommes. À la lisière des arbres, les Français trouvèrent une demi-douzaine de cadavres de Viêt-Minh, une mitrailleuse chinoise et la carcasse sanglante d'un buffle empalé sur le tronc brisé d'un palmier.

Les Français n'étaient pas seulement confrontés à un ennemi obstiné, ils affrontaient la nature elle-même. Giap avait investi les hauteurs, comptant sur la force de la mousson pour transformer la vallée en bourbier. Quand vint la saison des pluies, la rivière Nam Youm déborda. Les tanks français furent bloqués dans la boue, qui coupa également la seule route praticable vers l'est et divisa le camp français en plusieurs positions isolées. La pluie inonda les tranchées et les fortifications de coulées de boue, entraînant un sévère problème médical. Diarrhée et typhoïde firent des ravages. Même les blessés légers succombèrent, victimes de la gangrène et de blessures infectées. L'évacuation par avion demeurait impossible, les pistes inondées étant hors d'usage. Giap savait que désormais les Français étaient complètement isolés, pris à leur propre piège.

Début mars 1954, les pluies perdirent un peu en intensité, et Giap était prêt à faire mouvement. Ses troupes étaient trois fois supérieures en nombre à celles des Français. Trois divisions d'infanterie, soit soixante mille hommes, face à onze mille défenseurs, parmi lesquels seuls huit mille cinq cents étaient fiables. La supériorité de Giap en ce qui concernait l'artillerie était encore plus évidente. Quatre-vingts canons courts de 105 mm, quarante de 75 mm et vingt mortiers de 120 mm. Le Viêt-Minh avait ajouté à cet arsenal trente-six canons antiaériens qui pouvaient virtuellement empêcher tout avion d'essayer d'atterrir. Les

Français disposaient de quatre canons courts de 155 mm, vingt de 105 mm et vingt-quatre mortiers de 120 mm. Ils avaient ajouté dix tanks, qui se révélèrent inutiles car ils s'embourbèrent dès leur première sortie. Mais le plus important était le moral des troupes. Alors que les Français comptaient dans leurs rangs un nombre considérable d'auxiliaires thaïs, sénégalais et algériens, les forces de Giap étaient uniquement vietnamiennes, galvanisées par la conviction que « l'héroïsme était la meilleure réponse à une puissance de feu supérieure ». Cependant, le dirigeant vietnamien savait très bien qu'un assaut à découvert contre des positions fortifiées bien défendues était suicidaire, et il opta pour la méthode plus lente du siège classique, en affaiblissant d'abord les défenses par des tirs d'artillerie (comme l'avaient fait les Turcs à Constantinople cinq siècles auparavant). Ses batteries pilonneraient l'ennemi sans relâche et l'obligeraient à se terrer dans sa forteresse, où le moral des troupes et des auxiliaires s'effondrerait. À ce moment seulement il autoriserait les assauts de front. Tel était son plan.

Au PC de Diên Biên Phu, le colonel de Castries, en manches de chemise et col ouvert, qui laissait voir son célèbre foulard de soie rouge, était entouré de ses plus proches conseillers, Guth, son chef d'état-major, Piroth, son commandant d'artillerie et les chefs de bataillon Allioux, Noël, Trancart et Gaucher, nouvellement arrivé, qui exprima ses propres doutes.

« Oncle Hô a un million de fourmis qui transportent son équipement. Pourquoi seraient-ils donc incapables d'acheminer un canon de 105 mm en pièces détachées ? Ces fourmis peinent pour avancer, parfois mètre par mètre, parfois kilomètre par kilomètre, mais elles finissent par arriver.

– Ne soyez pas stupide, personne ne peut traverser cette jungle, ni escalader et redescendre ces collines.

– Comment le découvrir ?

– Avez-vous quelqu'un qui va écarter les feuilles et nous dire si une file de cocos chemine sur une piste dans la jungle avec un canon de 105 mm sur le dos ? Non. Il faut y aller pour s'en rendre compte, et tout ce que j'espère, c'est que ces gens en reviendront. »

Trois groupes de reconnaissance sortirent, et revinrent toutes les trois. Sous le couvert de la jungle, chaque groupe avait découvert un camp avec cinq cents Viêt-Minh fortement armés, à huit kilomètres seulement au nord-est et à l'est, près du sommet des collines qui entouraient la base française ! Les patrouilles indiquèrent les emplacements des camps ennemis sur la carte. Mais elles étaient aussi revenues avec d'autres informations : le Viêt-Minh avait des batteries de canons courts de 105 mm !

S'il lui fallait une preuve définitive, de Castries l'avait désormais : l'ennemi tenait les hauteurs ! Trois collines au moins autour de Diên Biên Phu grouillaient d'hommes de Giap ! Le colonel de Castries demanda une frappe aérienne. Un déluge de napalm s'abattit sur la première des collines repérées par les patrouilles. Peu après, d'autres avions attaquèrent la seconde colline. Une sortie française effectuée le lendemain trouva parmi les centaines de corps carbonisés le journal de Van Vinh, un commissaire politique viêt-minh.

« *L'enfer s'ouvre devant mes yeux, le feu tombe du ciel sous forme de containers oblongs, des rideaux de flammes gagnent dans la forêt, brûlent les soldats et paniquent les autres. Mes hommes fuient dans toutes les directions, ils connaissent la jungle mais ont peur des avions. J'essaye de les regrouper en vain, ils s'enfuient. Ceux d'entre nous qui ont échappé à l'enfer ont trouvé refuge près de nos camarades.* »

Le journal s'arrêtait là. Les *bo-dois* connaissaient les serpents et les scorpions, les barbelés et les balles, mais pas le feu du ciel. Cela démontre ce qu'un bombardement bien étudié et exécuté par plusieurs centaines d'avions aurait pu réussir. Mais les Français n'eurent jamais des centaines d'avions.

Un nouvel élément fit son entrée sur la scène politique pendant que se déroulait l'action militaire aux confins de l'empire colonial français. Hô Chi Minh se retrouva soudain confronté à une date limite. Les « Quatre Grands », les États-Unis, l'Union soviétique, la Grande-Bretagne et la France, convinrent de se rencontrer à Genève fin avril pour discuter des points chauds de l'après-guerre, ce qui incluait l'Indochine. Si les Français subissaient une défaite suffisamment retentissante à Diên Biên Phu, et si Hô présentait ce fait accompli à la table des négociations de Genève, il gagnerait la partie. Mais il savait que cela lui coûterait beaucoup plus de pertes en hommes, et qu'il lui faudrait demander une aide plus importante et immédiate de la Russie et de la Chine à la fois. Le compte à rebours de Giap se mit en marche.

La phase initiale de l'attaque de la forteresse commença avec un énorme bang à 17 h 45 le 13 mars 1954. Cent pièces d'artillerie moyenne et lourde ouvrirent le feu et un déluge de projectiles se déversa sur la position *Béatrice*. Certaines pièces tiraient à tir tendu et atteignirent les baraquements, les bunkers et les nids de mitrailleuses. Ils frappèrent le centre de commandement du bataillon, facilement identifiable par ses antennes. Les hommes de la 11e compagnie, recroquevillés dans les tranchées, ne pouvaient faire grand-chose d'autre que prier.

Les différents groupes de la position *Béatrice* subirent de lourdes pertes, le PC fut détruit par un obus.

À 19 h 15, au coucher du soleil, une sentinelle de *Béatrice 3* signala par radio des hordes de Viêt-Minh qui déferlaient des montagnes au nord-est vers leur position. « *La nuit de Béatrice* » commença. Ce fut le colonel

Gaucher qui répondit à l'appel : « Nous avons besoin d'une estimation de l'effectif ennemi.

– Deux régiments.

– Calmez-vous, trancha le colonel, ils n'en ont pas autant dans ce secteur.

– Alors venez ici les compter vous-même, bon Dieu ! »

Un rapide calcul, et l'effectif se révéla de six mille *bodois* ! Les attaquants furent rapidement identifiés comme les 141e et 209e régiments de la 312e division VM du général Lê Trong Tan. L'obscurité résonnait des claquements des mitrailleuses, des coups sourds du mortier et des explosions des grenades à main. Pendant un moment les Français, mieux entraînés et équipés, tinrent leur position, avec l'avantage d'être en hauteur. Mais les vagues viêt-minh gagnaient du terrain. Les silhouettes des hommes qui se dessinaient à la lueur de la lune ou des éclairs bleus des explosions tombaient rapidement sous le feu des mitrailleuses. D'autres se glissaient en rampant, poussant des perches de bambou bourrées de TNT sous les enchevêtrements de barbelés protégeant les lignes françaises. L'artillerie française finit par entrer en action, mais ses tirs étaient mal ajustés, et plusieurs obus de 105 mm s'abattirent sur la position française.

Dans la 9e compagnie, le lieutenant Carrière, qui la commandait, était mort, ainsi que le reste de ses hommes. Les survivants, à peine une douzaine, étaient sous le commandement du sergent Bleyer. La 11e était lourdement touchée, mais continuait à envoyer des tirs nourris sur les vagues d'assaut. Les hommes de Schweiger réussissaient à ralentir l'assaut, mais rien ne pouvait l'arrêter.

Vagues après vagues déferlaient sur la colline en hurlant « *Tien Lên* ! (À l'attaque !) *Xung !* (En avant !) et *Phong !* (Tuez-les !) ».

Quand la situation au sommet de *Béatrice* devint intenable, le colonel Gaucher appela le colonel Piroth pour demander un bombardement intense de contre-artillerie, afin qu'il puisse envisager une sortie en force et rejoindre ses compagnies. C'était un vieux légionnaire, et ses hommes savaient qu'il ne les abandonnerait jamais à leur destin.

« Nous ne pouvons pas quitter *Béatrice* sans... » Personne n'entendit jamais ce que « le vieux » avait voulu dire car un obus atterrit sur le toit et tua la majorité des dirigeants du bataillon, dont le colonel Gaucher, le lieutenant Bailly et le lieutenant Bretteville.

De Castries demanda une communication avec Hanoi.

« À qui voulez-vous parler, mon colonel ?

– Obtenez-moi simplement la communication et ne vous souciez pas du reste.

– Vous voulez dire que vous allez parler au commandant en chef à 4 heures du matin ?

– Un Corse ne dort jamais quand l'ennemi tue ses soldats. Souvenez-vous de cela.

– Oui, mon colonel. »

À *Béatrice 3*, les derniers défenseurs étaient regroupés dans une zone réduite, fournissant ainsi une cible facile pour l'artillerie de Giap. Toujours davantage de Viêt-Minh chargeaient et mouraient devant les mitrailleuses. Ils tombaient, glissaient au pied de la colline, mais d'autres prenaient aussitôt leur place. Bientôt ils ne furent qu'à quelques dizaines de mètres des dernières tranchées. Les Français n'avaient plus le temps de changer leurs magasins. C'était maintenant l'heure des baïonnettes et des couteaux.

« À la baïonnette ! »

« Légionnaires, haut les mains ! Rendez-vous ! » vociféra une voix à l'accent prononcé.

Toute résistance était devenue inutile, les quelques survivants levèrent les mains en l'air. Le lieutenant Turpin fut retrouvé à côté d'un baraquement détruit. Il saignait de ses nombreuses blessures. Deux *bo-dois* le prirent sous les aisselles et le traînèrent devant un officier supérieur viêt-minh.

« Grade, nom, unité ? hurla l'officier viêt-minh.
– Lieutenant, Turpin, 11e compagnie.
– Français ?
– Oui.
– Vous ne pensiez pas que nous avions de l'artillerie... Le président Hô Chi Minh nous a donné l'ordre de traiter les blessés avec clémence. Vous avez été braves. (L'officier tira de sa poche une feuille de papier pliée.) Un message pour votre colonel de Castries. Je veux que vous le lui transmettiez. »

Il contenait une demande de trêve hâtivement rédigée[1].

D'autres compagnies françaises contemplaient le carnage avec horreur depuis les collines avoisinantes. Ils avaient vu tomber les défenses de *Béatrice* et la fin des combats. Les morts viêt-minh et français parsemaient la colline, et les quelques survivants du carnage qui redescendaient la colline étaient fauchés par les tirs croisés des nouveaux occupants des taillis sanglants. À trois heures du matin, tout était fini. L'obscurité recouvrit l'horreur, qui se révéla indescriptible aux lueurs de l'aube. Sur un front de trois cents mètres seulement, souvent pris dans les barbelés, gisaient les corps mutilés de mille huit cents Viêt-Minh, à côté de deux compagnies de légionnaires !

Giap s'étant emparé désormais de la plus grande partie de *Béatrice* qui était la clé du ravitaillement de Diên Biên Phu, il avait pratiquement pris pied sur la piste d'atterrissage et ses canons antiaériens de 37 mm pourraient éliminer tous les appareils en vol, ou au sol. La chute de *Béatrice* scella le destin des défenseurs.

1. La question de ce cessez-le-feu n'a jamais été tranchée. Le général Giap le nia pendant une interview : « Pourquoi aurions-nous demandé une trêve, nous avions gagné et nous étions en haut des collines. »

L'attaque sur *Gabrielle* aux premières heures du 15 mars fut une répétition de celle qui avait eu lieu sur *Béatrice*. Après un terrible bombardement d'artillerie, les bataillons viêt-minh envahirent la colline. Des centaines d'homme y laissèrent leur vie, fauchés par les tirs, pris dans les barbelés et abandonnés à leur sort tandis que l'assaut avançait. Rien ne pouvait arrêter les masses suicidaires de deux divisions viêt-minh, la 308e et la 312e.

Le commandant Kha, à la tête de *Gabrielle*, qui avait été blessé par un éclat d'obus tiré à cinquante mètres sur son QG, fut retrouvé vivant parmi les morts. Un officier viêt-minh ordonna qu'on le transporte au pied de la colline. Sur son brancard, Kha murmura : « Mon pauvre bataillon... »

L'officier viêt-minh répondit dans un français impeccable : « Votre colline nous a coûté très cher. »

En effet, le Viêt-Minh avait perdu neuf mille hommes. Mais Giap en avait encore vingt-cinq mille pour les remplacer. Pour les Français, le scénario était différent. Sur les huit cent soixante-dix-sept défenseurs de *Gabrielle*, cinq cent un furent tués et les autres blessés ou faits prisonniers. Le commandant Kha mourut de ses blessures. Seuls soixante-cinq prisonniers de guerre de la position *Gabrielle* reverraient la France.

Dans la vallée, le colonel d'artillerie Piroth, qui n'avait plus qu'un bras, titubait entre ses pièces détruites. Tout avait si mal tourné... il contemplait ses batteries anéanties par des tirs de précision venus des hauteurs environnantes. Il avait présenté ses excuses à tous pour son plan raté, mais personne ne l'avait écouté, tout le monde était trop occupé à essayer de rester en vie. Le colonel finit par retourner dans son bunker, dégoupilla une grenade et la serra contre sa poitrine[1].

L'histoire se répandit dans le camp comme une

---

1. Le général Navarre câbla à Paris : « Le colonel Piroth est mort au champ d'honneur. » Lorsque Paris demanda les circonstances exactes de son

traînée de poudre. Deux hommes étaient installés dans une tranchée de la position retranchée *Eliane*.

« Tu es au courant pour Piroth ?

– Oui. Curieuse manière de filer à l'anglaise, répondit le sous-lieutenant Canton.

– Je crois qu'il se sentait responsable pour un plan qui n'a jamais fonctionné, répliqua le lieutenant Bergot, responsable d'une compagnie de mortier de 120 mm.

– Si tous les idiots qui se sentent responsables de leurs bourdes se faisaient sauter, conclut Canton en haussant les épaules, ça ferait un sacré gros trou entre ici et Paris. »

Les deux camps étaient trop épuisés pour continuer à ce rythme effréné. Les collines capturées semblaient encore plus privées de toute forme de vie que la base française paralysée qui s'étendait à leurs pieds. La piste d'atterrissage criblée de cratères ressemblait à un paysage lunaire. Un avion qui s'était écrasé gisait retourné sur le dos, ouvert comme un gros homard. Depuis le 23 mars les deux pistes étaient inutilisables. Ce qui éliminait aussi avions sanitaires et ravitaillement. Seuls de petits appareils faisaient des survols occasionnels pour larguer des munitions et des médicaments. C'étaient de dangereuses missions, depuis que toute tentative de ravitailler la base rencontrait un rideau de tirs de DCA des canons de 37 mm sur les collines. Aucun mouvement non plus sur les routes. Les canons de Giap avaient tout immobilisé.

Et il pleuvait toujours. Les hommes tombaient malades, victimes d'accès de fièvre. Ils avaient survécu aux balles, mais pas aux parasites aquatiques. La jungle tropicale est l'un des environnements les plus difficiles pour le combat. La chaleur intense et l'humidité

décès, Navarre répliqua sèchement : « Je confirme, le colonel Piroth est mort au champ d'honneur ! »

permanente abaissent le seuil de résistance du corps humain. La pluie apporte des nuages d'insectes mortels. Hépatite, malaria, typhoïde régnaient, et les blessures légères étaient infectées par le tétanos.

Le 16 mars fut un grand soulagement pour les Français assiégés. Le 6e bataillon de parachutistes coloniaux (6e BPC) du colonel Bigeard sauta sur une zone de parachutage protégée tant bien que mal. Les paras furent largués en haute altitude, car c'était le seul moyen d'éviter la DCA. Bigeard, qui souffrait toujours d'une blessure à la jambe, claudiqua dans le champ, encourageant ses hommes. Mais ce qui devait soulager la base devint vite un nouvel engorgement de blessés et des bouches supplémentaires à nourrir.

Une autre horreur attendait les défenseurs. Une nouvelle invasion, plus terrifiante encore que le spectres des bataillons viêt-minh : des vers, venus des centaines de cadavres qui n'étaient pas enterrés. Les petites choses blanches s'insinuaient dans les uniformes, sous les pansements et sous les plâtres. La nuit, elles grouillaient sur les visages et entraient dans les oreilles des hommes endormis. Cette invasion rendait certains soldats complètement fous. L'hôpital de campagne ressemblait à l'Enfer de Dante[1]. Les membres que l'on amputait étaient jetés dans un trou baptisé *le trou des amputés*. Durant cette période extrêmement dure, des actes d'un héroïsme incroyable étaient courants. Geneviève de Galard, l'une des quelques femmes encore présentes, fut surnommée « *l'ange de DBP* » après qu'un lieutenant gravement blessé lui eut remis sa propre croix de la Légion d'honneur. Les paras des colonels Bigeard et Langlais faisaient des sorties de nuit, en petits groupes, armés seulement de couteaux. Ils se glissaient dans les lignes viêt-minh et leur tranchaient la gorge.

---

1. Commandant Grauwin, *J'étais médecin à Diên Biên Phu*.

Le cœur de la bataille se déplaça de l'Indochine aux pourparlers menés à Paris et Washington. À l'issue d'une série de réunions secrètes au Pentagone eut lieu une rencontre entre John Foster Dulles, le secrétaire d'État américain, et son homologue français Georges Bidault. Au cours de cette rencontre, Dulles, qui appréciait la culture et avait étudié à la Sorbonne, lança une phrase qui surprit tant Bidault qu'il ne sut que répondre.

« Et si nous vous donnions deux bombes atomiques pour sauver Diên Biên Phu ?

– ... Des bombes atomiques ? Mais nous tuerions aussi les nôtres, bredouilla Bidault, qui se demandait si l'Américain avait fait une plaisanterie de mauvais goût ou s'il était sérieux.

– Nous ne tolérerons plus la progression du communisme en Asie, rétorqua sèchement Dulles. C'est terminé. Pour toujours. Si nous ne nous opposons pas tout de suite à eux, et par tous les moyens dont nous disposons, nous serons éliminés [1]. »

Mais un jeune sénateur du Massachusetts fit pencher la balance. « Quelle que soit l'importance de l'assistance militaire américaine en Indochine, elle ne pourra en aucun cas vaincre un ennemi qui est partout et nulle part à la fois, un "ennemi du peuple" qui a la sympathie et le soutien logistique du peuple. » Quelques années plus tard ce fut le même homme qui dut prendre une décision avec le Vietnam, mais il avait oublié ses paroles prophétiques : John F. Kennedy.

La décision revenait au président américain Dwight Eisenhower. Il devint ainsi le premier président américain à se prononcer sur la question du Vietnam. Peut-être hésitait-il devant ses électeurs républicains à engager l'Amérique dans un autre conflit alors que celui de Corée venait de se terminer. Henri Bonnet, l'ambas-

---

1. Le texte de cette conversation est tiré d'archives françaises et d'une conversation privée avec le général Pierre Gallois. Il a aussi été cité dans *Secrets d'État*, de J.R. Tournoux.

sadeur de France, alla rendre visite à Eisenhower qui était en vacances au Kentucky. Après cette rencontre, il câbla à Paris : « Le président américain pense qu'une intervention ferait passer les Américains pour des impérialistes frénétiques. Il n'envisage pas une intervention de son pays dans notre conflit en Extrême-Orient. »

Avec le « non » d'Eisenhower disparut la dernière chance de parvenir à une issue dans une guerre qui allait se poursuivre encore pendant vingt ans et coûter la vie à des millions d'hommes. Les Américains allaient reconsidérer leur « non-intervention » quinze ans plus tard, et durent la payer de cinquante-cinq mille morts dans la jungle du Vietnam. L'Amérique en fut traumatisée, cela causa la chute d'un président (Lyndon Johnson) et en força un autre (Richard Nixon) à admettre la première défaite américaine de tous les temps.

Une nouvelle crise s'était développée dans la garnison assiégée, due à un fort déclin de la loyauté des unités nord-africaines. À l'aide de haut-parleurs, le Viêt-Minh s'adressait en arabe et en allemand (à l'intention des légionnaires) aux hommes retranchés : « Frères, vos jours sont comptés. Voulez-vous vraiment mourir pour les colonialistes français ? » Beaucoup d'Algériens se rendirent compte pour la première fois que des « non-Blancs », dans ce cas des « Jaunes », pouvaient vaincre « des Blancs ». Le 30 mars, le bataillon algérien cessa d'exister. Mais la situation était pour le moins étrange, car les déserteurs restèrent avec les défenseurs, ne pouvant traverser les lignes ennemies. L'Indochine eut pour résultat de faire entrevoir aux Algériens des idées qui conduiraient directement à leur combat pour l'indépendance.

La phase finale commença par le plus long et le plus sanglant des combats pour la position fortifiée *Huguette*, tenue par le bataillon du colonel Bizard. Le 30 mars, la totalité d'une division VM, la 308$^{e}$, démarra l'attaque de la colline fortifiée. Jour après jour, l'artillerie vietnamienne pilonnait la colline, et chaque heure le cercle se resserrait autour des défenseurs. Un massacre eut lieu quand des renforts furent engagés pour libérer la colline, qui ne pouvait être accessible que par voie aérienne.

Le 12 avril, le sergent Zurell remarqua un petit parachute accroché dans les barbelés. Il y était fixé un petit paquet bien emballé qui excita la curiosité du sergent. Malgré les explosions, il rampa au-dehors pour le récupérer. On ne peut qu'imaginer sa surprise lorsqu'il y découvrit une cartouche de Lucky Strike, deux bouteilles de cognac Rémy Martin, et une étoile de général. Le paquet était adressé à l'attention du général de Castries. Ce fut ainsi que la 4e compagnie du 1er BEP découvrit la promotion du colonel au grade de général. Ils célébrèrent l'événement avec deux bouteilles de cognac de douze ans d'âge et des cigarettes bien méritées. Quant aux étoiles du général, ils les enterrèrent profondément afin qu'elles ne tombent jamais aux mains de l'ennemi.

Le général Giap lança sa phase finale le 12 avril. Elle commença avec un bombardement intense de cent cinquante canons. Puis ses troupes déferlèrent comme un seul homme en hurlant « *Doc Lâp ! Doc Lâp !* (Indépendance ! Indépendance !) Que l'Oncle Hô vive mille ans ! »

La première vague avait couvert la majeure partie de la distance entre la jungle et les barbelés quand les dernières positions retranchées commencèrent à cracher la mort et la destruction. Mais inlassablement les Viêt-Minh déferlaient pour remplacer leurs camarades morts au combat.

Les hommes dans les tranchées des autres collines savaient que la fin était proche. Les vaillants défenseurs de Diên Biên Phu avaient survécu à cent soixante-dix jours d'enfer. Le général de Castries tenta de remonter le moral de ses hommes par une distribution de médailles, en leur assurant que l'issue ne serait pas tragique, car « il se passerait quelque chose ».

Mais il ne savait pas ce que serait ce « quelque chose », parce qu'en ce qui concernait Hanoi et Paris, Diên Biên Phu était déjà de l'histoire ancienne.

Les bombardements s'intensifièrent et les positions sur les collines tombèrent les unes après les autres : *Dominique, Anne-Marie, Claudine, Françoise* et *Isabelle*. Attaquées, conquises par l'ennemi, reconquises avec de terribles pertes, et à nouveau perdues. À *Huguette*, le colonel Bizard n'avait plus que cent quatre-vingts hommes sur mille. Il reçut un message de De Castries stipulant : « L'opération pour venir à votre secours a échoué. Je vous laisse latitude pour toute décision ultérieure. »

*Huguette 5* se retrouvait avec vingt-cinq légionnaires, dont l'amateur de cognac Zurell et Boisbouvier, un jeune sous-lieutenant, qui avait été blessé tant de fois qu'il ne les comptait plus. Le petit groupe était soumis au feu de huit canons de 105 mm et aux bombes de deux compagnies de mortiers de 120 mm. Face à ces vingt-cinq hommes, trois régiments de *bo-dois*, le 36ᵉ sur la colline nord, le 102ᵉ à l'ouest et le 88ᵉ en réserve. Malgré cela les Français tinrent jusqu'à la nuit du 1ᵉʳ mai, au moment où le lieutenant Boisbouvier fut enlevé par un groupe de Viêt-Minh. Son corps ne fut jamais retrouvé.

À 3 h 30 cette nuit-là, le caporal Novak envoya un dernier message : « Je résiste avec deux hommes. » Puis la radio se tut.

Un message en provenance d'Hanoi informa que chaque homme de la garnison était cité pour la croix de guerre. « Ils se sont dit que nous allions mourir de toute façon, et qu'ils pouvaient donc bien nous décorer », déclara le colonel Bigeard.

À ce moment précis le haut-parleur viêt-minh se mit à diffuser *Le chant des partisans* et personne ne sut dire qui chanta le premier, mais des tranchées françaises s'éleva une *Marseillaise* unanime.

Le 6 mai 1954 à 6 heures, Diên Biên Phu se prépara pour son dernier combat. Un bastion tenait encore la position fortifiée *Eliane*, avec les redoutables paras de Bigeard. Les hommes entendirent des sifflements, que seuls les vieux légionnaires allemands, vétérans de Stalingrad, identifièrent comme les redoutables *Katioucha*, les orgues de Staline. Chaque lanceur pouvait envoyer simultanément douze fusées. Un déluge de feu tomba sur *Eliane* et ensevelit ses défenseurs sous la terre et les décombres.

Bigeard et Langlais prirent une décision audacieuse, mais c'était le seul choix possible. Ils partiraient avec leurs hommes et tenteraient de passer au Laos. Bigeard baptisa l'opération d'un nom évocateur, « percée de sang ». De Castries se proposa pour rester et s'occuper des milliers de blessés.

« Nous avons rassemblé tous les chefs survivants autour de nous et leur avons dit que nous allions tenter une percée... Et vous savez ce qu'ils ont répondu ? Non, ce n'est pas la peine, autant mourir ici, nos hommes ne pourraient pas faire cent mètres sans y laisser leur vie [1]. »

De Castries appela donc Hanoi. « C'est terminé », annonça-t-il, et Navarre répliqua : « Si vous n'y arrivez pas, ne hissez pas le drapeau blanc, cessez le feu, c'est tout. »

Ce qui se passa ensuite se passe de commentaires. La bataille démarra sous une pluie battante, et ressembla à un scénario moderne d'Azincourt, avec baïonnettes et couteaux. Les paras résistèrent jusqu'à la mort [2].

---

1. Propos rapportés par le colonel Bigeard.
2. Seuls une centaine de Français réussirent à s'enfuir. Après des semaines de souffrance, de faim et de maladies, ils réussirent à rejoindre la dernière base française au Laos.

À 17 heures ce vendredi soir eut lieu la dernière conversation radio du général de Castries, qui appela le général Cogny.

« Mon général, situation grave, combats confus partout. Je sens que la fin approche. Nous nous battrons jusqu'au bout.

– Bien compris, vous lutterez jusqu'au bout. Pas question de hisser le drapeau blanc, n'est-ce pas ?

– Non. Nous détruirons les canons, le matériel et les postes de radio à 17 h 30.

– Merci.

– Au revoir, mon général, vive la France ! » furent les derniers mots de De Castries.

« Si tu es dans la merde jusqu'au cou, tu n'as plus qu'à chanter... » La résistance ultime fut menée par des hommes qui n'avaient plus rien de militaire. Ils étaient blessés, amputés, rendus à demi aveugles par les explosions, dans le plâtre ou frissonnants de fièvre. Tous avaient été volontaires pour prendre un fusil et « crever avec les copains ».

À *Isabelle*, les hommes de Lalande continuèrent de se battre, fidèles à leur serment : « Vous obéirez à votre drapeau suivant la tradition de la Légion. »

Le 6 mai à 17 heures, le colonel Bigeard écrivit quatre courtes phrases sur une feuille arrachée à son carnet : « Cessez-le-feu à 17 h 30... Pas de drapeau blanc. À bientôt. Bruno. » Et il ajouta en dessous : « Pauvre 6$^{e}$ ! Pauvres paras ! »

Mais *Isabelle* tenait toujours, commandée par le lieutenant-colonel Lalande. « Nous tenons. » Cependant, à 1 heure du matin, la radio d'*Isabelle* annonça avec calme : « Sortie a échoué. Stop et fin. »

Un de ses hommes demanda au lieutenant Allaire, dernier officier survivant d'*Eliane 3* : « C'est fini ? »

Le dernier carré des défenseurs était tombé, les tranchées étaient jalonnées de cadavres. Toute résistance cessa, le bastion dut céder sous le nombre. Les rescapés devront payer leur liberté de nouvelles souffrances... Héroïques jusqu'au bout, ils sont tombés sans drapeau blanc.

## Les faits

« Compagnons de ces hommes, soyez fiers... »

L'ordre du jour du général Cogny marqua la fin tragique de la bataille de Diên Bîen Phu.

Il est curieux que, même après la chute de Diên Biên Phu, Hô Chi Minh ait toujours donné l'impression de préférer de loin une collaboration sincère avec la France plutôt que d'être aspiré dans l'orbite chinoise à orientation communiste[1]. Lors d'une conversation privée qui eut lieu pendant le Congrès Communiste Mondial de Moscou au printemps 1959, le président Hô Chi Minh confia au dirigeant communiste français Jacques Duclos : « Mon plus grand remords dans ma vie politique, c'est de ne pas avoir été capable d'arriver à une entente avec la France, un pays que j'ai toujours aimé et que je respecte toujours profondément. »

Les généraux français firent preuve d'arrogance pure, et sous-estimèrent leur ennemi aux pieds nus. Le général Bigeard leur rendit hommage : « Ces petits hommes courageux, qui pouvaient couvrir cinquante kilomètres en une nuit après avoir mangé un bol de riz seulement, et qui chantaient en allant au combat, se révélèrent des soldats exceptionnels. Ils réussirent à nous vaincre. »

---

1. J. Sainteny, *Histoire d'une paix manquée*. J. Sainteny était le gouverneur français du Tonkin et connaissait très bien Hô.

Avant tout, les généraux français n'avaient pas tiré la leçon des changements de saison et des rébellions prévisibles de la nature. Une machine de guerre moderne et mobile demande à être sans cesse ravitaillée. Pour cela, Diên Biên Phu dépendait entièrement de la circulation terrestre. Celle-ci coupée, non par l'ennemi mais par les pluies torrentielles de la mousson, elle devint le talon d'Achille de la forteresse.

Pour les légionnaires, la guerre d'Indochine n'avait aucun sens, ou du moins un sens tout à fait différent : celui que rien n'avait été perdu, à part des vies.

« Ils montrèrent aux Français jusqu'où leur négligence, leur incroyable indifférence, leur sale petite politique intérieure avaient conduit le pays. Comment mieux leur montrer ? En mourant, pour au moins sauver l'honneur. Nos morts de Diên Biên Phu sont morts au nom d'une autre France, pour laquelle ils avaient du respect. La seule victoire qui reste est la victoire de notre honneur[1]. »

Un visiteur d'aujourd'hui trouverait encore des pièces d'artillerie tordues autour des tranchées effondrées sous l'impact, non pas des bombes, mais des pluies de mousson torrentielles. Le poste de commandement est toujours en place. On y a seulement apposé une petite plaque de bronze, qui indique l'heure de la fin : « 17 h 50, 7 mai 1954. »

Diên Biên Phu annonça le début de la fin du colonialisme français. On peut affirmer rétrospectivement que la jungle tropicale est l'un des environnements les plus difficiles pour le combat. La nature, plus que les bataillons de Hô, fut le vrai ennemi.

1. Robert Guillain dans *Le Monde*.

# 15

# Et bientôt...

## *Maîtriser le climat en 2025*

« Le présent est à eux, le futur m'appartient. »

Nikola Tesla,
pionnier de l'électronique (1857-1943).

Le rêve de modifier le temps est aussi ancien que le premier homme primitif lorsqu'il priait pour obtenir la pluie, ou que le désir fervent d'invoquer le déchaînement des foudres du ciel sur l'ennemi que l'on veut anéantir. Autrefois cette tâche était dévolue au sorcier ou au druide de la tribu. Les chamans agitaient des crécelles dans l'espoir de conjurer la pluie, les sorciers lançaient des os de poulet afin que la sécheresse s'arrête, marmonnaient des paroles sacrées et brûlaient des poudres magiques pour que les ennemis meurent de soif. Ils dansaient autour des totems pour que la tribu ennemie soit anéantie par la foudre. Même Moïse n'eut aucun scrupule à demander à Dieu d'infliger les pires souffrances à ses ennemis, et ce dernier fut sans pitié.

Quelques milliers d'années s'écoulèrent, puis

l'homme tira sur les nuages avec des bombardes rudimentaires pour les faire crever afin que tombe la pluie. Si cela ne fonctionnait pas, ceux qui avaient vendu les fusils et la poudre se contentaient de dire : « Mal visé. »

Les conditions climatiques sont toujours aussi imprévisibles et incontrôlables qu'au temps du déluge. Les progrès dans la science météorologique ont été lents à cause de la complexité de notre atmosphère terrestre, composée de différentes zones nommées « ceintures ». Il s'agit de la troposphère (du niveau de la mer jusqu'à seize kilomètres d'altitude), la stratosphère (où se trouve la couche d'ozone protectrice) qui s'étend de seize à quarante-huit kilomètres au-dessus de la Terre, et l'ionosphère (de quarante-huit kilomètres à la barrière finale qui nous protège des rayons cosmiques), et enfin la ceinture de Van Allen (à trois mille deux cents kilomètres), découverte en 1958 pendant la phase initiale de la mission d'*Explorer I*, le premier satellite américain.

Durant des millénaires, l'homme n'osa pas faire intrusion dans le royaume des dieux. Il n'en avait pas non plus les moyens. Ceci changea en 1944, avec le lancement des fusées V-2 par les Allemands, conçues uniquement pour détruire. On a dit de Werner von Braun, le père du programme de ces fusées, qu' « il avait visé les étoiles, et parfois atteint Londres ». L'intérêt pour la recherche spatiale fut stimulé après la Seconde Guerre mondiale, pour concevoir des missiles nucléaires guidés. La recherche en technologie de l'armement et la recherche météorologique avancèrent conjointement. Ceci eut pour résultat la découverte des différentes ceintures atmosphériques entourant la Terre.

La Guerre Froide lança les super-puissances dans une course féroce pour le contrôle de l'espace. La Russie affola l'Ouest avec son *Spoutnik*, puis envoya Youri Gagarine en orbite autour de la Terre en 1961. Les

États-Unis se lancèrent dans une série de « programmes galactiques »[1] :

D'août à septembre 1958 se déroula le projet *Argus*, au cours duquel la marine américaine fit exploser trois bombes à fission nucléaire au-dessus de l'océan Atlantique sud. Deux bombes à hydrogène explosèrent au-dessus de Johnston Island dans le Pacifique. Les militaires qualifièrent cet événement d' « expérience scientifique de la plus grande envergure jamais entreprise ». Son but était d'étudier l'impact des explosions nucléaires en haute altitude sur les transmissions radio, le guidage des missiles et les opérations radar. L'étape suivante était de créer un « bouclier de télécommunications » dans l'ionosphère, en envoyant sur orbite un anneau d'aiguilles de cuivre dans la ceinture de l'ionosphère.

*Project Starfish* suivit *Argus*. Le 9 juillet 1962, une autre expérience dans l'ionosphère, l'explosion d'un « dispositif de 1 kilotonne », perturba la ceinture de Van Allen inférieure, altérant significativement sa forme et son intensité. L'expérience entraîna la protestation de l'astronome royal sir Martin Ryle.

En 1968 suivit le SPS (*Solar Powered Satellite Project*), destiné à intercepter les radiations solaires en utilisant des capteurs solaires sur des satellites pour les transmettre sous forme d'énergie via un faisceau de micro-ondes envoyé sur un déploiement d'antennes réceptrices, baptisées rétro-antennes. Le coût estimé de l'électricité ainsi produite était tellement supérieur à celui des sources d'énergie conventionnelles que le projet fut différé.

Bien que *SPS* fût ostensiblement proposé comme un programme d'obtention d'énergie, il incluait des appli-

---

1. La plupart des informations qui suivent sont tirées d'un article de Rosalie Bertell, docteur ès sciences, nommée au comité de contrôle du SPS (*Solar Powered Satellite Project*), ainsi que de *Physics and Society*, de C.L. Herzenberg, 1994, et *Microwave News*, de B. Eastlund, 1994.

cations militaires significatives. En tant qu'arme psychologique, il pouvait engendrer une panique générale. En 1978, la recherche sur SPS connut une nouvelle impulsion grâce à Michael J. Ozeroff. Il mit en avant la possibilité de développer une arme qui, utilisant un faisceau issu d'un satellite, servirait pour les missiles antiballistiques. Le président Carter donna son aval au projet. Mais le Congrès américain refusa de le financer. Le même projet refit surface quelques années plus tard, pendant le mandat de Ronald Reagan, qui l'inclut dans le budget bien plus conséquent du département de la Défense. Il fut baptisé *Star Wars*.

En 1975, le dysfonctionnement d'une fusée *Saturne 5* brûla « un vaste trou ionosphérique » dans l'atmosphère qui empêcha temporairement toute télécommunication transatlantique. Cette découverte due au hasard conduisit à un nouveau type de recherche. En 1981 le *Spacelab 3* de la navette spatiale de la NASA injecta des gaz dans l'ionosphère pour créer des « trous ionosphériques ». Le 29 juillet 1985, une brûlure de quarante-sept secondes créa le plus vaste et durable trou jamais enregistré. Une autre expérience en août 1985, qui ne dura que six secondes, à une altitude de soixante-huit kilomètres, produisit une lueur visible dans l'air, qui couvrit plus de quatre cent mille kilomètres carrés au-dessus du Connecticut.

Pendant l'opération *Desert Storm* en Irak (1991), les États-Unis déployèrent une *arme à impulsion électromagnétique*[1] conçue pour simuler la lueur produite par l'explosion d'une bombe nucléaire. Le *Sandia National Laboratory* avait construit un site sur la base aérienne de l'armée américaine de Kirkland (en 1989) pour accueillir le générateur de faisceaux d'électrons *Hermès II*, capable de produire des impulsions de vingt trillions de watt pour des décharges d'une durée de vingt billionnièmes de seconde.

1. *Defense News*, avril 1992.

En 1994 une fusée fut lancée du *Poker Flat Research Range* situé à cinquante kilomètres au nord de Fairbanks en Alaska, pour « comprendre les réactions chimiques dans l'atmosphère associées au changement global du climat ». Des expériences similaires furent menées à Churchill, au Manitoba (Canada), en mars 1989. Deux fusées *Black Brant X* et deux *Nike Orion* furent lancées au-dessus du Canada et répandirent du barium à haute altitude, créant des nuages artificiels.

En dernier lieu fut lancé le *HAARP* (*High Frequency Active Auroral Research Program*) qui commença le 18 octobre 1993, financé conjointement par l'armée de l'air et la marine américaines, sur un site le long de Tok Highway près de Gakona, en Alaska. Son but était de « comprendre, simuler et contrôler les processus ionosphériques susceptibles d'altérer les performances des systèmes de communication et de surveillance ». Le projet a été à maintes reprises expliqué au public comme étant une entreprise non militaire, un bouclier spatial contre des armes invasives, ou comme un mécanisme pour réparer la couche d'ozone. *HAARP* est de toute évidence une expérience qui pourra perdurer, car elle est intimement liée à cinquante ans d'études intensives pour contrôler la haute atmosphère.

L'un de ses domaines de recherche concerne le contrôle du climat, ou, selon l'euphémisme militaire, la « modification du climat ». Si les techniciens parviennent à envoyer des signaux radio dans la ceinture de Van Allen, ils pourraient indubitablement utiliser l'effet de résonance de Nikola Tesla pour contrôler le climat en ciblant la décharge de grandes quantités de sources d'énergie sur des zones spécifiques.

L'âge moderne de la modification du climat commença par une découverte due au hasard. En 1946, des scientifiques de l'entreprise *General Electric* découvrirent par accident que des particules de glace sèche (du dioxde de carbone gelé) déposées dans une chambre froide donnaient naissance à des cristaux de glace semblables à ceux présents dans les nuages. Ceci déboucha sur une recherche principalement destinée à soulager les zones frappées par la sécheresse. Les militaires se précipitèrent sur cette découverte.

Pendant la guerre du Vietnam, les forces américaines effectuèrent la première application pratique de modification du climat lors d'un conflit armé. Afin d'augmenter la fréquence des pluies, le service météo de l'armée de l'air américaine utilisa trois avions cargo *WC-130* modifiés pour larguer des fusées d'iodure d'argent et de plomb, créant des nuages qui entraîneraient des averses sur la piste Hô Chi Minh. Cette mission secrète, baptisée Operation Popeye[1], devait rallonger la saison de la mousson, inonder les sols et transformer en bourbier cette voie d'accès essentielle pour le ravitaillement. Au départ de la base aérienne d'Udorn en Thaïlande, *Popeye* organisa mille deux cents sorties pour semer la pluie au Nord-Vietnam, Cambodge, Laos et Sud-Vietnam. L'opération démarra en 1967 et continua jusqu'en 1972. Les rapports sur le succès ou l'échec du projet de modification du temps *Popeye* varient selon les camps qui les ont rédigés.

La tentative de modification pour supprimer le brouillard matinal sur les pistes des bases assiégées à Khe-San en larguant du sel depuis des avions cargo se solda par des résultats positifs. Aujourd'hui, la dissipation du brouillard froid, constitué de particules liquides à des températures inférieures à zéro, est devenue une technologie de routine de modification du climat, utilisée par la plupart des aéroports modernes.

Au début des années 70, les médias américains révélèrent les opérations secrètes sur le temps et déclenchèrent un tollé de protestations. Une enquête du Congrès fut ordonnée. Elle conduisit au traité des

1. Il ne faut pas confondre l'Operation Popeye avec l'Agent Orange, le programme de défoliation.

Nations unies signé en 1978 qui prohibait « la guerre de l'environnement ».

L'Operation Popeye démontra le potentiel des modifications du temps sur un champ de bataille. La raison de l'échec de l'opération ne tenait pas uniquement à l'expérience limitée de la création de nuages. En 1965, en phase initiale de préparation de l'opération, la Route Stratégique de Ravitaillement de Truong San (Longue Montagne) – le nom vietnamien de la piste Hô Chi Minh – était un sentier poussiéreux et raviné utilisé par les tribus de montagnards pour aller chasser dans la jungle. Prendre « la piste », c'était voyager jusqu'aux limites de l'endurance humaine. De septembre à février, au pic de la mousson, les eaux emportaient les chemins tracés par les hommes et les rivières se transformaient en torrents déchaînés. Les sacs à dos étaient si imbibés d'eau que les hommes s'écroulaient sous leur poids. La piste n'était franchissable qu'à la saison sèche, même pour les célèbres cent mille bicyclettes de l'Oncle Hô. À la saison sèche aussi il fallait traverser les cours d'eau sur des passerelles de bambou branlantes, qui faisaient dresser les cheveux sur la tête[1]. Les Nord-Vietnamiens, conscients de l'importance d'une route de ravitaillement sécurisée, travaillaient jour et nuit à son entretien[2]. La piste poussiéreuse fut transformée en route carrossable par tous temps grâce à un revêtement de cailloux ou, quand c'était impossible, grâce à des rondins assemblés. Un système de drainage sophistiqué garantit une route praticable même pendant les temps forts de la mousson. « C'était un réseau routier de treize mille kilomètres le long de la frontière du Sud-Vietnam, qui faisait demi-tour et revenait sur lui-même, comme le système d'alimentation en carburant d'une voiture, le Nord-Vietnam

1. *Vietnam, Inside the Guerrilla War*, par Wilfred Burchett, 1965.

2. En 1979, l'auteur rencontra le colonel Van, nord-vietnamien, chargé des travaux à Hanoi, qui lui expliqua que les bombardements affectaient l'acheminement du ravitaillement vers le front, mais que la météo n'y jouait aucun rôle.

figurant la pompe à essence, expliquait le colonel Ha Van Lau, stratège de Hanoi. »

« Effacez cette piste ! » fut le mot d'ordre de l'armée américaine. Les *B-52* larguèrent 2 235 000 tonnes de bombes sur la piste, mais cela n'empêcha pas soixante tonnes de matériel d'arriver chaque jour aux unités nord-vietnamiennes. Les Américains bombardaient la piste de jour et les Vietnamiens comblaient les cratères des bombes la nuit. Quand les bombardements se montraient inefficaces, les Américains se tournaient vers le *Plan Lava*, censé transformer le sol humide de la forêt en boue glissante. Mais c'était peine perdue, de même que les pigeons voyageurs avec des bombes sous leurs ailes. Les idées les plus farfelues furent proposées, telles que larguer des canettes de bière pour saouler les chauffeurs des camions [1]. Heureusement, ces propositions ne filtrèrent jamais des salles de réunion. « La piste » était sans doute le dernier conflit majeur où l'homme surpassait la technologie. Les Américains s'y frottèrent pendant des années et durent finalement admettre qu'il n'existait aucun moyen d'arrêter la circulation sur la piste Hô Chi Minh.

De nombreux autres programmes furent entrepris. Le projet *Prime Argus*, financé par des fonds de l'*Agence pour les Projets de Recherche de la Défense*, chercha des façons de provoquer des tremblements de terre artificiels. Le département de la Défense américain expérimenta des manipulations de la foudre dans *Project Skyfire*. Au début des années 60, le *Project Stormfury* se présenta comme un programme expérimental commun entre la marine américaine et le Service de la Météorologie américain, à but pacifique. Une série d'expériences sur les ouragans fut menée pour mieux les comprendre et les prévoir, et pour contrôler la trajectoire de ces tempêtes dévastatrices. Des avions chasseurs d'ouragans,

1. L'une de ces nombreuses suggestions tirées par les cheveux, selon Frank Snepp, analyste de la CIA.

spécialement conçus avec une structure renforcée, bravaient des vents de plus de deux cents kilomètres-heure pour pénétrer dans l'œil du cyclone. Bien que les avions et les équipages en eussent été sévèrement éprouvés, ils récoltèrent de précieuses données, et aucune perte d'appareil ne fut à déplorer.

En 1994 l'armée de l'air américaine dévoila son plan *Spacecast 2000*, qui incluait le contrôle du climat, en accord avec la charte des Nations unies qui stipulait qu' « *utiliser des techniques de modification de l'environnement pour détruire, endommager ou porter préjudice à un autre état est interdit* ».

Des conditions météorologiques artificiellement créées ne pourraient pas seulement influencer l'action de l'ennemi sur le champ de bataille, mais également modifier le comportement et les modes de vie de toute une population. Cette pensée fait frémir, mais n'est pas nouvelle. Ces possibilités avaient été théorisées cent ans auparavant, cependant personne ne disposant des moyens de les mettre en pratique, le projet avait été mis de côté. Les scientifiques se penchèrent sur les théories de Nikola Tesla (1857-1943), un physicien yougoslave, qui contribua à la découverte du courant alternatif et se consacra au développement d'un système de transmission viable pour les ondes hertziennes. Il travailla aussi sur la possibilité de modifier l'état émotionnel des gens [1]. Des progrès considérables ont été effectués depuis ces temps visionnaires. Au fin fond de la Copper Valley, en Alaska, se trouve le prototype d'un super-chauffage ionosphérique qui rend tout film de science-fiction obsolète. Son énergie concentrée, issue d'un réseau de quarante-huit antennes agissant de concert tel un pistolet à rayons

1. Ceci peut être utilisé à des fins très positives. Le Dr Reijo Makela a déjà démontré avec succès que certains produits chimiques associés à des sondes à basse fréquence peuvent agir sur certaines maladies. En revanche, le Dr José Delgado a souligné les effets nocifs des ondes électromagnétiques sur le cerveau humain.

laser, est focalisée sur un point précis de l'ionosphère[1]. Les ondes émises entrent en collision avec le flot de particules prisonnières de l'ionosphère, le forçant à exploser comme une gigantesque bulle, surnommée « panache », dans une opération nommée « *skybusting* » (destruction dans le ciel). On peut l'utiliser pour étudier l'effet du réchauffement de la planète et du trou dans la couche d'ozone, et peut-être les contrôler. Ses finalités et applications sont inconnues.

Bernard J. Eastlund, un physicien texan, déposa aux États-Unis le brevet n° 4,686,605 : « *Méthode et appareil pour modifier une région dans l'atmosphère terrestre, dans l'ionosphère et/ou la magnétosphère.* » Ce dépôt de brevet fut gardé au secret un an par ordre du gouvernement. Selon le brevet, « *de vastes régions de l'atmosphère pourraient être élevées à une haute altitude pour que des missiles y rencontrent des forces inattendues et imprévues qui auront pour résultat de les détruire... La modification des conditions climatiques est possible par l'altération des trajectoires des vents de la haute atmosphère, en créant un ou plusieurs panaches de particules atmosphériques, qui agiront comme une lentille ou une parabole... Les modifications moléculaires de l'atmosphère peuvent se produire pour obtenir des effets positifs sur l'environnement* »[2]. En d'autres termes, si son succès est prouvé, une telle technologie pourrait perturber ou dérégler des systèmes de guidage sophistiqués sur des avions ou des missiles, arroser de vastes zones de la Terre d'ondes électromagnétiques, et modifier notre environnement.

Nikola Tesla écrivit ces mots prophétiques voici un siècle : « Le présent est à eux, le futur m'appartient. » L'avenir prouva qu'il avait raison. Aujourd'hui, influencer ou même modifier le climat n'est plus l'apanage

---

1. L'existence de l'ionosphère fut découverte par Appleton et Barnett (scientifiques britanniques) en 1925.

2. Cité dans « *Angels don't play this HAARP* », par les Drs N. Begich et J. Manning, 1995. Toutefois un porte-parole du projet *HAARP* a assuré à ces auteurs que l'expérience n'aura pas d'application militaire.

de l'imagination d'un savant fou, c'est à la portée du complexe militaro-industriel de toute nation dotée d'une technologie avancée. L'être humain est une machine à fabriquer des idées. Ce qui est une idée aujourd'hui sera la réalité de demain.

Les OGM et les recherches en agronomie stimulent autant qu'elles inquiètent. Il n'y pas de limite à ce que peut imaginer un scientifique. Produire plus de nourriture demande davantage de soleil et d'eau. En d'autres termes, le monde a besoin de soleil et de pluie sur commande pour ses tomates transgéniques de la taille d'une citrouille. La science, en dépit de toutes ses merveilles, a laissé l'humanité à un carrefour moral. Contrôler le climat est une possibilité.

La prochaine étape ne sera pas de *prévoir* mais de *commander* la météo. Au début de ce nouveau siècle, ceux qui pourront maîtriser le climat contrôleront l'épaisseur de la couche nuageuse, les précipitations, et par là même la densité de la végétation. Ils dicteront l'élévation de la température, pourront accélérer ou stopper la désertification, et du même coup influer sur la densité de la population. Si l'interférence de l'homme avec les phénomènes naturels est avérée, les conséquences pourraient être dramatiques [1].

En notre Âge de l'Information, aucun endroit sur Terre n'est à l'abri de satellites espions et des systèmes d'écoute télécommandés, qui fournissent une foule d'informations, non seulement sur la position de l'ennemi, mais aussi sur les prévisions météorologiques. Les progrès des satellites et des ordinateurs pourraient aujourd'hui transformer le terrain masqué par le brouillard rencontré par les forces alliées lors de la bataille des Ardennes en un paysage de campagne limpide [2]. Des

1. G.Bertz, responsable de la recherche en écologie pour la Compagnie de Réassurance de Munich.

2. Durant la guerre du Golfe (1991) et le conflit en Serbie, les bombardements ne furent pas perturbés par la couverture nuageuse très dense.

prévisions météo exactes sont des instruments indispensables pour tout déploiement de forces, et rendront d'inestimables services à ceux qui en disposeront. Le général Eisenhower prit un gros risque quand il décida le débarquement en Normandie, fondé entièrement sur une hypothèse d'école de son météorologiste en chef. À l'avenir, les stratèges militaires ne seront plus limités par le climat existant. Ils pourront choisir celui qui les avantagera, ou celui capable de détruire l'ennemi.

Le monde occidental s'installe dans une routine de paix[1], au cœur d'une ère de changements sans précédents dans l'optique de guerres futures. À quoi le monde peut-il s'attendre en termes d'armes supertechnologiques dans un conflit géophysique ?

1. Des inondations causées artificiellement.
2. La modification des courants océaniques.
3. Le détournement des tempêtes tropicales.
4. L'ouverture de trous (lucarnes) dans l'atmosphère.
5. L'extension de la calotte glaciaire.
6. Des tremblements de terre causés artificiellement.

Les météorologues militaires américains sont persuadés de pouvoir gagner une guerre du temps au cours de ce prochain siècle. Les rayons de leurs antennes chaufferont l'ionosphère pour interrompre les communications ennemies, des lasers engendreront des éclairs qui abattront les engins aériens ennemis. Des drones répandront des poussières noires microscopiques dans l'atmosphère pour faire tomber la pluie. Ils inverseront le sens des vents pour rediriger des retombées nucléaires. La Chine inondée, l'Europe gelée, la Californie rasée...

« *Le climat en tant que démultiplicateur de puissance : maîtriser le climat en 2025* » est le titre prophétique, sinon angoissant, d'une étude récente de deux ans,

1. Si l'on ne tient pas compte des « conflits régionaux » ou de son rôle de « gendarme mondial ».

entreprise pour l'*US Air War College*. Elle dessine en détail les capacités d'un nation avancée à modifier le climat.

« Depuis le soutien aux opérations amies ou la désorganisation de celles de l'ennemi, en passant par la création de micro-climats jusqu'à la domination complète des communications et le contrôle de l'espace, les modifications du climat offrent au combattant une vaste gamme d'options possibles pour vaincre ou dominer un adversaire... Certains outils d'intervention existent aujourd'hui et d'autres pourront être développés et affinés dans le futur [1]. » Il ressort de cette étude qu'en 2025, les militaires seront capables d'influer sur le climat à une vaste échelle pour bénéficier de conditions favorables lors de leurs opérations. Elle avance également qu'une guerre du climat sera moins destructrice qu'un holocauste atomique. Je ne crois pas que l'humanité devrait songer à tester cette hypothèse.

La dernière fois que les militaires ont essayé de changer le climat, ce fut au Vietnam. Et cela échoua. La prochaine tentative pourrait bien se révéler différente. Les chefs de guerre de demain pourront disposer d'un arsenal météo dont ils n'auraient même pas imaginé l'ampleur. Les super-ordinateurs élèveront la manipulation du climat au rang de création artistique. Le climat se décidera par celui qui le maîtrisera.

Mais c'est aussi l'apanage de toute l'humanité, en particulier des générations futures, confrontées à une explosion démographique. La technologie avancée peut trouver des applications pacifiques et bénéfiques, par exemple pour remédier à la pénurie d'eau potable. L'accroissement de la population augmentera les besoins en eau ; une action sur le climat pourrait stimuler la croissance des céréales et des averses ponctuelles atténuer la sécheresse. Il y a de grandes quantités d'eau sur terre,

---

1. Dans « *Le climat en tant que démultiplicateur de puissance : maîtriser le climat en 2025* », chapitre 15, volume 3, *USAF*.

mais pas toujours au bon endroit, ou pas toujours utilisables. Le manque chronique d'eau affecte environ un tiers de la population mondiale.

On estime la population globale en 2025 à neuf milliards d'individus, mais seul 0,26 % de l'eau de notre planète est potable. Le reste est trop salé ou trop pollué pour être consommé. Selon une étude récente du *Water Research Institute*, six cent vingt-trois millions de personnes dans vingt-six pays n'ont plus accès à de l'eau pure. Même en Europe, sur sept pays, un seul dispose d'« eau potable saine ». En Israël, la distribution de l'eau est « sécurité défense », contrôlée par les militaires[1].

L'eau n'obéissant pas aux frontières édictées par les hommes, elle est souvent l'objet de querelles entre pays. Bon nombre de guerres du siècle dernier eurent lieu à cause du pétrole. Les conflits du XXIe siècle tourneront autour de l'eau. Une application pacifique d'un programme de modification du climat ne résoudra pas tout, mais pourrait figurer une avancée majeure dans l'amélioration des qualités de vie.

Ce dernier point n'est pas l'avis de tous. Le professeur Thomas Malone, météorologiste au *Holcomb Research Institute*, a prédit il y a quelques années : « Le résultat biologique de la modification du climat pourra être un mélange d'effets positifs et négatifs sur les écosystèmes artificiels de l'homme. »

Destructrice ou bénéfique, la perspective de maîtriser le climat en 2025 pourrait bientôt devenir réalité. Contrôler les éléments reste un puissant symbole, qui associe les redoutables aptitudes technologiques de l'homme à sa tendance à l'autodestruction. C'est une expérience globale, où les cobayes sont l'homme et l'environnement. Le monde contemporain est confronté à un dilemme ancestral : comment s'assurer que les idées concernant la modification des forces climatiques sont appliquées d'une façon responsable et réfléchie.

---

1. *L'humanité mourra-t-elle de soif ?* par Nguyen Tien Duc, Paris, 1999.

Nous ne pouvons pas arrêter le progrès, mais nous devons tous obéir aux lois de la nature. Personne n'invoque plus aujourd'hui le diable en cas de mauvais temps, mais certains d'entre nous ne dédaignent pas qu'un prêtre lance de l'eau bénite en l'air, au cas où...

Les conditions météorologiques sont toujours aussi imprévisibles aujourd'hui qu'aux temps du Déluge. Nous devons apprendre à vivre en harmonie avec la nature. Ce serait folie pour l'homme d'essayer de maîtriser les éléments. Il y a tout simplement trop d'impondérables. Il n'existe qu'une certitude :

*L'homme a réussi à presque tout dominer.*
*Mais Dieu contrôle encore les éléments.*

# Remerciements

Un auteur décrivant des faits réels ne travaille pas sans sources. Son analyse des événements qui ont conduit au drame (parfois évitable) s'appuie sur le travail de ses prédécesseurs, depuis les chroniqueurs latins jusqu'aux documents contemporains, ces derniers se révélant souvent difficiles d'accès voire inconsultables. Pourtant, tout a été écrit – après les faits !

Certains d'entre eux, bien qu'ils se fussent produits sur une petite échelle, peuvent se comparer de par leur impact historique aux plus grandes batailles de notre histoire récente. Par exemple, dans la Teutenburger Wald, en l'an 9 de notre ère, 40 000 guerriers se sont affrontés. Pendant la bataille de Moscou en 1941, 40 000 canons ont craché le feu, des millions de soldats sont morts. Et pourtant, petit ou grand, chacun de ces événements a eu un effet déterminant dans l'Histoire.

J'ai sollicité les conseils d'historiens éminents pour me guider dans mon choix. D'autres sources, comme Tacite, sont bien connues et se trouvent facilement en librairie. Je souhaite exprimer ma gratitude envers les auteurs dont les travaux ont été la pierre angulaire des miens et les ont inspirés, en particulier le général Pierre Gallois, expert en stratégie, spécialisé en géographie (retraité de l'armée de l'air française) et le colonel Ken Hamburger, historien de West Point (retraité de l'US Army), le colonel Otto Skorzeny, ancien chef de commando allemand (décédé), Robert Kee, spécialiste en histoire irlandaise, le capitaine Raymond Calhoun, survivant de l'ouragan et commandant de l'*USS Dewey* (retraité de l'US Navy). Leurs récits personnels furent essentiels à l'existence de ce livre.

J'aimerais aussi remercier les membres des instituts de recherche que j'ai consultés, et sans lesquels cette entreprise eût été impossible : *Deutsches Historisches Institut* (Paris), *Institut culturel japonais* (Tokyo), *Bibliothèque de la Ville de Paris, Institut Néerlandais* (Paris), *Bibliothèque de l'Académie Militaire de West Point, Archives Nationales* (Paris), *Archives du Irish College* (Paris), *Militärgeschichtliche Forschungsabteilung* (Vienne), ainsi que d'autres instituts de recherche.

**Dans la même collection :**

MICHAEL ALLIN
*La Girafe de Charles X*

LUCILE ALLORGE
*La Fabuleuse Odyssée des plantes*

GERARD BADOU
*L'Énigme de la Vénus Hottentote*

MIKE DASH
*La Tulipomania*
*L'Archipel des hérétiques*

ERIK DURSCHMIED
*La Logique du grain de sable*

JANET GLEESON
*L'Alchimiste de Meissen*

RICHARD HAMBLYN
*L'Invention des nuages*

MARC KURLANSKY
*La Fabuleuse Histoire de la morue*

ADRIAN LEVY et CATHY SCOTT-CLARK
*La Pierre du ciel*

LAURE MURAT
*La Maison du docteur Blanche*

NATHANIEL PHILBRICK
*La Véritable Histoire de Moby Dick*

CHARLES SEIFE
*Zéro*

SIMON SINGH

*Le Dernier Théorème de Fermat*

*Histoire des codes secrets*

DAVA SOBEL

*Longitude*

SIMON WINCHESTER

*Le Fou et le Professeur*

*La carte qui a changé le monde*

*Ce volume a été composé*
*par IGS-CP*
*et achevé d'imprimer en août 2004*
*par Bussière Camedan Imprimeries*
*à Saint-Amand-Montrond (Cher)*
*pour le compte des éditions Lattès*

N° d'édition : 55308 – N° d'impression :
Dépôt légal : août 2004

www.ingramcontent.com/pod-product-compliance
Lightning Source LLC
LaVergne TN
LVHW010651051026
849532LV00001B/260